O

iFORCE 原力 满 足 世 界 的 好 奇 心

THE TELOMERE EFFECT
A Revolutionary Approach to
Living Younger, Healthier, Longer

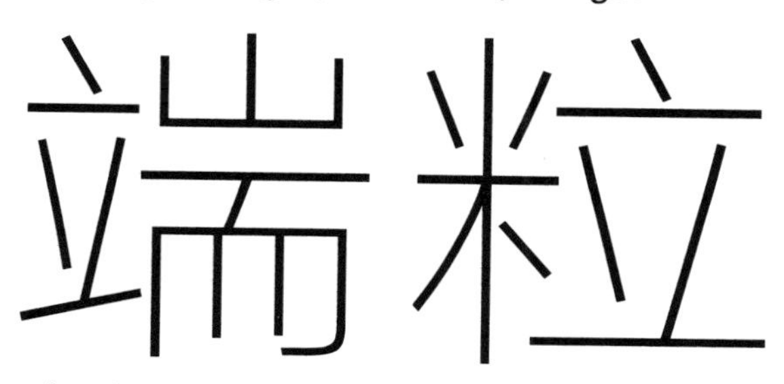

年轻、健康、长寿的新科学

Elizabeth Blackburn
Elissa Epel

[美] 伊丽莎白・布莱克本 著
[美] 艾丽莎・伊帕尔 著
傅贺 译

湖南科学技术出版社

献给约翰（John）和本（Ben），我生命中的光。

因为你们，一切都是值得的。

——伊丽莎白·布莱克本

献给我年届九旬的父母——达维亚（David）和洛伊丝（Lois），

你们一直是我的榜样，引导我过得充实、有活力。

也献给杰克（Jack）和丹尼（Danny），

你们让我的每一个细胞都快乐。

——艾丽莎·伊帕尔

缘起

根据记录，世界上最高寿的人是法国一位名叫让娜·卡尔芒（Jeanne Calment）的女士。她活到 122 岁。85 岁的时候，她开始学习击剑。即使在 90 岁高龄，她仍然骑车出行。[1] 在 100 岁生日那天，她绕着法国南部的家乡阿尔勒走了一圈，向给她祝寿的人致谢。[2] 卡尔芒实现了所有人梦寐以求的愿望：健康终老。衰老和死亡是生命里无法改变的事实，但是如何老去却是可以改变的，这将取决于我们自己。从现在起，我们都可以活得更好、更充实圆满。

关于端粒的科学研究相对较新，但它对实现健康衰老这个目标却影响深远。它可以帮助我们减少慢性疾病，促进健康。我们写这本书的初衷，就是要把这些信息传递给你。

读了本书，你也许会从新的角度来思考人类衰老。当前，关于衰老的主流科学观点是，我们细胞内的 DNA 持续受损，引起细胞不可逆的衰老，进而出现功能失调。但问题是，哪些 DNA 受损了？为什么它们会受损？我们还不知道全部的答案，但现有的证据强烈地指向了端粒：它们很可能是一个关键。每一种疾病涉及不同的器官和身体部位，似乎互不相干。但是，基于新的科学及临床研究，一个新观念渐渐成形：随着我们年纪增长，端粒越来越短，许多衰老引起的疾病也随之出现。端粒解释了我们更新身体组织的能力如何日渐退化（即细胞复制的衰老）。细胞功能失调或者早亡的方式很多，导致人衰老的因素也不一而足，但是端粒磨损（telomere attrition）无疑参与了衰老的过程，而且很早就开始发挥作用了。更激动人心的是，我们有可能减缓，甚至逆转端粒磨损的过程。

我们把端粒研究目前了解到的知识，用通俗易懂的语言，写成了这个完整的故事。在此之前，这些知识仅仅存在于科学论文里，东一处西一处。把这些科学研究进行综合、整理、简化，再传播给大众，是一种挑战，更是一项任重道远的事业。我们无法阐述所有的衰老理论或者代谢通路，也无法深入探讨每个主题，更不可能一一陈述限制条件或免责声明。这些问题在原始研究论文里有更详尽的记录，我们鼓励感兴趣的读者去探索这些极富魅力的研究，这些工作正是本书的基础。关于端粒生物学的最新研究，我们也写了一篇综述文章，发表在由同行评审的《科学》杂志上，它为分子层面的机制研究指出了若干有潜力的方向。[3]

科学探索是一项团队活动。我们有幸与多个领域的众多科学家合作，与世界各地的同行互相砥砺。人类衰老是一个巨大的拼图游戏，包括了许多零碎的信息片段。在过去几十年里，新发现陆续为这幅拼图提供了一鳞半爪。端粒研究也帮助我们看清了这些片段是如何拼接到一起的，衰老的细胞如何导致了多种多样的衰老性疾病。最终呈现出的整体图景如此令人信服，而且如此有益，我们认为有必要分享给更多的人。

现在，我们对端粒的维护有了较完整的认识——从细胞层面到社会层面，以及它对人类生活及社群意味着什么。我们分享给你的，是关于端粒的基本生物学知识，即它如何影响了疾病、健康、思考，甚至是我们的家庭和社群。综观所有关于端粒的知识，我们更深切地认识到了万事万物的联系，我们将在本书最后一节谈到这一点。

我们写作本书的另外一个目的，是帮助你回避潜在的风险。人们对端粒和衰老的兴趣急剧增长，公共空间里的信息却良莠不齐。比如，有人声称某些润肤霜和保健品可以延长你的端粒，进而延年益寿。其实，这些产品进入身体后，有可能提高罹患癌症的风险或者带来其他副作用。我们需要更多更详尽的研究，来评估风险的严重程度。目前我们知道有许多安全的方法可以延长细胞的寿命，我们努力在本书里把精华奉献给你。在本书里，你不会读到什么养生秘决，但是你会看到具体的、有证据支持的想法，它们可以让你活得更健康、更长久、更充实。虽然一些想法听起来是老生常谈，但是如果对它们背后的原因有了更深刻的理解，也许可以改变你看待生活的方式，甚至尝试一种新的活法。

最后，我们在此声明，我们跟那些销售端粒相关产品或者提供端粒测试的公司没有任何经济来往。我们希冀尽最大的努力综合当前关于端粒的知识，并以通俗易懂的方式传达给可能对此感兴趣的人。这些研究代表了我们关于衰老及健康生活的许多突破性发现，我们感谢所有参与过这些研究的人，正是有了你们的工作，我们才能写成这本书。

除了引言开篇提到的“教学案例”，本书的所有故事都是真人真事。我们对那些与我们分享故事的人心怀感激。为了保护隐私，我们用了化名，并做了必要的调整。

希望本书对你和家人有所帮助，祈愿每一位读者都能从这些科学发现中获益。

引言：开始逆生长吧！

旧金山，一个清冷的周六早晨。两位好姐妹坐在一家咖啡馆外面，一人捧着一杯热咖啡。对这两位闺密来说，这是她们的休息时间，可以暂时不管家人、工作，以及似乎永无尽头的待办事项。

卡拉说，她老是觉得很疲惫。办公室里每次流行感冒，她都无法幸免，而且这些感冒都会恶化成折磨人的鼻窦感染。她的前夫老是“忘记”什么时候来接孩子。她所在的投资公司，上司脾气很坏，会当着其他同事的面责骂她。有时候，她夜里醒来，感到心脏剧烈跳动。虽然持续不过几秒，她却辗转反侧，久久难以入睡。也许只是压力大吧，她安慰自己道：“我这么年轻，不会有心脏问题吧？”

“真不公平，”她向同伴丽萨叹息道，“我们年龄一样，但你看起来多年轻。”

卡拉说得没错。晨光中的她，面容憔悴。她伸手拿咖啡的时候都很小心，好像脖子和肩膀很痛似的。

丽萨眼睛明亮，皮肤有光泽，浑身充满活力，可以轻松对付忙碌的一天。她自己感觉也不错。其实，丽萨并不怎么在意她的年龄，只愿智慧能随着岁月的累积而增长。

如果端详这两位并肩而坐的好姐妹，你真会认为丽萨比她的朋友更年轻。要是你能看到她们的皮肤底下，你会发现，她们的差距比外表来得更大。虽然她们是同龄人，但是从生物学的角度看，卡拉却老了 10 岁。

丽萨有什么秘诀？是昂贵的面霜？皮肤科医生的激光治疗？好的基因？还是没有那些她的朋友面对的日复一日的压力和繁难？

并不是的。丽萨自己的压力也不小。两年前，她的丈夫在一次车祸中不幸离世。现在，跟卡拉一样，她也是单身妈妈，经济也不宽裕。她在一家科技创业公司工作，公司财务岌岌可危，不知能否撑到下一个季度。

到底怎么了？为什么一个精力充沛，另一个却暮气沉沉？

答案很简单，她们细胞的活性不同。卡拉的细胞提前衰老了，她比实际年龄看起来更老，她会更早患上与衰老相关的疾病或遇上其他问题。丽萨的细胞却能及时更新，她的确活得更年轻。

为什么人们衰老的速率不同？

为什么人们衰老的速率不同？为什么有人到了晚年依然精神矍铄，而有人未老先衰、筋疲力尽、糊涂不堪？我们可以用图 1 来表示这种区别。

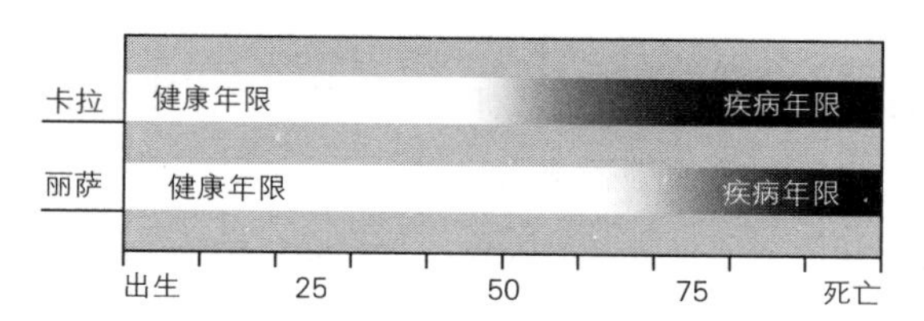

图 1　健康年限与疾病年限。健康年限是我们健康生活的年岁，疾病年限是指患上严重疾病、生活质量明显受影响的年岁。丽萨和卡拉也许都能活到 100 岁，但是她们后半生的生活质量截然不同

图 1 中的白条部分显示了卡拉的健康年限，是她一生中健康无恙的日子。但是从 50 多岁开始，白条开始变灰，到了 70 岁，就变黑了。她进入了新的阶段：疾病年限。

在疾病年限里，各种老年疾病都会出现：心血管疾病、关节炎、免疫系统弱化、糖尿病、癌症、肺病等。皮肤和头发也显出老态。更糟的是，老年疾病一旦出现，就不止一种。有一种现象，名字听起来就挺糟糕——多病性（multi-morbidity），这意味着许多疾病倾向于成串出现。所以，卡拉不仅仅是免疫系统状态不佳，她的关节也痛，而且也出现了心脏病的早期征兆。有些人会因老年疾病而提前走到生命的终点，另一些人虽然还活着，但疾病缠身，只是苟延残喘。

以现代人的标准来看，50 岁正值壮年，应该容光焕发、身强体健。但是图 1 显示，50 岁出头的卡拉就已经逐渐进入疾病年限。卡拉也许会说得更直白：她已经老了。

丽萨则完全不同。

在 50 岁的时候，丽萨仍然拥有健康的体魄。岁月在流逝，但她依然愉快地生活在健康年限里。直到 80 多岁，也就是“耄耋之年”，她才开始感到有些力不从心。丽萨也有疾病年限，但是那只有几年的时间。纵观一生，丽萨不仅长寿，而且健康、有活力，能享受丰富的人生。

“基因负责上膛，环境扣动扳机”

丽萨和卡拉的故事是虚构的，但是这两个人的差异突显了真正的问题。

为什么有人能健康长寿、尽享天年，而另一些人却活在疾病的阴影下，苦不堪言？这一切是命中注定的吗？我们能有选择吗？

“健康年限”和“疾病年限”都是新的概念，但是基本问题却由来已久。为什么人们衰老的速率不同？这个问题已经困扰人类上千年，可能人类自从学会纪年，就开始跟邻居攀比寿命了。

有些人相信，衰老过程是上天注定的，由不得人。古希腊人通过神话里的命运女神来表达这种信念：三位命运女神围绕在新生的婴儿旁，第一位女神为这孩子纺织出生命之线，第二位丈量出线的长度，第三位则负责剪断它。这条线多长，你的生命也就有多长。在命运女神们忙活的时候，你的命运就被决定了。

现在仍有许多人持有这样的观念，而且以科学权威为依据：根据最新的“自然”论证，你的健康基本是基因决定的。也许并没有命运女神在摇篮上空盘旋，但是你的基因在你出生之前就决定了你患心脏病、癌症的风险，以及你的寿命。

也许自己还没意识到，但是很多人暗地里相信衰老完全是由自然因素决定的。如果你追问他们为何卡拉比丽萨老得更快，他们可能会这么回应：

“她的父母可能就有心脏问题、关节问题。”
“都怪她的 DNA（脱氧核糖核酸）。”
“她摊上了糟糕的基因。”

当然，并非所有人都相信“基因就是命运”。许多人注意到，生活方式会影响健康。我们可能认为这是现代人的观念，但是它实际上也存在很长时间了。

在中国的春秋时代，楚国的伍子胥，因其父遭到诬陷，不得不出奔吴国。过昭关时，因前有江水、后有追兵，他辗转反侧，夜不能寐，直至天明。满头黑发的他，竟在一夜之间急白了头。伍子胥一夜白发的故事从此流传千古。显然，这种提前老化的现象是压力造成的（这个故事的结局还是圆满的：原本年轻的伍子胥，因这头白发得以伪装成一位老翁，顺利过关。可见变老也不是没有好处）。

今天，许多人认为后天要比先天来得重要：决定你命运的不是基因，而是你的生活习惯。他们可能会这么说到卡拉：

“她吃了太多糖类。”
“时间是把杀猪刀，看看苍天饶过谁。”
“她应该多运动。”
“她可能有些心理问题，一直没能解决。”

让我们回顾一下卡拉老得快的两种解释。相信先天决定一切，似乎有点宿命论。无论是好是坏，我们的未来都已经写在基因组里了。相信事在人为的人更可能接受“早衰是可以避免的”这一主张。但是，这听起来同样有点审判的味道——如果卡拉老得快，都怪她自己。

到底谁说得对呢？先天，还是后天？基因，还是环境？

其实，两者都很重要，两者的交互作用最为重要。丽萨能保持青春，卡拉老得更快，真正差异在于基因、社会关系、环境和生活方式的复杂的相互作用，还有她们命运的波折，以及她们如何应对这些波折。你生下来就携带着一套特定的基因，但是你的生活方式会影响基因的表达。在某些情况下，生活方式因素会开启或者关闭某些基因，正如肥胖病专家布雷（George Bray）所说，“基因负责上膛，环境扣动扳机”。这个说法不只适用于肥胖，也适用于大多数的疾病。

端粒是关键

在本书里，我们将向你展示一种全新的方式来思考健康。我们会把你带到细胞层面，向你展示早衰的细胞长什么样子，何种类型的损伤危害了你的身体。我们也会告诉你，这种破坏不但可以避免，甚至还可以逆转。我们会带你进入更微观的遗传层面，进入染色体。染色体末端的端粒（telomeres）由简单重复、非编码的 DNA 序列所组成。然而，随着细胞分裂次数的增多，端粒会越来越短，当短到不能再短的时候，就无法再保护染色体了。此时细胞就停止生长，进入老化期或者走向凋亡。因此，端粒影响了细胞老化的速率。端粒磨损殆尽，细胞也就寿终正寝。然而，我们的实验室得出了一个重大发现：染色体末端的端粒其实也可以延长——换言之，

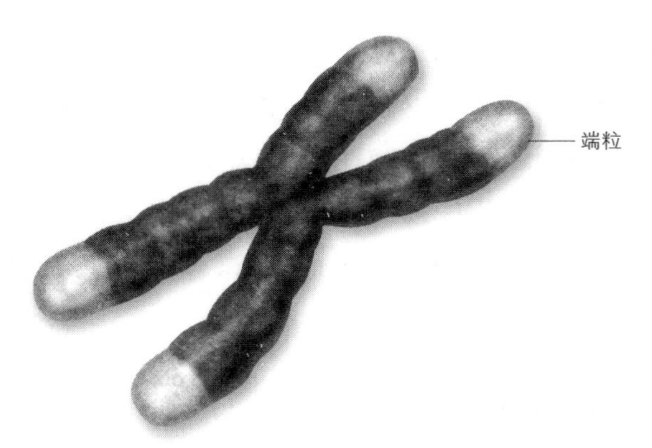

图 2　染色体末端的端粒。每一个染色体末端的 DNA 都被一层特殊的保护蛋白包被着。图中浅色区域显示的就是端粒。本图只是示意图，并未按照实际比例绘制。尽管端粒中的 DNA 在染色体全部 DNA 中占不到万分之一，但是对染色体的功能却很重要

衰老是一个动态过程，可以加速、减缓，甚至逆转。其他实验室也得出了同样的研究结果。长久以来，我们都认为衰老是一个单行道，人无可避免地走向死亡。当然，人都会变老，但是老化也有快慢之别，关键就在于细胞是否健康。

本书的两位作者，一位是分子生物学家伊丽莎白（Liz），另一位是健康心理学家艾丽莎（Elissa）。伊丽莎白毕生致力于端粒研究，她的研究开启了一个全新的科学领域。艾丽莎则一直专注于心理压力研究。她研究过心理压力在行为、生理及健康方面的害处，也研究过如何扭转这些影响。我们的合作研究始于 15 年前，我们的研究推动了人们以全新的方式探究人类心智与身体的关系。我们发现，端粒不仅简单地执行遗传密码安排给它的指令，端粒也在聆听我们，会接收我们传达的指令——这一点令我们吃惊，也让其他科学同人感到不可思议。

其实，我们的生活方式会“告诉”端粒使细胞老化加速，但它也会带来相反的作用。你吃的食物、你对情绪压力的应对方式、你的运动量、你的童年是否遭遇过挫折，甚至是你生活的地方是否安全、邻居之间是否信任——所有这些因素似乎都会影响端粒，也都可能有助于预防细胞层面的早衰。简言之，要延长健康年限，关键是维持健康的细胞再生。

健康的细胞需要再生

1961 年，生物学家列奥纳多·海佛烈克（Leonard Hayflick）发现，正常的人类细胞只能分裂有限的次数，然后就会死去。细胞繁殖的方式是自我复制（称为有丝分裂）。当细胞在实验室里的培养皿里生长的时候，它们起初会快速复制。随着繁殖的进行，海佛烈克需要越来越多的培养皿来盛放这些细胞。在早期生长阶段，细胞繁殖得如此迅速，他不可能保留所有的细胞，否则，他和助手就会“用光实验室和研究中心所有的培养皿了”。海佛烈克把年轻阶段的细胞分裂称为“茂盛生长”。

不过，一段时间之后，细胞分裂就会停下来，仿佛它们累坏了。持续分裂时间最长的细胞大约能复制 50 代，大多数细胞实际上没有达到这么久。最终，这些疲劳的细胞进入了一个新的阶段，他称之为衰老期：它们仍然活着，但是永远停止了分裂。这被称为“海佛烈克极限”，即人类细胞分裂的自然极限。启动这种关闭机制的正是越来越短的端粒。

是否所有的细胞都会遭遇海佛烈克极限？不是的。在我们体内，许多细胞都在更新，包括免疫细胞、骨细胞、肠道细胞、肺细胞、肝细胞、皮肤及头发细胞、胰腺细胞、心血管系统内壁的细胞。它们需要不停更新来维持人体的健康。这些可以更新的细胞既包括那些可以分裂的正常细胞，比如免疫细胞、生殖细胞，也包括那些关键的干细胞，后者（只要健康）可以无限分裂。而且，不同于海佛烈克实验室培养皿中的细胞，人体内的细胞往往没有自然极限，这是因为（在下一章里你会读到）它们有端粒酶（telomerase）。健康的干细胞有足够多的端粒酶，可以在我们有生之年持续分裂。这些细胞再生正是丽萨皮肤光滑、关节灵活的原因之一，也使她肺气充足、呼吸顺畅。这些新的细胞时刻不停地更新着身体组织和器官，细胞再生让她感觉年轻、有活力。

从语言学角度观察，“衰老期”（senescent）跟“老年的”（senile）是同源词。在一定意义上，细胞进入衰老期，也就是细胞老了。其实，细胞停止分裂是好事，如果它们不停分裂，也可能会导致癌症。但是，这些老年细胞也有坏处——它们茫然无措、疲惫不堪。它们的信息系统混乱了，无法向周围的细胞发出正确的信息；它们无法像以前那样执行其功能，它们病了。对它们而言，茂盛生长期结束了。对你的健康而言，这会带来严峻的后果。如果你体内太多的细胞进入了衰老期，你的身体组织就开始衰老了。比如，当你的血管壁里有太多的衰老细胞，你的动脉就会硬化，你甚至可能患上心脏病。如果血液中对抗感染的免疫系统太老，无法鉴别出入侵的病毒，你也更可能患上流感或者肺炎。衰老细胞可能会泄漏出促炎症物质，让你感到疼痛或患上慢性疾病。最终，衰老的细胞经历程序性细胞凋亡，疾病年限开始了。

许多健康的人体细胞，只要端粒（及细胞其他关键成分，比如蛋白质）可以发挥功能，就能不断分裂。在此之后，细胞就开始衰老了。最终，我们的干细胞也会衰老，细胞分裂的天然极限是我们过了七八十岁走进疾病年限的原因之一。当然，总有些人能活得更健康、更长久。现在，活到 80 岁、90 岁的人越来越多，活到 100 岁也已不是奇迹。[2] 在我们的下一代身上，这种趋势将更为普遍。今天，世界上大约有 30 万位百岁老人，而且数量会越来越多。活到 90 岁的人就更多了。根据目前的趋势，今天在英国出生的孩子，1/3 的人会活到 100 岁。[3] 然而，这 100 年里会有多少人被疾病年限的阴影笼罩？如果我们更好地理解细胞再生的机制，我们就可能让关节移动更灵活，肺呼吸更顺畅，免疫细胞更有效地对抗感染，心脏更好地泵血，大脑到晚年仍然机敏。

但是，有时候细胞分裂提前停止了，细胞提前进入衰老期。在这种情况下，你就无法活到八九十岁了。卡拉遭遇的就是这种情况——她的疾病年限提前开始了。可见，寿命是决定我们何时得病的主要原因，因为年龄反映了体内器官的老化状况。

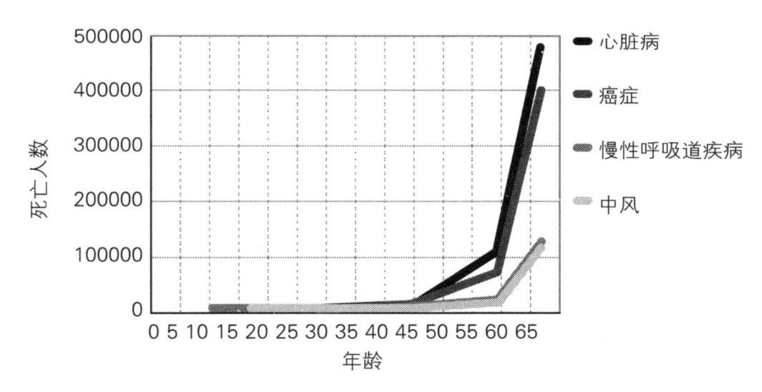

图 3　衰老与疾病。总体而言，年龄是慢性疾病的最强决定因素。本图显示了不同年龄的死亡率，包括 65 岁以上，以及最重要的 4 种慢性病（心脏病、癌症、呼吸系统疾病、中风及其他心脑血管疾病）。慢性疾病引起的死亡率在 40 岁之后开始增长，60 岁以后急剧增长。来源：美国健康与人力资源部疾病控制与预防中心

在本章开篇，我们提出了一个问题：为什么人们衰老的速率不同？原因之一是细胞老化。现在，我们要探讨的是：什么导致了细胞提前衰老？

要回答这个问题，让我们用鞋带来打个比方。

端粒如何让你感到衰老或者年轻？

你见过鞋带两端的塑料保护头吧？它们叫作“带箍”，作用是防止鞋带散开。现在，请设想你的鞋带就是染色体，它们在你的细胞里携带着遗传信息。端粒是一段特殊的DNA，就像这个“带箍”，它们在染色体的末端形成了小小的“帽子”，保护遗传材料不会散开。端粒就好比对抗衰老的“带箍”，但是端粒会逐渐缩短。

以下是人一生中端粒长度的变化情况：

年龄	端粒长度（碱基对数目）
0岁	10000对
35岁	7500对
65岁	4800对

如果你的鞋带末端磨损得太厉害，线都散了，鞋带就不能用了。你大可把它扔了，细胞也一样。当端粒变得太短，细胞可能停止分裂。当然，端粒不是细胞老化的唯一原因，正常细胞也会受到其他压力的影响，只是我们尚未完全理解这些因素。无论如何，端粒变短是人类细胞老化的一个主要原因，也是控制海佛烈克极限的机制之一。

你的基因影响了你的端粒，包括你出生时它的长度，以及端粒退化的速率。但好消息是，许多研究表明，我们可以介入端粒的这些变化，从而控制端粒的长度及稳定性。

例如：

- 一些人面对困难情境时，会感觉受到了威胁——这种反应与更短的端粒有相关性。我们可以用更正面、乐观的态度，重新审时度势。
- 一些身心训练——比如冥想和气功——都可以减轻压力并且增加端粒酶，修复端粒。
- 有益心血管健康的健身运动对端粒也有好处。我们描述了两种简单的健身计划，可以帮助维护端粒，而且适合各种健身水平的人。
- 像热狗这种加工肉类食品会伤害端粒，而新鲜的食物则对它们有益。
- 邻里疏远、彼此陌生不信任，会有害端粒，无论你们的收入水平如何。
- 童年遭受过灾难事件的儿童，他们的端粒更短。把孩子从被忽视的环境（比如臭名昭著的罗马尼亚孤儿院）里救出来，会部分逆转这种后果。
- 双亲生殖细胞中的染色体直接传递给下一代，这意味着孩子的端粒直接来自父母。这也意味着，如果你的父母生活困顿，端粒变短了，他们可能把这样的端粒传给了你！如果你认为自己正是如此，不必惊慌，端粒也可以变长。你可以通过后天的努力，让端粒保持稳定。这也就是说，我们自己的人生选择可能会给下一代留下正面的细胞遗产。

端粒，别忘了端粒

说到健康的生活方式，你可能暗自长叹一口气，认为自己做不了那么多。不过，有些人看到并理解了行动与端粒的关联，就能下决心改变，而且持之以恒。当我（伊丽莎白）走进办公室的时候，同事有时跟我讲：“看，现在我开始骑脚踏车上班了——我要使端粒变长！”或者，有人会说：“我已经不喝含糖可乐饮料了。想到端粒要受多少苦，我就喝不下去了。”

本书预览

你也许会问，我们的研究表明了什么？是说维护好了端粒，你就会活到 100 岁？还是 94 岁时一样可以跑马拉松，抑或永远不会有皱纹？不是的。每一个人的细胞都会老化，我们最终都会死去。但是想象一下你在高速路上开车的情况吧。高速上有快车道、慢车道，有中间道，你可以在快车道上开，极速冲向疾病年限；或者，你也可以开慢一点，享受沿途风光和同行者的陪伴，边开边听音乐，享受健康的人生。

即使你现在行驶在通往细胞早衰的快车道上，你也可以换车道。如果你继续读下去，你就会了解该怎么做。在本书的第一部分，我们会解释细胞早衰的危险，以及健康的端粒如何保护我们免于这种危险。我们也会告诉你端粒酶的发现过程，正是这些端粒酶保护着端粒。

余下的部分会告诉你，如何利用关于端粒的新知识来保护你的细胞。首先，你得改变你的思维习惯，然后通过运动、食物、睡眠习惯，来促进端粒和身体健康。再然后，将这些方式逐渐扩展到你所处的社会及外界环境。在本书里，“逆龄实验室”提供了具体的建议，帮你预防细胞早衰。与此同时，我们也解释了这些建议背后的科学知识。

如果能维护好端粒，你不但能活得更久，生活品质也会更高。事实上，这正是我们写作本书的动机。在研究端粒的过程中，我们见过太多的“卡拉”——这些人的端粒磨损得太快，在本应精力旺盛的时候进入疾病年限。

关于端粒，现在已经有许多严谨的、高水准的研究论文发表在权威科学期刊，世界上最好的实验室和大学也验证了这样的研究结果。我们可以利用这些研究结果避免早衰的厄运。我们可以等待这些研究缓缓渗入媒体，然后发表在流行杂志或者健康网站上，但是这个过程可能耗时太久，信息也变得零碎，而且可悲的是，在传播过程中，信息遭到扭曲和误解。我们现在就想把所知的分享给你，使更多的人、更多家庭免受细胞早衰之苦。

人失去健康的时候，也就失去了一份宝贵的资源。健康问题影响了我们的身心和生活。人们在到了 30 岁、40 岁、50 岁、60 岁之后，身体越健康，就越能享受生活，我们就越容易找到有意义的生活方式——教育下一代、帮助他人、解决社会问题、培养艺术方面的才能，或者在科技领域有所贡献、旅行并与他人分享经验、开

毕生健康的圣杯？

端粒是一个综合指标，它反映了许多重大人生经历的影响，既有正面的，比如适度运动、充足睡眠，也包括负面的，比如压力、营养不良以及人生困境。鸟类、鱼类及鼠类的端粒同样如此。因此，有人提议，端粒的长度可能是“毕生健康的圣杯”，[4]是动物一生经历的总记录。就整体生活经历而言，无论是人类还是其他动物，到目前为止，最有用的生物指标就是端粒。

拓生意、担当明智的领导人等。在阅读本书的过程中，你会学到许多关于维护细胞健康的知识。好消息是，延长健康年限并不困难。我们希望你不妨多问问自己：我要如何度过身体健康的这段时光？如果你听取了本书的些许建议，那么你将有更多的时间、精力和活力做出更好的回答。

启动逆龄计划，现在就开始吧！

此时此刻，你就可以开始让你的端粒和你的细胞获得新生。一项研究表明，如能专注于手头在做的事情，就能延长端粒；反之，心神不定、注意力不集中，端粒会变短。[5]另一项研究发现，参加培养专注力或者冥想的课程有维持端粒的功效。[6]

专注是一项可以培养的技能。只要不断练习，就能养成。在本书里，你将不止一次看到图 4 所示的鞋带。只要看到它，或者在其他场合看到你自己的鞋子，不妨把它当作一个机会，停下来，问问自己正在想什么。如果你在担心或者后悔一些老问题，请把自己拉回来，专注于眼前的事情。如果你什么事情也没做，也没关系，就享受此刻的悠闲吧。

现在，请把心神集中于你的呼吸，留心你的每一次吸气和吐气这个简单的动作。无论是专注于你的内在（体内的感觉、呼吸的节奏），还是外在（周遭的视野或声响），只要你能专注于呼吸或是当下的经历，你的细胞就会受益。

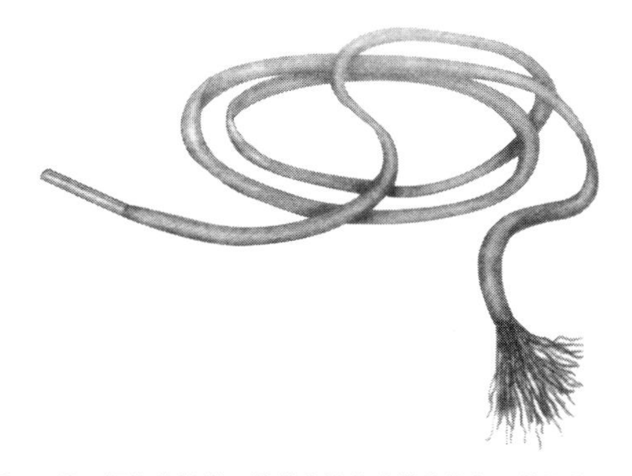

图 4　想一想你的鞋带。鞋带末端的“带箍”象征着端粒。“带箍”越长，鞋带越不容易散开。对染色体来说，端粒越长，细胞内的警报或染色体的融合就越少——染色体的融合会引起染色体不稳定和 DNA 断裂，对细胞来说，这是灾难

在本书里，你会不止一次见到这个鞋带和“带箍”的图样。你不妨把它当作一个提醒，重新专注于当下，深呼吸，想象你身上的端粒会因这样均匀规律的呼吸而变得更长。

目 录

第一部分

端粒：青春常驻之路

第一章　细胞早衰，让你身心都衰老

请你问自己如下问题：

1. 我看起来有多老？

   a. 我看起来比我的实际年纪年轻。

   b. 我看起来跟我的实际年纪相当。

   c. 我看起来比我的实际年纪更老。

2. 我的身体健康程度如何？

   a. 跟同龄人相比，我算更健康的。

   b. 跟同龄人相比，我算一般健康的。

   c. 跟同龄人相比，我算较不健康的。

3. 我感觉自己老了吗？

   a. 我感觉比实际年纪年轻。

   b. 我感觉跟实际年纪相当。

   c. 我感觉比实际年纪更老。

这三个问题很简单，但是你的回答会揭示出关于健康和衰老的重要趋势。那些早生华发或皱纹的人，他们的端粒可能更短。身体差可能有多方面的原因，但是提前进入疾病年限，往往是细胞老化的征兆。研究表明，那些感觉比实际年龄更老的人会更早进入多病期。

当人们说到畏惧衰老，通常是指他们害怕一个漫无尽头的疾病年限。他们担心连走楼梯都有困难，担心心脏出毛病，担心离不开氧气罐，他们担心骨折、驼背、忘事、脑子不灵。他们担心所有这些现象的不良后果：失去健康的社会关系，或者完全依赖其他人的照顾。其实，年老不必如此悲惨。

如果针对本章一开始的三个问题，你的答案是你的外表和你自己的感觉都比实际年龄更老，也许这是因为你的端粒老得过快。这些短端粒可能向你的细胞传递了信号，开启了衰老进程。这是一个值得警惕的走向，但是不必灰心，你有很多办法在细胞水平迎战早衰。

知己知彼，百战不殆。要战胜敌人，我们需要理解它。

在本书里，我们会告诉你一些必需的知识。第一章概述了早衰的细胞里发生了什么。你会近距离观察老化的细胞，看到它们为何会破坏你的身体和大脑。你也会发现，为什么许多最可怕、最令人无力抵抗的疾病往往与短端粒及细胞老化有关。接下来在第二、第三章，你将会看到端粒以及端粒酶如何加速或推迟疾病年限的到来。

早衰细胞与健康细胞有何不同？

你可以把人体想象成为满满一篮的苹果。健康的细胞就像是一个新鲜、表皮有光泽的苹果。万一篮子里有一个烂苹果呢？它不仅不能吃，还会将这种状态传染给其他苹果。你体内的衰老细胞就像这个烂苹果。

在我们解释原因之前，先来回顾一个关于人体的事实：身体的细胞需要不断地更新自身以保持健康。这些再生的细胞也被称为增殖细胞（proliferative cells），它们出现在人体以下部位：

- 免疫系统
- 肠道
- 骨骼
- 肺
- 肝脏
- 皮肤
- 毛发根部
- 胰腺
- 心血管系统
- 心脏的平滑肌细胞
- 大脑，包括海马体（大脑里的学习与记忆中枢）

这些关键的身体组织要保持健康，细胞就必须持续更新。你的身体有精细调控的系统来评估细胞何时需要更新。虽然一块身体组织多少年看上去一点没变，但是组织里的细胞已经不知被淘汰过多少次了，只是它们被同等类型、同等数量的细胞以正确的速率替换了。但是，要记得，有些细胞的分裂次数是有限的。当细胞无法再更新时，身体组织就开始衰老，功能就开始退化。

人体组织里的细胞都起源于干细胞。干细胞具有惊人的能力，它们可以分化成许多不同类型的特化细胞。它们生活在干细胞区位里，那里就像是专门服务于干细胞的贵宾区，干细胞在此得到保护，维持休眠状态。这些区位往往就在组织之内或者组织周围，皮肤干细胞位于毛发的根部，一些肌肉干细胞深埋在肌纤维里。如果一切正常，干细胞就静候在区位里。但是如果身体需要更新组织，干细胞就派上用场了。它们分裂、复制出增殖细胞，其中一些转变成特化细胞。如果你病了，或者需要更多的免疫细胞（白细胞），骨髓里新分裂出的造血干细胞就会进入血液循环系统。你的肠道内壁会经常性地随消化过程脱离一层细胞，你的皮肤也会更新，干细胞保证了这些细胞的更新。如果你慢跑的时候拉伤了小腿肌肉，一些肌肉干细胞就会分裂，每个干细胞分裂成两个新的细胞，其中一个替代原来的干细胞，留在原来的区位里，另外一个则分化成肌肉细胞，替换受损的组织。拥有持续、健康、稳定的干细胞对保持身体健康，从疾病或伤痛中恢复至关重要。

但是当细胞端粒变得太短的时候，它们就会发出信号，使细胞的分裂复制停止。这些细胞无法再更新自己，它们就衰老了。一旦干细胞老化，它就彻底退休了，不会从它的区位里走出来了。其他的细胞一旦衰老，就只能待在原地，再也无法执行原来的功能了。它们内部的能量供应站——线粒体——也无法正常工作，进而造成能量危机。

衰老细胞的 DNA 无法与细胞的其他组分有效交流，细胞无法维持自身的正常运转。衰老的细胞内部开始变得臃肿，积累起坏掉的蛋白质和脂褐素（lipofuscin），后者会引起退行性眼球疾病以及某些神经疾病。更糟的是，衰老细胞会向周围释放出虚假警报——促炎症因子，这就像是筐子里的烂苹果。

这个衰老的基本过程在体内各种类型的细胞里都会出现，无论是肝细胞、皮肤细胞、毛发细胞还是血管内壁细胞。但是，这些基本过程也因具体细胞类型及身体部位的差异而略有区别。骨髓里的衰老细胞会阻止造血干细胞的正常分裂，或者无法协调不同血细胞的比例。胰腺里的衰老细胞可能无法“听到”胰岛素分泌调节的信号。大脑里的衰老细胞可能会分泌物质，引起神经死亡。虽然不同类型细胞衰老的过程大同小异，但细胞表现衰老的不同方式会给身体带来不同的伤害。

衰老可以定义为细胞“功能逐渐失调，对环境刺激和伤害的反应能力逐渐降低”。衰老细胞无法对压力做出正常反应，无论这种压力是身体因素还是心理因素。[1] 这个过程逐渐发生，悄无声息，不知不觉就给我们带来了各种老年疾病。这些疾病部分可以追溯到更短的端粒。为了更好地理解衰老和端粒，我们需要回到本章开篇的三个问题：

你看起来有多老？
你如何评估自己的身体健康程度？
你感到有多老？

淘汰衰老细胞，可以逆转早衰

有一项实验追踪研究了遗传改造过的小鼠，它们体内的细胞开始提前衰老。这些小鼠也表现出早衰的现象：体内积累的脂肪变少、皮肤开始出现皱纹、肌肉开始萎缩、心脏无力、出现白内障。有些小鼠因心力衰竭死亡。之后，实验人员通过遗传操作移除了小鼠体内的衰老细胞（这项手术目前无法在人体内进行）。结果发现，这些小鼠的许多早衰症状逆转，白内障小鼠恢复视力，萎缩的肌肉也复原了，又重新开始积累脂肪（皱纹也不见了），健康年限延长了。[2]

这个实验证实：衰老细胞的确是控制衰老过程的关键！

细胞早衰之一：你看起来有多老？

老年斑、白头发、因骨质流失引起的驼背或者身体弯曲，这些伴随着衰老而来的变化，人人都会遇到，但是如果你曾参加过高中同学聚会，你就会发现，人们衰老的速率和方式各有不同。

高中毕业 10 周年聚会的时候，每个人还是 20 多岁，你会看到有些同学衣着光鲜而另一些则略显拮据。有些人职业发展蒸蒸日上，开了公司，养了孩子，另一些人一边喝着威士忌，一边谈论着最近的心脏毛病。这看起来不大公平，但是身体衰老程度基本一致。在场的每一个人，无论是富有还是贫穷、顺遂还是困顿、快乐还是忧伤，他们看起来都像是 20 多岁。他们头发健康、皮肤有光泽，其中几个比高中时候高了一点。无论如何，你们都正值青春年华，散发着年轻的光彩。

再过 5 年或 10 年，同学会就是另一番景象了。你会注意到一些老同学真的显出中年人的模样了，耳后或前额开始冒出白发，皮肤上开始出现斑点，眼角的皱纹加深。他们可能大腹便便，可能略有驼背。这些人老得更快。

但是另外一些同学似乎老得比较慢。多年以来，在毕业 10 年、20 年、30 年、40 年、50 年再聚的时候，你就会发现谁是幸运儿了——他们的头发、面容、身体虽然都有改变，但变化得更慢，即使变老也不失优雅。你会发现，一个人外表老化的快慢以及是否“老当益壮”，或多或少都与端粒有关。

皮肤衰老

皮肤的最外面一层——也就是表皮层（epidermis）——是由不断分裂更新的增殖细胞组成的。一些皮肤细胞会合成端粒酶，因此它们不会老化成为衰老细胞，但大多数细胞的更新能力会逐渐减弱。[3] 表皮层下面是真皮层。真皮层细胞（皮肤成纤维细胞）为健康的表皮打下了基础，比如提供胶原蛋白、弹性蛋白和促生长因子等。

随着年纪渐长，这些成纤维细胞分泌的胶原蛋白和弹性蛋白越来越少，这导致了皮肤老化和松弛。皮肤老化之后，因为失去脂肪层和透明质酸（它是皮肤和关节的天然保湿霜），开始变薄，更容易流失营养成分。[4]此外，衰老的黑色素细胞带来了老年斑，使皮肤变得暗淡。简言之，衰老的皮肤出现了众所周知的斑点、暗淡、松弛和皱纹，这主要是因为衰老的成纤维细胞无法再更新外层皮肤细胞。

老年人的皮肤细胞往往失去了分裂能力，但有些老年人的细胞仍会继续分裂。研究人员仔细研究之后发现，这些细胞能更好地对抗氧化压力，而且端粒也较长。[5]虽然端粒短并不必然导致皮肤的衰老，但端粒的确发挥了作用，特别是阳光照射引起的衰老（也称为光老化）。太阳光中的紫外线可以破坏端粒。[6]德国癌症研究中心的一位研究皮肤端粒的科学家——佩特拉·布坎（Petra Boukamp），她和同事比较了受阳光照射的部位（脖子）和不受阳光照射的部位（臀部），发现脖子皮肤外层细胞的端粒受损更为严重，而臀部皮肤细胞里的端粒几乎没受影响。由此可见，不受阳光照射的皮肤细胞老化得更慢。

骨质流失

人在一生之中，骨骼系统会不断重组。当成骨细胞（osteoblasts）和噬骨细胞（osteoclasts）维持平衡的时候，你就有健康的骨骼密度。成骨细胞需要健康的端粒来维持分裂增生。当端粒变短，成骨细胞老化，无法与噬骨细胞对抗，噬骨细胞就会蚕食你的骨骼。[7]

而且，当你的端粒开始走下坡路，旧的骨骼细胞就会开始出现炎症反应。端粒特别短的实验小鼠，会出现骨质流失和骨质疏松。[8]因遗传缺陷而端粒特别短的人，也有这样的问题。

头发花白

从呱呱坠地起，我们的头发就有颜色。头发的构造分为毛囊和发干，发干是毛囊制造的角蛋白。毛囊细胞产生的是白发，但是毛囊内还有另外一种细胞——黑色素细胞，它为头发注入了颜色（译注：黑色素分为两种，一种是不含硫原子的真黑色素，会让头发呈黑色或褐色，而含硫原子的棕黑色素则会让头发变成金色或红色）。毛囊里的干细胞会制造出黑色素细胞，当这些干细胞里的端粒渐渐老化，细胞无法快速自我更新或者维持原本的生长速度时，头发就开始花白。最终，当所有的黑色素细胞死去，头发就完全变白。黑色素细胞对化学压力和紫外线辐射也敏感。一项发表在《细胞》杂志的研究表明，经过 X 线照射的小鼠，黑色素细胞被破坏，而且毛变得灰白。[9]端粒特别短的遗传缺陷小鼠也表现出毛皮灰白的迹象，而一旦修复了端粒酶，它们的毛又由灰转黑。[10]

各色人种头发花白的速率不同。非裔美国人不易长出白发，其次是亚裔，最容易长出白发的则是金发的人，[11]至少一半的人到了 40 多岁开始长出白发，到了 60 多岁，这个比例达到 90%。大多数头发花白的人都是正常人，只有少数人在 30 多岁就长了白发，可能是因为基因突变，毛囊的黑色素细胞端粒变短。

外表透露了哪些健康信息？

也许你会想:“说真的，我不是很介意头发有点灰白。眼角有几颗老年斑有什么大不了呢？外表看起来年轻又怎样？重要的应该是实际的健康状态吧？”这些都是很好的问题。的确，最重要的是健康，而非外表。

问题是：外表是否能反映出身体内在的健康状况？研究人员请求受过训练的“评分人员”来看人的照片并估计年龄。[12] 结果表明，那些看起来更老的人，平均而言，端粒也更短。这并不奇怪，毕竟端粒长短与皮肤的老化和白发多寡有关。看起来更老跟身体不够健康有微弱的相关性，但这足以令人不安。看起来更老的人往往更虚弱，在记忆测试中表现更差，禁食之后，他们的血糖水平和皮质醇水平更高，而且有心血管疾病的早期症状。[13] 好消息是，这些都是非常微弱的症状。身体不会撒谎，如果你看起来比你的实际年纪更大，甚至显得憔悴，那就需要留意了，它可能意味着你的端粒需要更多的保护。

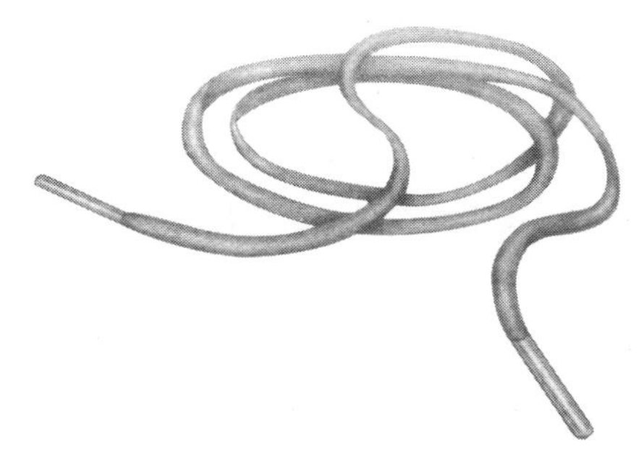

还记得这幅图的意思吗？请参见本书引言第 21 页的解释。

细胞早衰之二：你的身体健康状态如何？

你觉得自己的身体健康状态如何？好好想想这个问题，你就会知道短端粒会对你的细胞和健康造成多大的破坏。

再以高中同学聚会为例。当你们 20 年或 30 年之后再聚的时候，你会注意到，许多同学开始出现老年性疾病了。但是他们只有四五十岁，还不算太老。为什么明明还是青壮年，身体却老态毕露？为什么他们这么早就进入了疾病年限？

炎症衰老（Inflamm-Aging）

试想一下，在同学聚会的时候，如果你可以透视到每个人细胞内部的状况，测量他们端粒的长度，我们会有什么有趣的发现呢？如果真能办到，你会看到那些端粒更短的人平均而言也更虚弱、更多病，他们更常遭遇健康问题，比如糖尿病、心血管疾病、免疫系统弱化以及肺部疾病。你可能也会发现，那些端粒最短的人有慢性炎症。年纪越大，越容易有炎症问题，而发炎也是一些老化疾病的成因之一，科学家称之为“炎症衰老”。这是一种持久性的、轻度的炎症反应，它们的发生有许多原因，比如蛋白受损或端粒受损。

细胞的基因一旦受损，或者端粒太短，细胞就知道 DNA 有危险了。细胞会重新组织自己，向其他细胞释放出分子来求助。这些分子统称为“衰老相关分泌蛋白”（senescence-associated secretory phenotype，SASP）。如果一个细胞因为受伤而变老，它可以向周围的免疫细胞和其他修复细胞释放信号，寻求支援，启动修复进程。

但这个过程可能出现严重错误。端粒对DNA损伤有异常的反应。由于端粒只想保护自己，因此即便细胞发出求救信号，端粒仍不肯让细胞接受救援。就像有人面临危险，不肯放松防卫，反而顽固地抵御救兵。变短的端粒可以在衰老细胞内固守好几个月，其间，端粒会不断发出各种求助信号，却又不允许细胞采取拯救行动。这种无效的信号会带来灾难性的后果。这时，这个细胞就变成了篮子里的坏苹果，开始影响周围的组织。衰老相关分泌蛋白会触发促炎症细胞因子出现在身体各处，引起系统性的慢性炎症反应。发现衰老相关分泌蛋白的是巴克衰老研究所（Buck Institute of Aging）的朱迪思·坎皮西（Judith Campisi），她也发现这些细胞为癌症的形成推波助澜。

近10年，科学家逐渐意识到，慢性炎症（来自SASP或其他来源）是许多疾病的肇因之一。短期、急性的炎症会帮助受伤的细胞愈合，但是长期、慢性的炎症反应会干扰身体组织的正常功能。比如，慢性炎症会引起胰腺细胞功能失调，无法正常调节胰岛素分泌，因而导致糖尿病。慢性发炎也可能使血管壁形成斑块，当斑块剥离，就会引起心血管栓塞或血管壁破裂。慢性炎症也会使身体免疫反应失常，转而攻击自身的组织。

炎症破坏力大，以上这些只是几个显著的例子，它还有更可怕的后果。慢性炎症反应也参与了心脏疾病、脑部疾病、牙龈疾病、

图 5　一个烂苹果毁了一篮好苹果。对这一篮子苹果来说，每一个苹果的健康都息息相关。如果有一个苹果烂了，散发的气体会使其他苹果跟着腐烂。与此类似，衰老细胞会向周遭细胞分泌化学信号，引发炎症反应，导致更多细胞衰老

克罗恩病、乳糜泻疾病、类风湿关节炎、哮喘、肝炎、癌症等。这也是为什么科学家在研究炎症衰老，它确有其事。

如果你希望减缓炎症衰老，如果你想尽可能延长健康年限，你就得预防慢性炎症。控制炎症反应很大程度上就意味着保护端粒。既然端粒很短的细胞会释放出炎症信号，那么你就需要把端粒保持在健康的长度范围内。

心脏疾病与短端粒

我们的血管，无论粗细，内壁都有一层细胞叫作“内皮层细胞”。如果你希望心血管系统保持健康，内皮层细胞就需要经常更

新，以保护内皮层，阻止免疫细胞入侵血管壁。

但是，那些白细胞端粒较短的人，心血管疾病的发病率更高（血液中的短端粒往往意味着其他组织——比如内皮层——的端粒也较短）。[14] 那些因常见遗传缺陷而端粒变短的人往往也有心血管方面的毛病。假如把人群按白细胞端粒的长度分成长、中、短三组，而你属于最短那一组，那么你未来患心血管疾病的概率会比正常人高 40%。[15] 为什么？虽然还不知道所有的代谢通路，但是我们对血管衰老有一定的了解：短端粒使细胞早衰，内皮层细胞就无法更新，血管内壁变得脆弱、粗糙，容易发生病变。研究人员发现，在已经生成斑块的血管组织里，端粒的确变得更短。

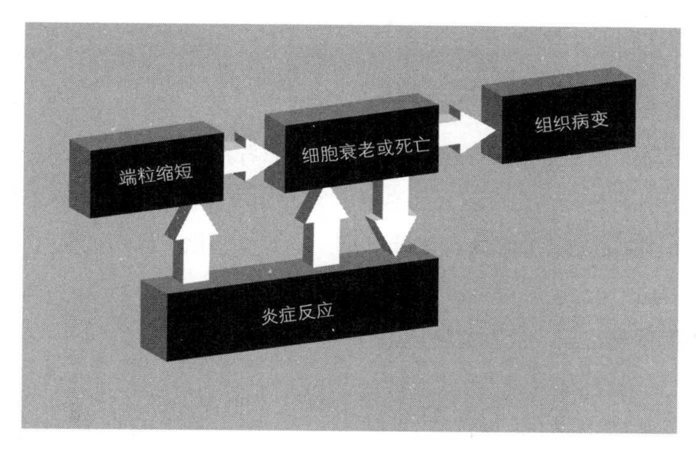

图 6　短端粒与疾病的发生。端粒变短，会引起细胞老化，进而引发疾病。如果幸运，这些老化的细胞会被淘汰，但它们也可能留在组织当中。人类衰老的原因很多，常见的一个因素是端粒受损。当老化细胞累积数十年，积累到一定数量，就会引发疾病。炎症会使端粒变短、细胞老化，而细胞老化也会进一步激发更多的炎症反应

此外，血液细胞里的短端粒也会促发炎症反应，这会导致心血管疾病。炎症细胞黏附在血管内壁，捕获胆固醇，形成斑块，或使现存的斑块脱落。如果斑块脱落，这里就会形成血栓，造成动脉阻塞。如果发生在冠状动脉血管，就会阻塞心脏供血，导致心肌梗死。

肺部疾病与短端粒

那些患有哮喘、慢性阻塞性肺炎（COPD）和肺纤维化（一种不可逆的严重肺部疾病，会导致呼吸困难）的患者，免疫细胞和肺细胞的端粒比正常人的要短。肺纤维化的患者，其端粒受损的情况尤为严重，许多肺纤维化患者的端粒维护机制出现了基因突变。沿着这条线索，研究人员又发现了更多的证据。综合多方面的证据，科学家得出了以下结论：端粒修复失衡，引发了许多疾病，包括慢性阻塞性肺炎、哮喘、肺部感染以及肺功能失衡等。这个结论适用于所有人，不只是那些端粒酶基因缺陷患者。端粒修复系统差，肺部干细胞和肺部血管就开始衰老，它们无法保持肺部组织的更新。免疫细胞的衰老助长了促炎症环境，进一步恶化了肺部状况。

细胞早衰之三：你感到自己老了

现在让我们回到高中同学聚会。这一次，我们回到 40 年同学聚会的时刻，同学们都已近花甲之年。这时，你开始留意到有些同学的认知能力有所衰退。你也许很难说清楚这些同学到底哪儿有问题，但是你会看出来，他们似乎有点糊涂，有点心不在焉、难以专注，或是拙于察言观色。他们或许一下子叫不出你的名字，得好好想一下。

我们会觉得岁月不饶人，多半是由于这种心智迟钝。

认知衰退与阿尔茨海默病

可以想见，较早出现认知问题的人，他们的端粒往往更短。随着年纪渐长，这种现象可能更加明显。在一项针对健康七旬老人的研究中，更短的端粒预示了晚年的认知能力较低。[16] 在年轻的成人身上，端粒与认知功能没有关系，但是端粒在 10 年间变短了，那么这可能就意味着认知能力开始下降了。[17] 端粒长度与认知能力的关系令研究人员感到兴奋。如果一个人的端粒更短，是否意味着以后更容易患上失智症（dementia）或阿尔茨海默病？

美国得克萨斯州的一项令人印象深刻的大规模研究为回答这个问题提供了线索。[18] 研究人员在达拉斯附近募集了 2000 位成年人，对他们进行了脑部扫描。这些研究控制了年龄及其他影响大脑功能的因素，比如抽烟、性别，以及是否携带 APOE-epsilon 4 基因。如带有 APOE-epsilon 4 的一种变异，患上阿尔茨海默病的可能性就会增加。

不出所料，年纪大了之后，几乎每个人的大脑都出现了萎缩的迹象。随后，研究人员研究了受试者脑部专门处理情绪与记忆的部位。比如，大脑里帮助记忆形成、组织和储存的地方是海马体(hippocampus)。因为“海马”，我们的感受和情感才与记忆联系起来。为什么一块新橡皮散发的气味会让你瞬间想起第一天上小学的情景？原因是“海马”。为什么你还会记得小学？原因同样是“海马”。令人惊奇的是，得克萨斯州的研究发现，那些白细胞里端粒更短（通过它们可以管窥整个人体里的端粒长度）的人，他们的“海马”也更小。组成“海马”的细胞同样需要更新，如果你希望拥有良好的记忆力，身体就得不断更新“海马”的细胞。

端粒更短的人不只是“海马”更小，大脑的边缘系统（limbic system）也更小，包括杏仁核（amygdala）、颞叶和顶叶。这些区域与“海马”一起，参与记忆、情绪以及压力的调节，而阿尔茨海默病患者身上受损的正是这些区域。达拉斯的研究提示，血液中的端粒与大脑的衰老大致同步。细胞层面的衰老也许只发生在“海马”，也许出现在全身，无论如何，都可能是失智症的前兆。对那些携带着 APOE 突变基因的人来说，保持端粒的健康尤为重要，因为他们患阿尔茨海默病的概率本来就高。一项研究表明，如果你携带着 APOE 突变基因，而且端粒较短，那么与带有同样基因但端粒更长的人相比，你英年早逝的概率要高 9 倍。[19]

短端粒可能直接造成阿尔茨海默病。一些常见的基因变异（比如 TERT 和 OBFC1 基因）会导致短端粒。值得注意的是，只要携带了一个这样的基因变异，患上阿尔茨海默病的概率就有所增加。[20]这个概率并不显著，但它表明了一种因果关系：端粒不只是一种标记或伴生现象，端粒如果太短，就会导致脑部某些部位老化，使人患上神经退化性疾病。我们已经比较确定，TERT 和 OBFC1 参与端粒的维护。关于这点，科学界掌握的证据越来越多。如果你希望保持大脑敏锐，请多为端粒着想吧。如果你想了解大脑衰老方面的研究，可以参见书末的注释。[21]

人老心不老

如果你参加了高中同学 40 周年聚会，而且有机会登台讲话，问问你们那些 60 岁左右的同学，如果感觉自己就像 60 多岁的人，请举手。结果很有意思。大部分人（75% 的人）感觉自己比实际年龄更年轻。[22] 即使时间流逝，即使你驾照上印的出生年月日告诉你，你已经老了，许多人依然觉得自己还年轻。这种对衰老的反应是高度可调节的。感觉年轻，往往意味着对生活更满意，个人进步的机会更多，与他人的社会连接也更紧密。[23]

感觉年轻不同于渴望年轻。那些渴望变得年轻的人（比如，一个 50 多岁的男人希望可以重回 30 岁）往往不那么快乐，对生活也有更多不满。一心想要变得年轻、回到过去，只是痴心妄想。面对年华不再的现实，最重要的就是接受现在的自我，并努力维持身心健康。

想拥有健康的老年生活，必须先改变对老年人的刻板印象

得小心你对老年人的看法。如果关于老年的负面刻板印象已深植于脑海，你自己就可能会变成那样——这对你的健康不利。耶鲁大学的社会心理学家贝卡·利维（Becca Levy）把这种现象称为“刻板印象的具体实现”。即使把当前的健康状况考虑进来，那些对老年有偏见的人，跟那些没有偏见的人的行为也会有所不同。[24] 对老年有负面看法的人相信，他们无力控制自己是否生病，也不会为保障

健康而努力，比如依照医嘱吃药。他们患心脏病的概率要高一倍，而且随着年纪增长，记忆衰退得也更厉害。当他们受伤或生病的时候，他们恢复得更慢。[25] 另一项研究显示，那些听说了老年刻板印象的老年人，思考与行动变得迟钝，以至于在心智测试中的得分跟失智症患者一样。[26]

如果你意识到了自己对衰老有负面印象，你还可以努力改变。下面的刻板印象表来自利维的年龄印象量表。[27] 你也许会设想自己拥有健康、快乐的老年生活，具有表格中提到的一些正面品质。如果你发现自己想到的是其中的负面印象，那就尽快把自己拉回正面那边。

你对老年的印象是什么？

负面	正面
易怒	乐观
依赖人	有独立自主能力
迟缓	充满活力
虚弱	自立
孤独	热爱生活
困惑	智慧
怀旧感伤	心思细腻
不信任别人	人际关系亲密
尖酸刻薄	心中有爱

剖析老年人的情绪生活

虽然人们对老年人的印象是脾气不好、看不惯年轻人，但斯坦福大学一位研究衰老的科学家劳拉·卡斯滕森（Laura Carstensen）表明，我们的日常情绪经验随着年纪增长而逐渐丰富。

一般而言，老年人一天里会感受到更多的正面情绪。这些经验并非都是单纯的“快乐”，事实上，我们的情绪越来越复杂。我们可能会更常感到五味杂陈、悲喜交加，比如眼中含泪而心里欢喜，或者同时感到骄傲与愤怒[28]——这种能力叫作“情绪丰度”（emotional complexity）。这种混合的情绪状态帮助我们避免年轻时感到的大喜大悲，也能帮助我们更好地控制感受。混合情绪比单纯的情绪更容易管理。因此，就情绪而言，生活的确变得更好了。更丰富的情绪反应和更有效的情绪管理，意味着日常经验变得更为丰富。那些情绪更丰富的人，健康年限也更长。[29]

研究老年的学者知道，即使在高龄，我们仍然渴望亲密关系与性爱。我们的社交圈子更小了，但这很大程度上是自愿选择的结果。慢慢地，我们的社交圈子里只留下了那些最有意义的关系，清理掉了那些带来麻烦和困扰的关系。如此一来，我们就有更多正面的情绪，压力也更少。我们更能分清轻重缓急，把时间留给那些对我们来说最重要的人和事。也许，这就是年龄带来的智慧。

如果你愿意努力去想象更积极、更健康、更有活力的老年生活，那么必然会有回报。利维事先提醒了老年人年长的好处，比如更加明达、更有成就，然后测试他们应对压力时的反应。她发现，与对照组相比，他们对压力的反应更为稳健（心率、血压更低）。[30] 有句话说得好："年龄只是件心事。如果你不放在心上，它就没关系。"

两种老年生活

请在这里暂停一下，设想你的端粒或者细胞老化得太快，你的未来会是什么样子。通过这项思考训练，你对细胞层面的衰老会有更清晰的认识。想象一下你不愿经历的衰老吧，在 40 岁、50 岁、60 岁、70 岁，你是否担忧下列情况发生在你身上？

- 脑子没有以前灵光了。我讲话的时候，年轻的同事心不在焉，因为我啰里啰嗦，说不到要点。
- 我总是因上呼吸道感染而卧床不起，我似乎很容易生病。
- 呼吸困难。
- 四肢发麻。
- 腿脚不稳，时常担心摔倒。
- 我觉得好累，不想做任何事情，因此整天窝在沙发上看电视。
- 我偷听到孩子们说："轮到谁来照顾咱妈了？"
- 我没法像过去一样按照计划旅行，因为我随时可能需要就医，不能走得太远。

这些表述揭示了疾病年限的早期表现——这正是你渴望避免的生活。你的父母或者祖父母可能持有这样的观念：人只能健健康康地活个几十年，接下来就免不了会生病或是厌世。很多人到了六七十岁就无奈地表示这辈子已经差不多了，于是他们穿上了运动长裤，躺在了舒适椅上，整天看电视，直到生病卧床，就此一病不起。

现在，请设想一个完全不同的未来：你的端粒长而健康，细胞持续地更新。这样的健康生活是什么样子？你可以想象出一个榜样吗？

人们对衰老的印象往往如此负面，以至于大多数人都宁可不去想它。如果你的父母或祖父母很早就生病了，或者他们到了一定年龄就早早地放弃了，你可能也很难对老年有更积极、更健康的想象。但是如果你可以对自己的衰老过程形成一个清晰、正面的图景，那么你对自己如何衰老就有了一个明确的目标，这就为保持端粒和细胞的健康提供了充足的理由。如果你能用正面、积极的态度面对衰老，根据一项研究，与态度消极者相比，你的寿命或许可以延长七年半！[31]

至于老当益壮的模范，我们第一个想到的人就是笔者伊丽莎白的朋友玛丽珍。玛丽珍是位个性开朗的分子生物学家，现居巴黎，已经 80 多岁了。她一头白发，满脸皱纹，背部微驼，但是依然容光焕发、精神矍铄。最近我们见了一面。我们先吃了午饭，然后参观了巴黎的小皇宫博物馆，在博物馆里不断地上楼、下楼，看了大部分的展览。我们步行穿过了拉丁区，逛了书店。6 小时之后，玛丽珍依然健步如飞，而我（伊丽莎白）已经累得走不动了。我提议早点回去（“你休息会儿”），但玛丽珍提议再逛逛另一个地方，我不好意思承认自己脚痛难忍，不得不撒了个谎，说跟人还有约，赶紧打道回府。

玛丽珍在很多方面都符合健康衰老的特征：

- 她直到高龄依然保持了对工作的热情。虽然已经过了法定退休年龄，她依然去研究机构工作。
- 她与形形色色的人保持交往。她仍然主持每月一次的沙龙(用到多种外语)，跟年轻的同事往来。
- 她住在一间公寓的5楼，公寓没有电梯。有时候，她的年轻朋友们因为过于疲倦，不愿爬楼而不得不谢绝晚餐邀请，而玛丽珍一如既往地步履轻盈。
- 她仍然渴望新奇的经验，比如去巴黎的博物馆参观最新的展览。

你可能有你自己的榜样，或者自己定好的目标。下面是我们听过的几个例子：

- 当我老了，我希望可以像女演员朱迪·丹契（Judi Dench）那样，特别是她在邦德电影里扮演的M夫人：一头银发，风采依旧，一切尽在掌握。
- 我的人生可以分成“三幕戏”。第一幕是自我教育；第二幕是作为教师，教书育人；第三幕则是在非营利组织工作，帮助未婚生子的青少年完成学业。

- 我的爷爷曾经在 70 多岁的时候带着我们越野滑雪，并教我们如何在雪地里生起篝火。我希望在自己老了的时候，也能这么跟我的孙子一起玩。

- 我想，等我老了，孩子都长大成人，在外地生活。我虽然会想念他们，但是我也会有更多时间。那时，我应该会欣然同意担任本系的主任。

- 如果暮年的我依然保有好奇心，依然笔耕不辍，参与慈善项目，我会快乐。我希望能多做点什么来回馈社会，爱我们这个美丽的星球，欣赏他人和自己的优点。

我们的细胞终会衰老，但它们不必提前衰老。我们大多数人所希望的只是长久、充实的生活，尽可能延缓衰老的时间。

在本章里，我们展示了细胞早衰会带来哪些伤害。接下来，我们将向你展示端粒到底是什么，以及它们如何给我们带来健康和长寿。

第二章 长端粒之力

1987 年，12 岁的罗宾 · 胡拉斯（Robin Huiras）站在她学校的运动场里，准备参加一英里（约 1.6 千米）长的计时测验。那是明尼苏达州的一个早晨，天气不错，略有凉意，适合赛跑。罗宾健康而苗条，虽然她并不喜欢参加这样的测试，但她也希望能发挥好。

但她没有。发令枪响了，几乎与此同时，班上的所有女生都比罗宾快了一头。她尽力追赶，但是离前面的人群越来越远。罗宾并不是偷懒，她倾尽全力，但是随着比赛进行，她跟其他人的差距越来越大。她最后跑了倒数第一，就像是她中途停顿了半晌后慢悠悠地来到终点。但即使在比赛结束很久，罗宾依然累得直不起腰，上气不接下气。

第二年，罗宾 13 岁，她发现自己长了根白发，不久又是一根，接着白发越来越多，直到满头花白，就像那些四五十岁的女性那样。她的皮肤也变了——即使是正常的活动也会在四肢留下瘀伤。罗宾还是个少女，但是她老是觉得虚弱无力，她的头发变得花白，皮肤也很脆弱。她似乎提前进入了老年。

事实上，这正是她身体里发生的变化。罗宾体内有一种罕见的端粒功能障碍，这是一种遗传疾病。患者体内的端粒变得极短，细胞提前老化。早在生理年龄变老之前，他们就会经历急剧加速的衰老过程。从外表看，他们的皮肤出现异常，比如，黑色素细胞失去活性，皮肤失去光泽，开始出现老年斑，头发变得灰白。他们的指甲也开始老化，因为指甲里有些细胞快速分裂，它们变得凹凸不平，甚至出现断裂。骨骼也变老了，因为维持人体骨骼健康的成骨细胞停止更新了。罗宾的父亲也有同样的端粒功能障碍，骨质流失、肌肉疼痛，虽然做过两次换肢手术，但仍然在 43 岁就去世了。

不过，对端粒功能障碍的患者来说，外表的衰老和骨质流失并不算什么大事，更严重的后果还有肺纤维化、血细胞异常偏低、免疫系统弱化、骨髓异常、消化系统疾病，以及某些癌症。这些患者具体症状各式各样，年龄参差不齐。最大的一位患者今年依然健在，她已经 60 多岁了。

像罗宾患上的端粒功能障碍，现在有了一个名字——端粒综合征。我们知道是哪些基因异常导致了这种严重的遗传疾病，我们也知道这些基因在细胞里的正常功能（迄今已知 11 个这样的基因）。好在这些极端的遗传性端粒综合征非常罕见，患者在人群中出现的概率是百万分之一。同样幸运的是，感谢最新的医疗进步，罗宾最终成功接受了干细胞移植（包括捐献者的造血干细胞）。移植成功的一个表征是罗宾的血小板数量恢复正常。由于罗宾的造血干细胞无法有效修复端粒或合成新细胞，她的血小板数量一度骤降，低达 3000~4000（血细胞数量过低也是她无法长跑的原因）。在干细胞移植 6 个月之后，她的血细胞数量恢复正常，大约 20 万。罗宾现在

40 多岁了，在一个关注端粒综合征的组织工作。比起同龄人，她的嘴角和眼角多了些皱纹，头发几乎全部花白，偶尔也会感到剧烈的关节痛、肌肉痛。因为经常锻炼，她可以有效控制病痛。经过移植手术，她的活力得以恢复大半。

严重的遗传性端粒综合征向我们所有人传递了一个强有力的信息：在罗宾细胞内发生的事情，也同样发生在你我的细胞里。区别无非是在她体内进行得快，在你我体内进行得慢而已。在所有人体内，端粒都越来越短，无非速率有快慢而已。可以说，我们所有人都不同程度地患有端粒综合征，只是不像罗宾和她父亲那样严重。遗传性端粒综合征患者无力阻止细胞的早衰进程，但是其他人则幸运得多。我们对细胞早衰有更大的控制能力，因为我们可以控制端粒。

这种控制始于知识——包括对端粒的了解，以及知道日常习惯和健康如何影响了端粒长度。要理解端粒在人体内发挥的作用，我们需要把目光转向一个看似不可思议的地方——池塘浮沫。

池塘浮沫传递的信息

四膜虫（tetrahymena）是一种单细胞原生生物，在淡水环境中生活、觅食、繁衍（四膜虫有七种性别，下次你在湖边游玩的时候，不妨想想这个有趣的事实）。事实上，正是四膜虫组成了池塘浮沫，不过它们非常可爱。在显微镜下，它们的身躯是椭圆长梨形，突出的纤毛结构让它们看起来像是毛茸茸的卡通形象。如果盯得更久一点，你可能会留意到它们好似卡通片《芝麻街》中那个演唱了烧脑神曲《玛那，玛那》的卡通绒毛形象毕普·毕帕多塔（Bip Bippadotta）。

四膜虫体内有一个细胞核，这是它的控制中枢。在细胞核深处是 2 万条微小的染色体，大小长短一致，这是分子生物学研究的宝藏。科学家可以很方便地用这些染色体研究四膜虫的端粒。因此，1975 年，我（伊丽莎白）在耶鲁大学的实验室用巨大的玻璃瓶培养了数以百万计的四膜虫。我想采集足够多的端粒，进而在分子尺度上理解它们的组成。

几十年来，科学家提出了一个理论猜想：端粒保护了染色体——不仅仅是在四膜虫里，在人体内也是如此。但是没人知道端粒到底是什么，或者它们是如何工作的。我的想法是，如果我们可以精确地刻画端粒里的 DNA 结构，也许就能了解端粒的功能。我渴望了解端粒的生物学特征。在那时，还没人知道端粒日后会为研究衰老和健康奠定生物学基础。

通过混合使用盐和一种类似于厨房清洁剂的化学物质，我得以从四膜虫的细胞里分离出 DNA。然后，我利用在剑桥读博士期间学到的化学和生物化学方法来分析这些 DNA。在实验室暗室的暗淡红光下，我达成了目标。暗室非常安静，耳边只有隔壁老式建筑里下水管道的声音。我拿着新冲洗出的 X 线胶片到安全灯下观察，兴奋的暖流涌遍周身——因为我明白自己看到的是什么。在染色体末端是简单的重复性 DNA 序列，同样的序列一而再、再而三地出现。我发现了端粒 DNA 的结构。在接下来的数月里，随着逐渐厘清其中的细节，一个意外的事实出现了：这些细小的染色体并不像看起来那样完全一致。其中一些末端更长，一些末端更短，重复序列的数目并不一致。

没有哪个地方的DNA如此多变、有序又重复。池塘浮沫的端粒告诉我们：染色体末端有些奇特之处。日后研究表明，这些东西对人类细胞的健康至关重要。染色体末端长度的变异将解释为何有人活得更健康、更长久。

图7 四膜虫。我（伊丽莎白）通过研究这种微小的单细胞生物，解开了端粒DNA的结构之谜，并发现了端粒酶。这开启了后续有关端粒、端粒酶及细胞生命的发现，也为理解人类端粒奠定了基础

端粒：染色体的保护者

从湿淋淋的X线胶片上，我们可以清楚看到，端粒是由重复的DNA序列组成的。DNA由两条反向平行的链组成，包括4种基

本的组成单元（“核苷酸”），分别以 A、T、C、G 字母代表。还记得小学户外活动时，你和小伙伴两两牵手组成一对吗？DNA 的组成单元也是如此。A 永远和 T 配对，C 永远和 G 配对。第一条 DNA 链上的字母与第二条链上的字母对应，两者组成了“碱基对”，而碱基对就是衡量端粒长短的单位。

图 8　近看端粒。端粒位于染色体末端，由许多重复的 TTAGGG 序列构成，它的对应链上的碱基则是 AATCCC。序列越多，端粒就越长。在这张图中，我们只画出了端粒的 DNA，但真实的端粒不是这么光秃秃的——在 DNA 的外面还包裹着蛋白质保护层

在人类的端粒里，第一条链上的重复序列是 TTAGGG，它的配对序列是 AATCCC。这两条链组成了 DNA 的双螺旋。

在端粒里，这样的序列重复了上千次，我们可以据此测量其长度（注：本书中一些图例使用的端粒长度单位是 t/s 比率，而非碱基对）。重复序列突出强调了端粒与其他部分 DNA 的区别。DNA

组成的基因就位于染色体上（在人体细胞内，我们总共有 23 对，即 46 条染色体）。这些基因也就是人体建筑的蓝图。配对的字母组成了复杂的“句子”，传达了构建蛋白质的指令。基因上的 DNA 同样决定了你的心跳速率、瞳孔颜色以及你是否具有运动员那样发达的四肢。然而，端粒里的 DNA 不同于此。首先，它不属于任何基因，而是位于基因之外，在染色体的末端上。不同于基因里的 DNA，端粒 DNA 不编码蛋白质。它更像是缓冲装置，在细胞分裂的过程中保护染色体。就像橄榄球比赛里围绕着四分卫的其他队员，他们必须抵挡来自对手的猛力撞击。端粒为团队而生。

这种保护至关重要。随着细胞分裂、再生，它们需要保证携带着遗传指令（基因）的染色体得到精确传递。否则，下一代就无法长高、长壮，也无法出现自己特有的身体特征。但是细胞分裂对染色体和其中的遗传物质来说，充满了风险。如果没有保护，染色体和它们携带的遗传材料很容易就会散开，染色体可能会断裂，与其他染色体融合或是突变。如果细胞内的遗传指令这般“自由散漫”，那就完了，突变会导致细胞功能异常、细胞死亡，甚至导致癌细胞增生，使你寿命变短。

染色体两端的端粒恰好防止了这种事情的发生，这正是端粒 DNA 的特殊重复序列向我们传递的信息。在 20 世纪 80 年代，杰克·索斯塔克（Jack Szostak）和我（伊丽莎白）发现了它们的功能，当时我从四膜虫里发现了端粒序列，而杰克把它引入了酵母细胞。四膜虫的端粒贡献出了自己的一部分碱基序列，保护了酵母染色体，使其在分裂的过程中完好无损。

每一次细胞分裂的时候，它宝贵的“编码 DNA”（即组成基因的 DNA）都完整地复制一次。不幸的是，在每次分裂的时候，端粒都会丢失一些碱基序列。我们年纪越大，细胞分裂的次数越多，端粒就会越短。但如图 9 所示，这种趋势并非直线下降。

凯瑟医疗机构有一个关于基因、环境与健康的研究项目，研究人员观察数十万人唾液细胞里的端粒长度，他们发现：从 20 岁到 75 岁，端粒的平均长度越来越短。[1] 有趣的是，在 75 岁之后，人的端粒长度似乎不再变化，甚至有所增长。这应该不是端粒变长的缘故，而是因为那些端粒较短者很多都在 75 岁前死去了（这被称为幸存者偏差——在任何衰老研究中，最老的人总是健康的幸存者）。事实上，能活到八九十岁的，通常是端粒更长的人。

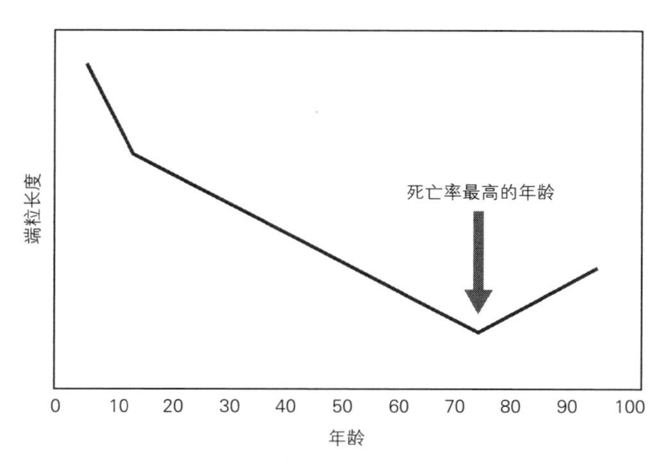

图 9　端粒逐年衰减。一般而言，年纪越大，端粒就越短。幼年时，端粒缩短的速度最快，随后趋于平缓。有趣的是，许多研究发现，许多八九十岁的人要比 70 多岁的人端粒更长。但这是缘于“幸存者偏差”，即只有端粒够长的人才能活这么久，他们的端粒可能从出生时就比较长

端粒、疾病年限与死亡

端粒逐年衰减。但是端粒真的影响了我们的寿命或者我们进入疾病年限的快慢吗?

科学给出了肯定的回答。

不过,因为还有其他的许多因素决定了我们的寿命,因此并非所有的研究都用短端粒来预测早亡。事实上,只有半数的研究如此。2015 年,哥本哈根的研究人员对 64000 人进行了研究。结果表明,短端粒意味着早亡。[2] 端粒越短,罹患癌症、心血管疾病的概率越大,不分原因的早亡率也越大。如图 10 所示,端粒的长度按每 10 个百分比分成了 10 组。端粒长度在 90% 以上的人(即端粒最长的一组)在最左侧;紧接着是 80% 的一组,依此类推,最右侧是端粒最短的一组。不同的小组呈现出梯度反应:端粒最长的一组最健康,端粒越短,人们愈发虚弱,死亡率也越高。

前文提到的凯瑟医疗机构测量 10 万个志愿者的端粒长度,这些人刚好也是凯瑟健康计划的成员。3 年之后,研究人员对他们的端粒再次进行了测量,端粒更短的人的全因死亡率更高。[3] 在这项研究里,科学家控制了许多变量,包括年龄、性别、种族、受教育程度以及是否抽烟、是否运动、是否饮酒和身高体重指数(BMI)。科学家为什么要控制这么多变量?因为理论上来说,其中任何一项或几项都可能是导致死亡率增加的真正原因。比如,抽烟史跟全因死亡率有明显的关系。许多研究发现,抽烟越多的人端粒更短。不

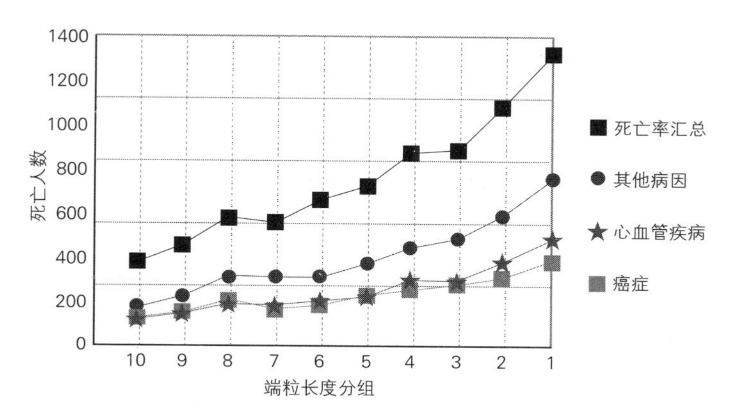

图 10　端粒长度与死亡率的关系。端粒长度可以用于预测整体死亡率及不同疾病的死亡率。端粒最长的一组人，死于癌症、心脏病以及其他原因的概率都是最低的。（资料来源：参见 Rode 等人的研究 2015.[4]）

过，即使排除了所有这些可能的解释，端粒长度与全因死亡率之间的关系仍然站得住脚。看上去，端粒变短本身也是导致死亡的因素之一。

人们一再发现，端粒变短与衰老引起的许多疾病都有关联。许多大规模研究表明，端粒更短的人更容易得慢性病，比如糖尿病、心血管疾病、肺部疾病、免疫功能失调，以及特定类型的癌症，或是在上了年纪之后，逐渐出现这些疾病。[5] 许多相关性都得到了大规模综述（称为后设分析）的确认，这给了我们更大的信心：这些相关性是准确可靠的。与之对应，一项针对健康老年人的研究表明，那些白细胞里端粒更长的人，健康年限更长。[6]

了解端粒，逆转疾病

从罗宾·胡拉斯这样患有罕见遗传性端粒疾病的人身上，我们见识到了端粒的威力。有时候，比如在罗宾的例子里，仿佛有一种腐蚀性的黑暗力量加速了细胞层面的衰老。好消息是，我们现在对端粒的本质有了更多的了解。通过捐献血液和组织样本，罗宾和她的家人帮助研究人员找到了引起疾病的基因突变。这些知识使诊断变得更精确，并使患者得到更好的治疗，甚至有朝一日被治愈。

你可以运用有关端粒的新知识逆转疾病，帮助你自己、周围的人和子孙后代赢得健康。接下来，你会了解到，端粒是会变化的，而且你有能力影响端粒变化的过程。为了说明我们的意思，我们要带你到伊丽莎白的实验室，看看四膜虫的端粒有何奇怪的表现。

第三章　端粒酶：修补端粒的酶

我（伊丽莎白）在发现 X 线可以解读端粒 DNA 之后不久，就转到了加州大学伯克利分校。自 1978 年起，我建立了自己的实验室，继续从事关于端粒的研究。在伯克利，我开始留意到一些意外的现象。我仍然在培养全身毛茸茸的四膜虫，而且现在我可以根据它们 DNA 的长度计算出端粒的大小。匪夷所思的是，四膜虫的端粒有时竟会变长。

这让我大吃一惊。因为我一直以为，如果端粒发生变化，它们只会越来越短，而不是越来越长——随着细胞每次分裂，端粒中的 DNA 序列会逐渐缩短。现在看起来，四膜虫也会合成新的端粒 DNA，这太不可思议了。你也许听说过 DNA 是与生俱来的，我们出生时携带着什么样的 DNA，死去时还是那样的 DNA，DNA 的合成是通过一种生物化学层面的“复印机制”完成的。我反复核查了实验，确认了这件看似不可能的事件的确发生了。接下来，我们在酵母细胞里也观察到了同样的现象——这里说的“我们”，包括我实验室的学生贾尼丝·尚佩（Janice Shampay），是她完成了哈佛的科学家杰克·索斯塔克（Jack Szostak）和我共同构想出的实验。后来，世界上的其他科学家也陆续报道了这样的变化，它在其他微小的类似四膜虫的生物身上可能也在发生。事实上，这些生物在它们的端粒末端合成新的DNA——这些端粒正在生长。

这真是奇特的现象。数十年来，遗传学家相信，所有染色体DNA都是从现有的DNA复制出来的，不可能无中生有。然而，四膜虫端粒变长的事实告诉我：这是一个无人涉足的新领域。对科学家来说，这是最激动人心的一种发现。想到我的新发现将揭开宇宙里一个崭新的角落，它在等我探索，我就无比兴奋。没想到四膜虫让我不只进入了宇宙的一个新角落，更由此发现了一个新天地。

端粒酶：细胞应对端粒缩短的对策

我一直在琢磨，端粒为何有这个奇怪的行为，为何能够生长。我想知道，细胞内是否有某种酶，能把DNA添加到端粒末端，从而修补那些损失的碱基。现在该大干一场了，我需要获得更多的四膜虫细胞提取物。为什么选择四膜虫？因为它有很多端粒，便于研究。我推测，四膜虫体内可能也富有某种酶，而后者可以修复端粒。

1983年，我的实验室来了一位新伙伴，即研究生卡罗尔·格雷德（Carol Greider）。我们一起设计实验，并且不断改良实验程序。1984年的圣诞节，卡罗尔摸索出了一种X线成像技术，即放射性自显影。胶片上的图谱第一次清晰地显示了这种酶的确存在。卡罗尔那天回家，高兴得手舞足蹈。第二天，她拿着那张胶片给我看，强忍着笑容，看我如何反应。我们四目相对，心照不宣：就是它了！端粒可以通过这种新发现的酶来为自身添加上DNA，我们把它命名为端粒酶。端粒酶可以依据自身的生物化学序列来合成新的端粒序列。

但是，科学探索不是只靠一次“我发现了”的狂喜过程就能推进，我们必须确认这个结果。几周过去了，几个月过去了，我们艰难地进行着后续实验。“山重水复疑无路，柳暗花明又一村”，我们一步步地确认了 1984 年最令人兴奋的那次实验结果。最终，我们对端粒酶有了更深入的了解：在细胞分裂的时候，正是端粒酶修复了端粒的 DNA。端粒酶具有制造和补充端粒的功能。

端粒酶由蛋白质和 RNA（核糖核酸）模板组成，它利用自身的 RNA 模板来合成正确的 DNA 序列。只有序列正确，才能形成正确的 DNA 架构，进而吸引端粒保护蛋白，使其覆盖到端粒 DNA 之上。RNA 模板确保了新添加的端粒 DNA 是正确的。就这样，端粒酶重新合成了染色体末端，来取代那些被磨损的 DNA。

我们就此揭开了端粒生长的秘密：端粒酶为端粒添加上 DNA。随着每一次细胞分裂，端粒逐渐变短，短到一定程度，细胞就停止分裂。但是，每次细胞分裂的时候，端粒酶都会为端粒添加上新的 DNA，延长端粒。这确保了染色体得到保护，新细胞得以正确复制和分裂。端粒酶可以减缓、阻止，甚至逆转细胞分裂过程中的端粒缩短。在某种意义上，端粒酶可以更新端粒。多亏了池塘浮沫，我们才发现了突破海弗利克分裂极限的途径。

端粒酶是长生不老药吗？

这样的发现，使得科学界和全球媒体为之一振。如果我们增加端粒酶的活性会怎样？我们可能像四膜虫的细胞那样永远更新吗？

（这也许是有史以来人类第一次热切地渴望自己活得更像池塘里的微生物。）

很多人都想知道，我们是否可以把端粒酶提取出来，变成长生不老药。要是这种妙药真能问世，我们只要每隔一段时间去诊所注射一剂端粒酶，就能健健康康活到 100 多岁，甚至更久。

这是痴人说梦吗？也许并不是。端粒和端粒酶与细胞老化息息相关。四膜虫让我们得以窥见端粒酶和细胞老化的关联。我在加州大学伯克利分校的研究生余国良完成了一项简单却精巧的实验，他把四膜虫细胞内的正常端粒酶替换成了一个失活的酶。通常情况下，只要喂养得当，四膜虫细胞在实验室里可以不断分裂下去，它

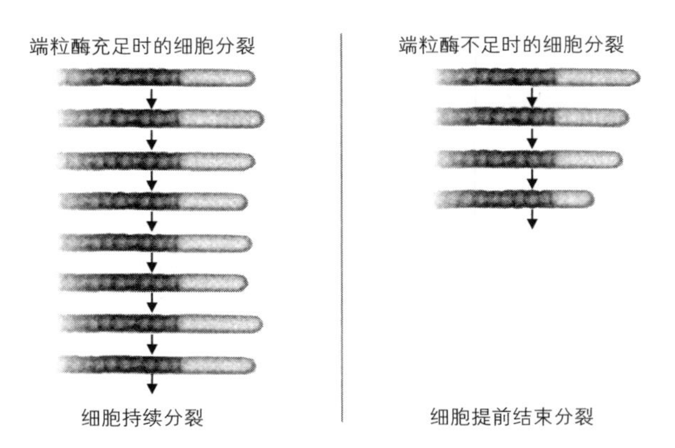

图 11　端粒酶充足或不足的不同后果。端粒酶可以使端粒延长，从而抵消端粒 DNA 的不断磨损。端粒酶充足，端粒就会得到维持，细胞也就能不断分裂；如果端粒酶不足（因遗传、生活习惯等原因），端粒很快就会变短，细胞就会停止分裂，衰老也就接踵而至。图片重印已获得美国科学促进会许可 [Blackburn, E., E. Epel, and J. Lin., " Human Telomere Biology: A Contributory and Interactive Factor in Aging, Disease Risks, and Protection, " *Science* (*New York*) 350, no. 6265 (December 4, 2015): 1193–1198]

们似乎是不朽的。但是，有了这种失活的端粒酶，端粒会随着分裂的进行而越来越短。直到端粒短到无法保护染色体内的基因，细胞分裂就停止了。回想一下鞋带的比方，这就好像是“带箍”磨坏了，鞋带松散开了，失活的端粒酶使得四膜虫无法永生了。

没有端粒酶，细胞就停止更新。

随后，世界上其他实验室发现，除了细菌，几乎所有的细胞都有这个特征（细菌的染色体 DNA 是环状的，因而没有末端需要保护）。更长的端粒和更强的端粒酶会延迟细胞早衰，而更短的端粒和更弱的端粒酶会加速早衰。端粒酶与健康的关联最终确立要归功于英德杰特・多卡（Inderjeet Doka）医生及其在英、美两国的研究伙伴。他们发现，如果遗传缺陷导致端粒酶活性减半，患者就会出现严重的遗传性端粒综合征，[1] 前文提到的罗宾患的正是这种病。如果端粒酶活性不足，端粒就会迅速缩短，身体提前患病。

四膜虫细胞有充足的端粒酶，可以不断修复端粒。这使得四膜虫可以不断再生，避免了细胞老化。但是通常情况下，我们没有那么多的端粒酶可供细胞挥霍，细胞的端粒酶数量只能勉强重建端粒。随着我们衰老，大多数细胞里的端粒酶的活性变低，端粒也越来越短。

端粒酶与癌症的悖论

为了延年益寿，我们自然而然会想到人为增加端粒酶。在网上，到处都能看到许多保健品广告声称可以增加端粒酶。端粒和端粒酶具有惊人的性质，可以帮助我们延缓衰老、永葆年轻。但是它们并不是让人长生不老的灵丹妙药。事实上，如果你试图人为增加端粒酶来延长寿命，反而可能有危险。

这是因为端粒酶也有阴暗面。就像小说《变身怪医》中善良的医生杰基尔先生和邪恶的海德先生，他们是同一个人，但是在白天与黑夜表现出截然不同的人格。我们需要好的杰基尔先生端粒酶来保护我们的健康，但是如果在错误的时间、错误的细胞里，端粒酶过多，端粒酶就会体现出海德先生的人格，细胞生长失控，因而出现癌症。癌症其实就是细胞分裂失控，因而无限制地复制、增殖。

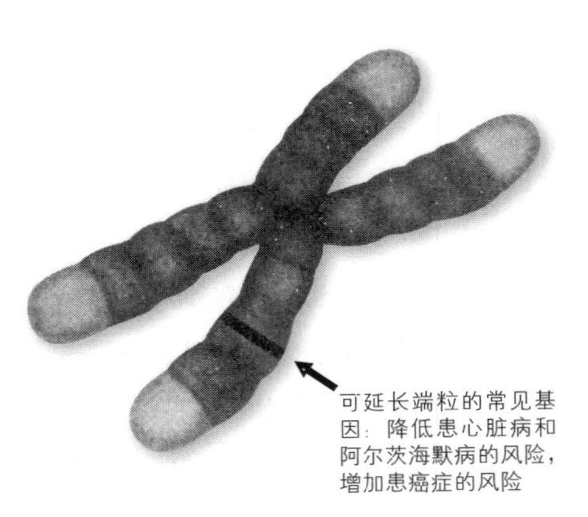

图 12　与端粒有关的基因及疾病。维护端粒的基因可以保护我们不得某些常见病，但是也会增加罹患癌症的风险。如果你的基因型决定了细胞合成出更多的端粒酶和端粒蛋白，那么你的端粒也就会更长。这种自然的修补使得我们不容易患上一些与年老有关的疾病，比如心脏病和阿尔茨海默病。但是如果端粒酶过多，细胞分裂失控，也意味着细胞容易癌变（脑癌、黑色素癌和肺癌）。因此，多多未必益善

因此，为细胞大量注入外源的端粒酶可能不是个好主意，这也许会导致细胞“走火入魔”，引发癌变。除非端粒酶保健品领域能拿出翔实的、长期的、大规模的临床证据证明其安全性，否则，在我们看来，最好还是不用任何药丸、乳霜或注射剂，引入端粒酶。因为每个人患上各种癌症的风险不同，这些额外的端粒酶也许会使你更容易患上癌症（比如皮肤癌、脑癌或者肺癌）。因此，我们的细胞严格控制端粒酶，不是没有道理的。

鉴于这些令人不安的发现，你也许觉得奇怪，为什么笔者仍然建议采取各种活动来增加端粒酶呢？回答是：身体对生活方式改变（本书所建议的内容）做出的是正常的生理反应，不同于摄入外源物质（即使它们是来自草本植物的“天然”物质，别忘了，植物拥有自然界中最大规模的化学武器，它们为了抵御饥饿的动物、难缠的致病菌而演化出了各种各样的化学物质），本书给出的增加端粒酶的建议都是天然、温和的，这样的增量也是安全的，不必担心它们会提高你患癌症的风险。

矛盾的是，我们也需要健康的端粒来抵御癌症。有些癌症，在端粒酶更少的时候更容易发生，比如白血病、黑色素瘤、胰腺癌等。这些发现的证据在于，那些端粒酶基因先天失活的个体往往更容易患上这些癌症。之所以如此，是因为没有了端粒的保护，我们的基因更容易受到伤害，而受伤的基因最终会导致癌症。此外，端粒酶太少，我们的免疫系统会变得脆弱，而免疫系统的功能之一是监督任何“外来物质”，如有害的癌细胞及病原体，包括细菌和病毒。所以，端粒太短，免疫系统会变得脆弱，细胞提前老化，就像人体各个角落的监控摄像头变得模糊，漏掉“外来物质”，包括癌细胞。因此，端粒弱化会使身体的免疫防御系统变弱，无法对抗癌症或病原体的攻击。

端粒酶：癌症治疗的新曙光？

即使端粒酶基因正常，端粒酶过多也会增加好几种癌症发生的风险。一旦癌症恶化，这些亢奋的端粒酶就为癌症推波助澜。不过，端粒酶的这个“暗黑面”也是一个机遇。研究人员发现，80%~90% 的恶性癌细胞里，端粒酶的活性过高，比普通细胞要高 10~100 倍。这些发现也许为癌症治疗提供了新的靶标。如果端粒酶是癌症增生的必要条件，也许我们可以通过抑制端粒酶来治疗癌症。一些科学家正在往这个方向努力。

关键在于在正确的时间、正确的细胞内精细地调节端粒酶的活性，这样才能维持端粒和人体的健康。身体自己知道如何做到这一点，而我们能做的，就是通过调节生活方式来帮助它。

你能影响你的端粒和端粒酶

到了 21 世纪，科学家普遍接受了端粒和端粒酶是细胞再生的基础。如果端粒酶减半，就会带来严重的端粒综合征。这让人们的关注点转向了基因，因为基因决定了端粒的长短，决定了我们是否有足够的端粒酶来修复磨损的端粒。

也是这时候，我（艾丽莎）在加利福尼亚大学旧金山分校的心理学系开始了博士后工作。当时，奥瑟整合医学中心的主任苏珊·福克曼（Susan Folkman）邀请我加入她的研究团队，她是研究压力及其应对策略方面的先驱，他们当时正针对那些患有慢性疾病的孩子的母亲进行调查研究，这些母亲因为照顾生病的孩子而承受着巨大的心理压力。

我很同情这些母亲，她们看起来比实际年龄要苍老许多。那个时候，伊丽莎白已经搬到了加州大学旧金山分校，我对她的端粒研究工作早有耳闻。我联系上了伊丽莎白，告诉了她我们正在研究家有病童的母亲。如果我能申请到研究经费，我们能否检测这些母亲的端粒和端粒酶呢？我问伊丽莎白，压力对端粒缩短或细胞早衰的影响是否值得研究？

像那个时候的大多数分子生物学家一样，我（伊丽莎白）当时是从一个山顶窥探端粒酶。我一直是从控制端粒的基因——分子层面——来思考端粒修复的。当艾丽莎来找到我，说要研究这个母亲群体的时候，突然之间，我似乎从完全不同的视角来看待端粒了，这同时唤醒了我作为科学家和母亲的身份认同。但我认为“要更完整地理解端粒的遗传机制，大概还需要 10 年的时间”。尽管有点犹豫，但我完全能够想象这些母亲所承受的巨大压力，知道她们都操碎了心。她们的端粒是不是也“碎”了呢？我同意了这项研究提议，“只要我们能在实验室找到人帮助测量，我们就开始这个项目”。当时的一名博士后研究员林珏（Jue Lin）主动请缨。随后，她优化了一个办法，可以敏锐细致地测量健康人体细胞内的端粒。

工作开始了。

我们筛选出了一组母亲，她们都有一个患有慢性疾病的孩子，需要长期悉心照料。鉴于有些人还有其他疾病，可能会干扰研究结果，我们把她们排除了。我们用一套类似的办法筛选出了那些家有健康孩子的母亲作为对照组。为了使整个筛选评估过程足够细致，我们花了数年的时间进行前期筛选。

我们采集了这些母亲的血样，并测量了她们白细胞内的端粒。我们得到了犹他大学的理察德·考森（Richard Cawthon）的帮助，他和同事们当时刚刚研发出了一套更便捷的办法（即聚合酶链式反应）用于测量白细胞内端粒的长度。

2004 年的一天，测试结果出来了。我（艾丽莎）在办公室里等候分析结果从打印机里打出来。我低头凝视着数据图，深吸了一口气。数据呈现出明显的规律，我们猜想的梯度的确存在：承受的压力越大，端粒就越短，端粒酶水平就越低。

我当即给伊丽莎白拨通了电话："数据拿到了，结果比预期的更加明显。"

我们先前提出的问题——"我们的生活方式是否会改变端粒和端粒酶？"——现在有了答案。

回答是肯定的。

是的，压力最大的母亲端粒酶最少。

是的，压力最大的母亲端粒最短。

是的，操心时间越长的母亲端粒越短。

这三个肯定的回答意味着我们的结果并非巧合或者统计上的偶然现象，它意味着，我们的生活经历，以及我们应对这些经历的方式，可以改变我们端粒的长度。换言之，我们可以在细胞层面上改变衰老的速率。

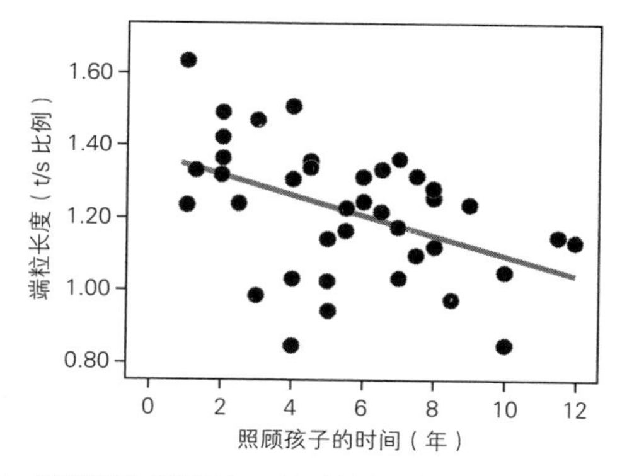

图 13　端粒长度与长期压力。孩子确诊之后的时间越长（需要照料的时间越长），母亲身上的端粒就越短 [2]

衰老的速率能否加快、延缓或者被逆转，几世纪以来，医学界多有争论。我们的研究为回答这个问题提供了一些新的思考。我们发现，通过改变行为，我们可以延缓细胞水平的衰老进程，甚至可以部分逆转端粒磨损导致的细胞老化。多年来，我们最初的研究结论依然成立，并在许多后续研究（本书稍后将提到）中得到了进一步拓展。这些研究表明，许多不同的因素都会影响我们的端粒。

在本书余下的章节，我们将会讨论增加端粒酶及保护端粒的建议。我们的建议都是根据研究而提出的，有些研究测量的是端粒长度，有些评估的是端粒酶的活性。欢迎各位读者加入我们的探索之旅，利用这些研究作为指引，学习如何改变心态、如何照顾身体、如何与社群中的其他人相处，保护自己的端粒，享受更长久的健康生活。

逆龄实验室：使用小窍门

我们可以从许多生活里的小实验中汲取教益。在本书每一章的末尾，你都会看到这样一个“逆龄实验室”。只要你愿意，你可以成为研究人员，你的心智、身体和生活，都是你的私人实验室，你可以把关于端粒的知识或从行为科学中学到的东西付诸实践，改善日常生活方式，提高细胞的健康水平。在大多数章节，“逆龄实验室”都与端粒长度直接有关，也都与身心健康有关（相关研究请参考本书的注释部分）。

当我们说起“实验室”的时候，并不是开玩笑。它们的确是实验，不是铁板钉钉的戒律。最适合的方式因人而异，取决于你的身心状况、偏好以及生活阶段。所以，不妨试一试，甚至可以同时尝试几套办法。如果你发现其中有对你适用的做法，那就继续做下去，养成习惯。如果你经常付诸实践，你的日常健康水平就会提高。研究表明，生活方式的改变可以影响端粒的维护（这意味着端粒酶更多，端粒更长），短则三个星期，长则四个月，就会看到效果。如爱默生所言：“大胆地去行动吧，不必畏首畏尾、求全责备。人生就是一场实验，你做的实验越多，就会做得越好。”

第二部分

细胞正在聆听你的思绪

测试：了解你对压力的反应模式

第二部分“细胞正在聆听你的思绪”要探究的是你如何面对压力考验，以及如何调整，使端粒更健康，更有益于日常生活。在开始该部分之前，我们来做一个快速自测，它评估的是你的压力来源、你对压力的反应及抗逆能力，其中一些跟端粒的长度有关。

回想一个目前生活中极度困扰你的场景（如果你想不到目前的场景，回想一个最近的烦心事），对下列问题给出回应。					
1. 当你想到必须面对这个场景的时候，你多大程度上感到有希望、有信心，多大程度上感到害怕、焦虑？	0 有希望、有信心	1 有点希望、有点信心	2 中立	3 没有希望、没有信心	4 害怕、焦虑
2. 你觉得你能有效应对该场景吗？	4 完全不行	3 有点不行	2 中立	1 还行	0 小菜一碟
3. 你是否经常想到这个念头？	0 从来不想	1 很少想到	2 偶尔想到	3 时常想到	4 经常想到
4. 你是否回避想到这个场景，或者试图压抑负面情绪？	0 总是回避	1 很少回避	2 偶尔回避	3 时常回避	4 经常想到

续表

5. 这个场景令你对自己感到很糟糕吗？	0 毫无压力	1 小有压力	2 有点糟糕	3 比较糟糕	4 非常糟糕
6. 你是否会从正面的角度思考这个场景，看到它的光明面，或者告诉自己一些安慰的话，比如，你已经尽力了？	4 完全不会	3 很少如此	2 有时如此	1 经常如此	0 总是如此
总分：把各项得分加总。请注意，问题2和6是正面回应，因此分数是逆序的。					

这个小测试的目的主要是让你自己意识到你应对压力的方式，并不是诊断。而且，如果你考虑的是一个严重的问题，你的得分自然会更高。这也不是应对风格的单纯测试，因为我们面对的情景和应对的方式都是混杂的。

总分 11 分及以下：你的压力应对风格较为健康。压力不会吓倒你，反而会激发你的斗志；而且你会把压力控制在合理的范围，不会影响你其他方面的生活。你会很快从事件中恢复。这种韧性有益于你的端粒。

总分 12 分及以上：你跟我们大多数人一样，面对有压力的场景，你的思维习惯倾向于放大它。这些习惯都直接或间接地与短端粒有关。我们会向你展示如何改变这些习惯，减弱它们的影响。

***

下面，我们再来仔细探讨与每个问题有关的思维习惯。

问题 1 和 2：这两个问题测试的是压力对你的威胁系数。高威胁系数加上低应对资源，会引起强烈的激素和炎症压力反应。威胁压力（threat stress）涉及一系列心智及生理反应，长此以往会危及端粒。幸运的是，我们有办法把威胁压力转变成迎接挑战的感觉，后者更为健康，也更富建设性。

问题 3：这个问题测试的是你耿耿于怀（rumination）的程度。耿耿于怀是指一连串的重复性的、无建设性的、困扰人的思虑。如果你不大确定自己是否经常耿耿于怀，不妨从现在起开始留意。大多数引发压力的事件都转瞬即逝，但是我们有时会在脑海中让其存留许久，时过境迁，仍难释怀。后悔、懊恼可能会使我们陷入一种抑郁性反思的状态，对自己和未来的估计更为负面。这样的思虑是有害的。

问题 4：这个问题是关于回避和情绪抑制。你是否回避考虑那些有压力的情境，或者避免分享关于它的情感？它是否会让你心绪不宁，甚至心如刀绞？我们自然都想回避烦心的事，但是这种策略只是暂时有效，如果事情会拖很久，这没有什么帮助。

问题 5：这个问题涉及的是“自我威胁”（ego threat）。你在压力情境下是否感到自己的尊严和个人身份认同受到了威胁？这种压力是否激发了你对自我的负面思考，甚至会认为自己一无是处？偶尔产生这样的自贬性思考是正常的，但是如果它们经常发生，就会让身体处于一种过分敏感的状态，导致皮质醇（压力激素）水平较高。

问题 6：这个问题问的是你是否有能力进行正面审视（positive reappraisal），即用正面的态度重新思索压力情境。正面审视让你从不甚理想的情境中看到光明面，汲取教益，至少不再担忧。这个问题同时也衡量了我们是否懂得善待自己（self-compassion）。

如果评估结果显示你不善于处理压力情境，不必灰心。我们虽不能随心所欲地改变下意识的思考习惯，但是仍然可以试着改变我们对自身反应的态度——这就是抗逆能力（stress resilience）的秘诀。现在，让我们来了解一下压力如何影响了你的端粒和细胞，以及如何才能更好地保护它们。

第四章　解惑：压力如何潜入细胞

在本章里，我们将探讨压力与端粒的关联，解释正常压力与有害压力的不同，揭示压力和短端粒对免疫系统的影响。对压力反应更强烈的人，端粒往往更短；视压力为挑战的人，端粒则更健康。在本章，你将了解到如何更好地应对压力。

大约15年前，我的丈夫和我（艾丽莎）驱车从美国东海岸前往西海岸。我们刚刚结束了在耶鲁大学的博士学习，打算前往旧金山湾区进行博士后研究。旧金山是一个生活成本很高的城市，所以我们决定住在我姐姐家。我姐姐当时怀孕了，大家正准备迎接家庭新成员。结果，孩子迟迟没有出生。我每天都打电话询问进展，但是有那么几天却音信全无。

旅途过了一半，我们在南达科他州，刚过了沃尔药店，我的手机响了，电话那端传来啼哭的声音。孩子出生了，但是生产的时候出了状况。孩子现在生命垂危，需要将导管插到胃里为他提供营养。核磁共振扫描显示，这个漂亮的宝宝脑部受到了严重伤害，他瘫痪、失明，而且会痉挛发作。

几个月后，我的小外甥终于离开了重症监护室，出院回家。我们所有家人一起照顾这个可怜的小宝贝。因此，我们亲身体会了照护者的各种艰辛与烦恼。我们本来以为，自己很习惯压力与困难，但看护病人的压力跟它们完全不同。我们需要时刻留意，应对突发情况，不敢去想未来。更重要的是，这是心头的一个重负。看到姐姐和姐夫每天经历的苦痛，我们也感同身受。除了情感备受折磨，生活也突然变成了以看护患儿为中心。

照顾重病的家人可以说是最严重的一种压力。它是对情感和身体的双重考验，而且人没有时间休息，所以感到更加疲惫。晚上本来是我们需要休息、恢复体力和脑力的时候，但是看护人依然不能放松，他们需要时不时醒来，照看病人。看护人很少有时间照顾自己，他们没有时间见医生、健身、跟朋友聚会。看护人是一个需要爱、忠诚和责任的光荣角色，但是我们的社会并没有给予他们足够的支持，其价值也没有得到认可。仅在美国，每年家庭看护者提供的无偿服务相当于 3750 亿美元。[1]

照护者常常感到孤单，觉得没有得到足够的重视。健康研究人员注意到，照护者是最常承受慢性压力的人，这也是为什么我们经常招募照护者参与我们关于压力的研究。我们可以从他们的经历得知端粒如何对压力做出反应。在本章中你会看到，慢性的持续压力会侵蚀端粒。幸运的是，即使我们无法逃避慢性压力（如果你在上一节的测试里得了 12 分以上），我们仍然可以保护端粒免受压力的伤害。

“就像有人在伏击”:压力如何伤害了细胞

在我们最开始的合作研究中，我们考察了那些压力最大的照护者——照顾慢性疾病患儿的母亲。这项研究首次揭示了压力和短端粒之间的关系。现在，我们想让你仔细看看，压力对端粒的危害有多大。十几年过去了，这些研究依然令人深思。

我们发现，长年看护给这些母亲留下了深刻的影响，她们的端粒受到了严重的磨损。照顾患儿的时间越长，她们的端粒就越短。在排除了其他影响端粒的因素（比如女性年龄、身高体重指数）之后，这个结论依然成立。

此外，母亲承受的压力越大，她们的端粒就越短。这不仅适用于那些照顾患儿的母亲，也适用于所有的研究对象，包括那些孩子健康的对照组母亲。与压力小的母亲相比，压力大的母亲的端粒酶少了一半，因此无法充分保护端粒。

人们有不同的方式感受、描述压力，“好像心头有块大石头”“愁肠百结”“似乎肺里被抽真空了，让我无法深呼吸”“心跳得仿佛有人要伏击我”，这些隐喻都牵涉身体，因为感受压力的不止大脑，还有身体。当压力应激系统开启，身体进入戒备状态，体内就会分泌出压力激素皮质醇和肾上腺素。平时帮助调节生理反应的迷走神经，其功能开始衰退，这就是为什么你感到难以呼吸，难于集中注意力，认为这个世界更加危险。如果你长期经受慢性压力，这些反应虽然不剧烈，但是一直都在，身体也会长期处于警戒状态。

在照护者身上，好几项生理压力反应，包括迷走神经活动减少、压力激素水平升高，都会引起端粒更短或者端粒酶不足。[2]这些反应似乎会加速机体衰老的过程。我们已经发现了压力大的人气色不佳而且多病的原因——他们的压力和操心磨损了端粒。

短端粒与压力：孰因孰果？

科学发现揭示出一个因果关系时，你就必须要问：孰是因？孰是果？比如，人们以前认为是发热导致了疾病，现在我们知道其实是疾病引起了发热。

当我们关于照护者的研究结果出来以后，我们小心地自问：为什么更短的端粒在压力更大的人身上出现呢？是压力导致了端粒变短，还是短端粒预示了一个人更容易感到压力？我们的结果强烈支持下述结论：长期承受压力导致了端粒变短。端粒的长度不可能决定母亲看护患儿的时间，因此，结论只能是：看护时间长是端粒变短的原因。我们也检测了孩子的年龄与母亲端粒的关系。如果长年的看护而不是正常的抚养使端粒变短，那么我们将在实验组的母亲身上发现这种关系，在对照组的母亲身上则不会发现——事实果然如此。目前已有动物实验显示，压力的确会导致端粒变短。

关于抑郁与端粒的关系，情况则更加复杂。上述发现不足以排除细胞老化导致抑郁的可能性。在人身上，抑郁是有家族遗传的。如果母亲抑郁，那么女儿也更容易抑郁。不仅如此，早在抑郁发作之前，这些女孩的端粒就变得更短了。[3]此外，女孩对压力的反应越大，端粒就越短。

因此，就抑郁而言，短端粒与抑郁可能互为因果，短端粒引起了抑郁，而抑郁又使端粒加速变短。

压力：多大才算大？

压力无处不在。我们要经受多少压力，端粒才开始受损呢？过去10多年的研究一致表明，压力与端粒之间存在一种“剂量反应关系”。

如果你喝酒，你就很明白它的意思：偶尔喝一杯葡萄酒没什么害处，甚至还有些好处，当然，不能酒后驾驶。如果天天喝葡萄酒或者威士忌，那就不一样了。随着你的酒精“用量”越来越多，它的毒害作用就越发明显，你的肝脏、心脏、消化系统都会受损，患上癌症及出现其他健康问题的风险上升。饮酒越多，危害越大。

压力与端粒具有类似的关系。一点点压力不会危及端粒，事实上，短期的、可控的压力可能对你有好处，因为这会训练你的应激肌肉，让你应对挑战的技能和信心都得到提升。从生理层面说，短期压力甚至会促进细胞的健康，这种现象被称为“毒物兴奋效应”(hormesis)。日常生活不免有些起起伏伏，端粒通常不会受影响，但是长期的慢性压力会留下严重的后果。

现在已有证据表明，特定的压力与短端粒相关，这包括长期看护病重的亲人，长期工作压力造成心力交瘁。你也许可以想象，更严重的创伤事件会对端粒造成损害，如最近或在童年遭到性侵、虐待、家暴、长期被霸凌。[4]

当然，这些状况本身不会影响到端粒，准确地说，是状况引发的压力导致了端粒变短。即使是在这些压力环境下，压力大小及持续时间也很重要。持续一个月的工作压力当然不大愉快，但是没有理由认为它会对端粒造成什么损害，它们扛得住这点挫折，否则，我们早就垮掉了（最近有人提出，短期压力与端粒变短有关，但它们的相关性很小，对个人来说微乎其微；[5] 即使短期压力会让端粒变短，它的效果可能也是暂时的，因为端粒酶很快会修复丢失的碱基）。不过，如果压力是长期性的，成了生活里无法回避的中心，它就成了慢性毒药。压力持续的时间越长，你的端粒就越短。所以如果可能，必须尽量避免长期对心理有害的情况。

如果压力是我们无法改变的，该怎么办？幸运的是，我们的研究表明，慢性压力不一定会导致端粒受损。有些看护者即使在重重压力之下，端粒长度也并没有减损。这些案例告诉我们，即使无法摆脱压力环境，我们一样可以保护端粒。虽然听起来有点不可思议，但是你的确可以试着化压力为动力，保护端粒。

别威胁你的端粒，要让它们接受挑战！

当我们最开始拿到关于看护者的研究数据的时候，我们意识到，这是一个大谜团。看护母亲里，有一些人压力水平明显很低，而且她们的端粒更长。我们自问：为什么她们的压力水平更低呢？要知道，她们跟其他看护人的经历差不多，每天要完成几项固定的职责：联系医生，进行注射或其他方式的治疗，抚慰情绪波动的患儿，用手或导管喂食，换尿布，定期给患儿洗澡等。

为了查明是什么因素保护着这些母亲的端粒，我们打算亲眼看看这些人在真实环境下对压力的反应。我们决定把这些母亲带到实验室来，更重要的是，对她们进行压力测试。我们告诉受试者："你们必须在两位主考官面前执行几项任务，我们希望你能竭尽全力。你要准备一个 5 分钟的演讲，然后讲出来。此外，还有一些数字运算。演讲可以准备草稿，但是数字运算必须是心算，不能动笔。"听起来像是很简单？但并不是的，特别是在两个评审面前。

受试者陆续进入考场。每一个人都站在房间前面，面对着坐在桌子后面的主考官，后者面无表情，没有笑容，没有点头，没有鼓励。严格地说来，面无表情没有任何正面或负面意义，但是我们大多数人都习惯看到别人对我们微笑、点头或者做出其他亲切的举动。因此，在受试者看来，那样的"扑克脸"有点严厉，或者以为主考官不认同自己的表现。

接着，研究人员解释了测试内容，例如："请将数字 4923 减去 17，大声说出答案。然后再减去 17，大声说出答案。依此类推，在 5 分钟之内，尽可能多地完成数字运算。我们将会评估你完成测试的速度及准确性。计时，开始。"

然后受试者开始进行心算，研究人员会盯着她，用铅笔记录受试者的回答。如果她犯了错（几乎每一个人都会犯错），考官就会交头接耳。

然后，受试者就开始了 5 分钟的计算测试。如果她在 5 分钟内完成了测试，研究人员就会指着计时器，说："请继续！"只要她开始计算，研究人员就会彼此交换眼神，微微皱眉并摇头不止。

这项由克莱门斯·基尔申鲍姆（Clemens Kirschenbaum）和德克·赫尔哈默（Dirk Hellhammer）研发出来的实验室压力测试是心理学研究的惯常测试，它的重点当然不是心算或表达能力。事实上，它的目的在于诱发压力。为什么即席演讲和心算会让人压力大？因为它们都不大容易。不过，最有压力的环节是所谓的社会评价。任何尝试过公开演讲的人可能都感受过这种压力。如果观众表现得苛刻，压力就会陡然增加。即使参加实验的受试者人身安全无虞，且是在干净明亮的大学实验室，而压力反应还是大得不得了。

我们对看护人与非看护人都进行了这种测试。我们选取了两个时间点：一是她们刚刚知道测试内容；二是她们刚刚结束测试。我们发现，虽然所有的测试者都感到了压力，但每个人的压力反应模式不尽相同。其中，只有一种压力会损害端粒健康。[6]

威胁反应：焦虑、羞愧，以及衰老

这些受试女性在实验室压力测试中表现出的是"威胁反应"。

由于演化，人类很早就具有威胁反应，特别是在极端危急关头会激活它，例如碰到猛兽，就快被吃掉的时候。威胁反应使我们的身心准备好了应对攻击。可想而知，经常处在这种情境之下，不利于端粒健康。

如果你怀疑你的压力反应过于强烈，别担心。我们接下来就会告诉你，如何运用一些实验证实的方法，把习惯性的威胁反应转化为另一种对端粒比较有益的反应。不过，我们首先需要知道，威胁反应是什么，它让我们有什么感受。从生理层面上看，威胁反应会使血管收缩（这样即使流血，也会减少损失），但与此同时，大脑供血也会减少，肾上腺会分泌皮质醇，使血糖升高。反之，迷走神经的活动会减弱（迷走神经从脑底部出发，沿着颈部向下延伸到腹腔内脏。通常情况下，它让你保持平静、感到安全）。于是，你的心跳加速，血压上升，你可能会感到轻微的晕眩，甚至遗尿。一部分迷走神经也控制着面部表情肌肉，当这些神经不活动的时候，其他人就更难以解释你的表情。如果他人也带着同样模糊不清的表情，这就会留下更多的想象空间，你可能会解读为敌意。你可能会手足无措，无法逃跑或者打斗，也可能会手脚冰冷，更难行动。

威胁反应若全面爆发，会使人的身体和心理都不舒服。威胁反应不但与恐惧和焦虑有关，也会带来羞耻感（比如，你会担心在人群面前出丑）。经常有习惯性威胁反应的人，往往事情还没发生，就忧心忡忡，设想可能出现的各种糟糕局面。这正是我们在许多看护者身上看到的。她们在测试进行之前与结束之后都感到了强烈的威胁，甚至在听研究人员介绍规则的时候，就开始担心和焦虑了。

她们猜想自己一定做不好，觉得丢脸和挫败。

总的来说，看护者有更强烈的威胁反应，承担看护任务的慢性压力使她们对实验压力测试更敏感。威胁反应最强烈的人，端粒也最短。那些不看护的人更少表现出过度的威胁反应，但是那些表现出威胁反应的人，他们的端粒同样会更短。如果对于预期的威胁反应强烈，即在测试之前就感到了压力，那么它的后果最严重。[7] 压力如何潜入细胞？下面是几个关键信息。它不仅来自经历压力事件本身，也来自预期反应——事情尚未发生，受威胁的内心戏就已经上演了。

挑战反应：兴奋与激动

面对压力，威胁反应并非唯一的反应。你可能觉得这是挑战。在挑战反应里，人可能因为压力感到焦虑、紧张，但同时也感到兴奋、激动。他们的内心想法是："放马过来吧！"

我们的同事温迪·曼德思（Wendy Mendes）是加利福尼亚大学旧金山分校的心理学家。在过去十几年，她深入研究了人体对于不同类型压力的反应，并区分了经受"良性压力"和"恶性压力"时，大脑、身体和行为上的差异。威胁反应让你做好准备适应疼痛，挑战反应则帮你背水一战：心跳加速，血液供氧增加，从而增加了心脏和大脑的血液供应（这与威胁反应的效果刚好相反）。在挑战反应里，你的肾上腺分泌出皮质醇，令你激动，但是一旦压力事件过去，大脑很快就关闭了皮质醇分泌。这是一种健康的压力，和运动时出现的反应类似。在挑战反应里，人们会做出更准确的决定，更好地完成任务，这甚至有益于大脑，减少失智的风险。[8] 有挑战反应的运动员更容易获胜。一项针对奥林匹克运动员的研究表明，这些运动健将大都习惯于把生活中的困难看成有待征服的挑战。[9]

挑战反应让你身心更专注，表现更好，赢得胜利。威胁反应则表现为退缩和气馁，比如你瘫坐在座位上不知所措，你的身体准备好了受伤，或期待着不好的结果。如果威胁反应占了主导地位，长此以往，你的细胞和端粒都会受到影响。反之，如果挑战反应占了主导地位，你就能抵御慢性压力的损害，保护端粒。

图 14　威胁反应与挑战反应。面对压力，人往往有各种想法和感受。反应模式主要可以分成两种：一种是感到威胁，害怕失败和被人嘲笑；另一种则是感受到挑战，并有信心接受这样的挑战，而且预计会有好的结果

通常，我们的反应不全然是威胁反应或者挑战反应，多数时候两者兼而有之。在一项研究里，我们发现两者的比例对端粒健康至关重要。威胁反应比例较大的受试者，端粒更短；而那些把压力视为挑战的人，端粒则更长。[10]

这表示什么？这意味着你还有希望。当然，你碰到的情况可能非常棘手，而且会损害你的端粒，我们并非轻视或者低估问题。但是，当我们无法改变生活中的困境的时候，我们可以改变看待困境的视角，保护端粒。

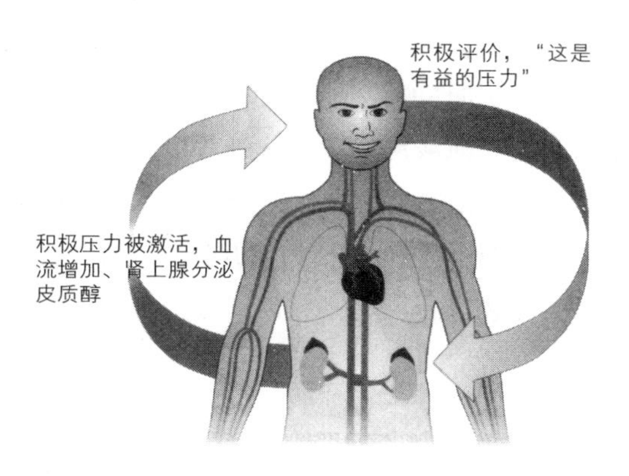

图 15　积极压力（挑战压力）让你更有活力。我们的身体在几秒内对压力事件自动做出反应，也会对我们关于事件的想法做出反应。如果你觉察到自己肌肉紧张、心跳加速、呼吸急促，注意到自己有威胁反应，可以对自己说：“这是好的压力，可以激励我，让我表现得更好！”这样有助于身体的良性反应，使血管舒张，更多的血液流回脑部，让你更有活力

为什么有人更容易感到威胁？

回想一下你生活中遭遇过的困境，不妨自问一下：你是更倾向于感到威胁还是挑战？你是否自寻烦恼，为尚未发生——甚至永远不会发生——的事情惴惴不安？当你感到压力的时候，你是准备迎接挑战，还是畏葸不前？

假如你天生更容易感到威胁，也别浪费时间为此难过。有人生

来就对压力更加敏感，另一些人对环境变化不大介意，这样的多样性对人类的生存来说至关重要。毕竟，总需要有人为部落居安思危，警告那些盲目激进的族人，让他们不要轻举妄动。

即使你天生不大容易感到威胁，后天的生活经历也可能会改变你。幼年经受过压力事件的青少年，再次遇到困难的时候，身体反应更接近威胁反应：血液流回心脏，而不是流出心脏[11]（另一方面，童年经历过适度困境的人，比生活优渥的孩子更容易表现出挑战反应——这再次说明，适度的压力是有益的，前提是你有足够的资源来应对困难）。如上所述，持续的压力会消耗情绪资源，让你更容易感到威胁。[12]

无论是因为先天因素，还是因为后天因素，你都可能表现出强烈的威胁反应。问题是：你能否把威胁反应转化为挑战反应？研究表明，的确可以。

如何培养挑战反应？

当情绪发作的时候发生了什么？科学家一度认为，情绪涌现是一个线性过程——首先，我们经历了某些事件，接着我们的边缘神经系统产生了情绪，比如愤怒或者恐惧，同时身体也出现了反应，比如心跳加速或者掌心出汗。其实，情绪并没这么简单。大脑会在事情发生之前预测，而非只在事后反应。[13]大脑利用过去积累的经验不断地预计接下来会发生什么，并综合从外界接受的新信息与身体内的所有信号，不断地校正这些预测。接着，我们的大脑才会出现符合这一切的情绪。在几秒之内，我们就把所有的信息整合起来，在尚未觉察之际，情绪就涌上心头。

如果过去经验的“资料库”里有许多羞愧情绪，我们就可能会再次感到羞愧。比如，你或许一早喝了杯浓咖啡，精神兴奋，看到两个人交头接耳，以为他们在谈论你，你的大脑可能很快就产生羞愧之情并感到威胁。我们的情绪并非单纯对外界的反应，情绪也是我们自己构建出来的。[14]

知道情绪如何产生，对我们非常有帮助。一旦知道了这一点，我们就能更好地掌控自己的体验。感受到了身体的压力反应，大脑也许习惯性地解读为不良压力，但是你可以把身体的反应当作一个助力，使大脑运转得更快、更高效。如果你训练得足够充分，你的大脑会认为身体的压力反应是有益的。即使你的大脑天生容易感到威胁，你也会立刻感受到本能的生存反应——这是转变的契机。与其畏葸不前，不如豁出去，迎接挑战！

运动心理学家吉姆·艾夫莫（Jim Afremow）是许多职业运动员和奥运选手的心理顾问。曾经有一位百米短跑女将求助于他，问如何才能突破自我。她知道自己成绩不理想的原因：压力。“每次比赛之前，我的心跳和脉搏都会加速。请帮帮忙，让心脏平静下来吧！”

“你真的想停止心跳吗？”艾夫莫笑着问道。运动员最不该做的事情就是试图摆脱压力。“要知道，压力可以帮助你表现得更好。

你必须对自己说：‘来吧，让压力来得更猛烈一些吧！’事实上，你要做的是化压力为动力，借力上青天。”换句话说，需要让压力为己所用。

这位短跑选手采纳了艾夫莫的建议，她开始把身体反应当作信号，准备迎接挑战，终于把成绩提高了几毫秒（百米运动员是毫秒必争的），刷新了个人纪录。

虽然听起来简单得不可思议，但是研究结果表明，这套办法的确行之有效。一旦志愿者学会了把身体反应解读为帮助成功的信号，他们的挑战反应就得到了强化。一项研究发现，采取了这套办法的学生，其 GRE（美国研究生入学考试）成绩更高。[15] 对于参与实验室压力测试的人来说，如果先告诉他们压力是有益的，他们能更好地维持社交平衡，不会左顾右盼，抚弄头发或者做小动作（这都是威胁反应的表现），而是会有直接的眼神接触。他们的肩膀是放松的，身体是灵活的，他们更少感到焦虑和羞愧。[16] 只要能把压力想成是有益的，自然会有这些好处。

挑战反应不会减少压力，你的交感神经系统仍然高度兴奋，但是这是一种积极的兴奋，让你进入一种更专注、更强大的状态。在比赛或者表演之前，要化解压力为动力，你可以告诉自己：“我很兴奋！”或者“心跳加快，肠胃打结，太棒了！这是积极的压力反应。”当然，如果你经历的是看护患儿这样费心费力的事，这样的安慰似乎显得有些苍白。那就换一种更缓和的方式，告诉自己：“我的身体反应正在帮助我，让我专注于手头的工作，这表示我很在乎。”挑战反应不是假惺惺地对自己说：“哇，太棒了，压力来了！”而是即使碰到困难，你仍然可以选择你的态度，让压力为你所用。

还有些人会对“有益压力”——那种时刻都有满足感的成就压力（achievement stress）——上瘾，比如在创业公司开拓事业，时刻都不消停，但是这也要适可而止。一张一弛，文武之道，人的心血管系统和心理状态也是如此。我们的身心系统也承受不了持续的高强度刺激，适当的放松是必要的。我们建议你，经常进行能让你深度恢复的活动。有证据表明，冥想、梵唱，以及其他类型的正念练习都可以缓解压力，促进端粒酶活性，甚至可以修复端粒。关于更多保护细胞的策略，参见本书第 134 页。

即使是在慢性压力情境下，比如看护病人，压力也不是压得人喘不过气来的重负，或是让人无法逃避的折磨。压力和压力事件并不会时时刻刻困扰着人，而且，即使它们偶尔光顾，我们仍有一定的自由，可以选择此时此刻要做什么。我们无法重写过去，也无法决定未来，但是我们可以选择当下注意什么。虽然我们无法总是选择直接的反应，但我们可以决定随后的行为。

有研究表明，期待着压力事件，这种想法本身就会对大脑和身体产生影响，而且效果几乎等同于经历压力事件。[17] 当你担心未来的时候，压力像洪水一样，从时间的河流中漫溢出来，淹没了现在本可以享受的点滴时光。如果你要担心，你总是可以找到忧心的事，那么压力反应就会一直存在。当你为未来忧心忡忡的时候，你就强化了自己的威胁反应，而这是徒劳无益的。不过，对于压力事件，我们并非主张回避它，而是要积极思考它。

压力与端粒的因果关系——在鸟类中的实验

压力与端粒真有因果关系吗？为了验证这点，研究人员用鸟类做了实验。他们在野生绿鸬鹚喝的水里添加了压力激素皮质醇，或者抓住这些鸟，使它们感到压力。结果，它们的端粒会比对照组的更短。[18] 这可不是什么好消息，因为短端粒意味着早亡！鹦鹉如果独处太久，无法像往常那样与同伴聊天，它们的端粒也会更短。[19] 我们知道人类对社会环境敏感，鸟类似乎也是如此。

通往疾病年限的“捷径”：压力、免疫细胞老化和炎症反应

这种事屡试不爽：你刚刚按时完成了一项重要工作，或者你乘上飞机前往计划已久的沙滩度假，这时，你却感冒了——打喷嚏、流鼻涕、喉咙嘶哑、四肢无力。这是巧合吗？可能不是。当你的身体积极应对压力的时候，你的免疫系统可能暂时支持，但不会持久。慢性压力会抑制免疫系统，让人更容易受感染，产生的抗体更少，伤口恢复得也更慢。[20]

压力、免疫抑制和端粒之间有一种令人不安的关系。多年以来，科学家们不确定大脑里的压力如何伤害了免疫系统，现在，我

们知道部分原因在于端粒。活在慢性压力之下的人的端粒更短，而短端粒会导致免疫细胞早衰，使免疫功能弱化。

端粒越短，免疫系统越脆弱

有些免疫细胞就像特警一样，专门应对病毒感染。这些免疫细胞也叫 T 细胞，它们在胸骨下方的胸腺里分化、生成，成熟之后离开胸腺，在全身巡游。每个 T 细胞表面都有一个独特的受体，这个受体就像警用直升机上的探照灯一样，在身体里搜查“犯罪分子”，即那些受感染的细胞或者癌细胞。T 细胞有许多亚型，跟衰老特别相关的 T 细胞是 CD8 细胞。

但是，仅仅发现有害的细胞还不够，为了完成任务，T 细胞还需要收到第二个信号，它是一个表面蛋白，叫作 CD28。当 T 细胞杀死靶标的时候，细胞会产生“记忆”，等同样的病毒再次感染身体的时候，T 细胞就会迅速增殖，分裂出成千上万个拷贝。于是它们就可以针对特异性的病毒迅速高效地做出反应，这就是免疫接种的原理。疫苗通常是一小块病毒蛋白或者是灭活的病毒。这样的免疫力可以维持数年，因为最初做出免疫反应的 T 细胞可以在体内存留很久（有时维系终生），如果同样的病毒再次入侵，这些 T 细胞就会予以歼灭。

我们体内有一个无比巨大的 T 细胞库，每一个 T 细胞都能识别特定的抗原或病毒。因此，当我们感染特定病毒的时候，能够识别这些病毒的少数 T 细胞就会迅速增殖，以对抗感染。在 T 细胞不断分裂的过程中，端粒酶的数量急剧上升。然而，它还是无法赶上端粒衰减的速度，最终端粒酶的数量越来越少，T 细胞里的端粒越来越短。这就是免疫反应的代价。当 T 细胞的端粒变短的时候，细胞也就开始衰老，表面标记 CD28 开始流失，无法再组织起有效的免疫反应。身体就像一个缺乏经费供养警力的城市，外表看起来还好，但是为非作歹的人越来越多。细菌、病毒和出现癌变的细胞并未从身体清除，这就导致细胞老化的人，包括老年人和饱受压力的人，更容易生病，动不动就患上流感或肺炎。这也是艾滋病毒携带者发病的一个原因。[21]

一旦 T 细胞老化，端粒变得太短，即使是年轻人也会更脆弱。卡内基梅隆大学的心理学家谢尔顿 · 柯恩（Sheldon Cohen）曾招募健康的年轻人当受试者，让他们住在旅馆的单人房内，感染普通感冒病毒，再观察后果。他事先测量了他们的端粒。结果发现，那些免疫细胞端粒更短的年轻人，特别是 CD8 细胞衰老的人，更容易患感冒，而且症状更严重（一个衡量标准是他们使用的面巾纸更多）。[22]

压力大，免疫细胞的端粒酶更少

我们的 CD8 细胞（免疫系统里的战士）似乎对压力特别敏感。在另外一项针对家庭看护者的研究中，我们采集了家有自闭症儿童的母亲的血样。我们发现，这些母亲的 CD8 细胞里端粒酶的数量更少，而且失去了重要的表面标记蛋白，这暗示着端粒以后可能变得更短。加利福尼亚大学洛杉矶分校的一位免疫学家丽塔 · 埃弗罗斯（Rita Effros）也是免疫系统衰老研究方面的先驱，她利用培养皿进行压力实验，发现免疫细胞在接触到压力激素皮质醇之后，端粒酶活性会降低。[23] 这意味着，我们有必要研究如何健康地应对压力。

端粒越短，炎症越多

老化的 CD8 细胞端粒耗损之后，细胞会分泌出促炎症细胞因子，这些蛋白分子会引发系统性炎症反应。随着端粒继续变短，CD8 细胞彻底衰老，它们会在血液里积累起来（通常来说，CD8 细胞会通过细胞凋亡而慢慢死去。这是身体清除老化细胞或者受伤细胞的机制，也会避免它们发展成血液系统里的癌症，比如白血病）。这些老化的 T 细胞就像烂苹果，会对四周造成恶劣影响，它们会逐渐分泌出更多的炎症因子。如果你的血液系统里有太多的衰老细胞，你可能会染上急性感染和各种炎症疾病，你的心脏、关节、骨骼、神经，甚至牙龈都可能得病。如果压力使你的 CD8 细胞衰老，你也会老得更快——即使你的生理年龄并不老。

压力和痛苦是生活的一部分。只要我们爱护身边的人，有所关切，承担风险，就免不了要承受压力和痛苦。不过，我们可以选择挑战反应，拥抱人生，积极生活。本章末尾的“逆龄实验室”提供了一些具体的建议，帮你培养挑战反应。

不过，这并不是唯一的对策。缓解压力、保护端粒，还有更好的办法，请看本书第二部分末尾的促进端粒健康的减压手段。如果你在压力之下容易陷入负面思考模式，比如抑制痛苦思考或者忐忑不安，又或者你担心他人的负面反应，请看下一章，我们会帮你改变思维习惯，保护端粒。

本章小结

- 鸡毛蒜皮的事情对你的端粒而言无关痛痒。值得警惕的是有害的压力，即那些慢性压力，它们会弱化端粒酶活性，使端粒更短。
- 短端粒会使免疫功能变得不敏感，让你更容易伤风感冒。
- 短端粒可能引发炎症（特别是 CD8 细胞里的炎症），而日益严重的炎症反应会引起组织退化，使人出现老化疾病。
- 我们无法避免压力，但是以应对挑战的心态面对压力，可增强应对压力时的韧劲。

逆龄实验室

给“自我威胁”减减压

你如果感到你的身份认同受到了考验，很可能会有强烈的威胁反应。如果你的主要身份认同是“好学生”，那么期末考试期间，你自然会感到压力巨大；如果你强烈地认同自己是一个“运动员”，那么在体育竞赛中，你可能压力倍增。如果你表现不好，不只是因为成绩差而难过，这种失败的经历也会侵蚀你的自我价值感。自我认同受到挑战会引发威胁反应，而威胁反应又会使你表现不好，进而伤害了你的自我认同。如此一来，你就陷入了恶性循环，你的端粒也因此受损。要打破这个恶性循环，身份认同就不要过于狭隘。

如何化解自我威胁？请设想一个压力情境，然后在心里或者在一张纸上列出你所珍视的价值（最好是跟压力情境无关的事项）。比如，你可能认为某项社会角色对你来说是重要的（为人父母、好员工、社群一员等），或者列出你认为特别重要的价值（比如你的宗教信仰、为社区服务等）。接下来，回想过去人生的一个时间点——在那一刻，你所扮演的角色或者你所重视的价值对你而言特别重要。

通常来说，志愿者有 10 分钟的时间来写下个人的价值观，已有不少研究发现这么做大有帮助。这种做法也叫“价值肯定”（value affirmation）。研究发现，无论是在实验室还是在真实生活中，价值肯定都可以帮助人们更好地应对压力反应。[24] 肯定你的价值观会带来更好的表现，考试中也能取得更好的分数。[25] 这么做可以刺激大脑的奖赏区域，也有助于缓解压力反应。[26]

下一次，你感到威胁来临的时候，就可以这么做：暂时静下来，列出对你而言最重要的事。我们认识的一位看护母亲就把照顾患自闭症的儿子列为人生第一要务。这么做似乎能让她消除紧张，不在乎别人怎么想。当儿子在公共场所失控，她也无视旁人异样的眼神，而设法满足儿子的需要。“只要把这点想清楚，我就觉得身在一个与世隔绝的安全气囊里，压力就小多了。”她说。当你扩大自己的价值观，肯定自我价值，就不会因为单一事件的结果而出现身份认同危机。

保持疏离

使感受自我和思考自我之间保持一些距离。研究人员厄兹莱姆·阿杜克（Ozlem Ayduk）、伊森·克罗斯（Ethan Kross）和他们的同事进行了多项研究来分析情绪压力反应，旨在厘清哪些因素使情绪反应加大，哪些有助于情绪更快消失。他们发现，在思考和情绪之间保持疏离，你可以把威胁反应转化为积极的挑战情绪。下面是阿杜克和克罗斯发现的方法。

言语的疏离：用第三人称来设想将来的一个压力情境，比如：

“是什么令伊丽莎白如此紧张？”用第三人称来思考可以让你获得一种疏离感，你好像成了旁观者。所谓旁观者清，这样你就不会陷入太深，以至不知所措。此外，研究表明，经常提到自己（“我”“我的”）表明在关注自我，比较容易出现负面情绪。阿杜克和克罗斯发现，用第三人称来思考，不用第一人称“我”来谈论自己，会让人更少感到威胁、焦虑、羞愧，也更少耿耿于怀。这样的人更能在压力之下完成任务，在别人看来，也比较有自信。[27]

时间的疏离：当你专注于即将发生的事，你常常压力巨大。如果你把眼光放长远，情绪反应就会小很多。下一次你再遇到让你感到压力的事情，问问自己：“十年之后，这件事情对我还有这样的影响吗？”研究表明，会问自己这类问题的人，会表现出更多的挑战反应。如果你意识到许多事情都是过眼云烟，就能很快想通，不会太跟自己过不去。

视觉的疏离：经历过压力事件之后，你可以使用疏离这项技巧。如果你经历过某个挫折事件，久久无法释怀，视觉上的疏离可以帮助你消化这些情绪。再次回想起这个事件，你会产生同样的情绪反应，这个时候，你需要做的是后退一步，从远远的地方观看这个事件，就像看电影一样。这样，你就不会再次经历情绪波动，而且由于距离拉大，也能看得更清晰。疏离会有助于你远离负面记忆，这种技巧也叫作“认知解离”（cognitive defusion），研究表明，它可以迅速减少大脑的压力反应。[28] 可能是因为它激活了大脑的反思与分析区域，而不是情绪区域。下面是阿杜克和克罗斯在心理实验里使用过的一个帮助志愿者创造疏离情境的窍门（我们结合了视

觉、言语和时间疏离三种方式)：[29]

请依照指示来做。闭上眼睛，回想事情发生的那个时间点和地方，就像你已回到现场。现在，请后退几步，从远处眺望这个场景，同时看事件中的自己。现在，从这个角度再看一遍往事，观察那个远处的自己。在观察的时候，试着理解他／她的感情。为什么他／她会有这样的情绪？是什么引起了这些情绪？问问自己："十年之后，这还会影响我吗？"

如果回想往事也令你不安，如果事过境迁，你依然耿耿于怀，视觉疏离的策略可能会特别有用。你也可以在事件发生的当时就尝试这套办法。通过精神疏离，你可以大大消除当下伴随压力而来的威胁感。

第五章　负面思考、弹性思维，如何影响了端粒？

我们基本上不知道内心的碎碎念对我们有何影响。某些思维习惯似乎对端粒有害，包括压抑思考、过度反思以及充满敌意和悲观地进行负面思考。我们无法完全改变身体自发的反应模式，有人习惯反思或者天性悲观，但是我们可以学习免受这些思维习惯的伤害，甚至从中发现幽默。因此，我们鼓励你主动了解自己的思维习惯。了解自己的思维风格可能会令你感到意外，但会让你更有自知之明。要了解自己的倾向，请参考本章末尾的人格测试。

几年前的一天，雷德福·威廉姆斯（Redford Williams）在办公室忙得焦头烂额，好不容易熬过这一天。下班回家，进家门后，他就直奔厨房。然后他忽然停下脚步，发现桌子上有一堆商品目录。要知道，他的妻子弗吉尼娅（Virginia）昨天才答应了清理掉这堆书的。但是弗吉尼娅站在厨房里，优哉游哉地搅拌着一锅汤。这堆目录分毫未动。

雷德福顿时火冒三丈。“快把这堆鬼玩意清理掉！”这是他回家之后脱口而出的第一句话。

问题是，他当时在想什么？任何人听到这样莫名其妙的话，都会很自然地生出这个疑问。不过是一件鸡毛蒜皮的小事，何必大发雷霆？现在，雷德福·威廉姆斯是杜克大学心理系和神经科学系的知名教授，也是愤怒管理的专家，应该能给我们一个答案吧。他说："我当时想，我累得要命，她在家闲着没事，答应好的事情还故意不做，懒成这样，她到底在干什么啊？"他事后发现，老婆不是偷懒，而是因为一心想着给他做顿有益心脏的晚餐，忘了书的事情。

科学家发现，某些思维习惯有害端粒。愤世，那种对他人的不信任、愤怒，与端粒更短有相关性。悲观也是。其他的思维习惯，比如走神、后悔旧事、压抑思考，都可能会损伤端粒。

不幸的是，这些思维习惯可能是下意识的，而且很难改变。有人生来就愤世或者悲观，有人从来就对很多事情耿耿于怀。在本章，我们将逐一描述这些思维习惯，但你也可以学着自嘲，看到这些负面思考的可笑之处，让自己少受点伤害。

愤世的敌意

20 世纪 70 年代，一本畅销书《A 型人格行为与心脏健康》让"A 型人格"成了家喻户晓的名词。这本书声称，A 型行为（急躁、好胜、对他人怀有敌意）是心脏疾病的一个致病因素。[1] 时至今日，你仍然会注意到有些在线心理测试会以此做文章，或者人们会在日常对话中提到它，比如："噢，我讨厌排长队——我真是典型的 A 型人啊。"事实上，后续研究表明，那些性急、好胜的人未必都不健康，A 型人格中真正有害的部分是对他人的敌意。

按心理学的定义，愤世的敌意（cynical hostility）是指一种强烈的愤怒，而且无法信赖他人。怀有敌意的人不只会想“我讨厌在超市买东西的时候排长队”，更是认为“其他人都是故意加快速度，就是为了赶在我前面的”，而且他们往往对排在前面的人做出刻薄的评论。愤世敌意较强的人往往通过大吃大喝、饮酒、抽烟来排遣不愉快，他们更容易患上心血管疾病、代谢疾病，[2] 寿命也往往更短。[3]

他们的端粒也更短。针对英国公务员的一项研究表明，愤世敌意更强的人，端粒往往更短。与普通人相比，敌意最强的一批人携带短端粒与更多端粒酶的可能性高了 30%。这是一个危险的指标，因为这反映了端粒酶的修复活性不佳，在本该保护端粒的时候没有保护好它。[4]

如果有这种细胞老化的现象，人也比较容易出现有害的压力反应。理想情况下，遭遇压力时，身体会分泌大量的皮质醇，血压也会急剧升高，压力过后，很快就回到正常水平。你的身体进入了应对挑战的状态，然后恢复。敌意过强的人则不同，面对压力，他们的舒张压和皮质醇水平会骤降，这个信号意味着他们的压力反应过于强烈而出了差错。他们的收缩压有所升高，但是在压力过去之后也不会降下来，而是会在很长一段时间内维持在较高水平。这些人也缺乏足够的能力来缓冲压力。除了敌意更强，他们的社会交往也更少，更为悲观。[5] 就身体健康和心理健康而言，这样的男性更易提前进入疾病年限。女性的敌意往往更少，跟心脏疾病的相关性也更小，但是她们会更易患上其他心理疾病，比如抑郁。[6]

悲观

大脑的主要功能之一是预测未来。每时每刻，大脑都在扫描周围的环境，与过去的经验相比，寻找可能出现的安全隐患。有些人的大脑会更快地发现危险，即使是情况不明或无所谓好坏，这些人还是会“感觉有坏事要发生”。他们也是第一个想到最坏结果，并准备好面对最糟情况的人。换言之，他们是悲观者。

例如，我（艾丽莎）和朋友杰米（Jamie）出去爬山的时候，看到一条少有人走的小径，我觉得很兴奋，认为这是冒险的好机会，但她认为沿途可能有毒橡树。在树林或者野岭里看到一个房子，我内心充满欣喜和期待，说不定主人会邀请我们喝杯茶！如果主人走到门廊处，至少会面带微笑，跟我们打招呼吧。而杰米却有不同的想法。她觉得如果有人从阳台出来，肯定是怒气冲冲，甚至提着一把来福枪。显然，杰米的想法更加悲观。

当我们就“悲观和端粒长度的关系”展开研究的时候，我们发现，那些更悲观的人，端粒也更短。[7] 这是一项小规模研究，受试者只有 35 名女性，但其他研究也得出了类似的结果，包括一个涉及上千名男性的研究。[8] 研究结论一致：悲观有害健康。当悲观人士患上癌症或者心血管疾病的时候，疾病会恶化得更快。而且，跟愤世的人类似，这些人的端粒更短，寿命也更短。

我们现在知道，跟感觉面临挑战的人相比，视压力为威胁的人端粒更短。悲观的人更容易感到威胁，更容易认为自己做不好，无法解决问题，而且问题迟迟无法解决，他们往往不会在挑战面前感到激动。

虽然有人天性悲观，但某些类型的悲观是幼年的成长环境塑造的，特别是在孩童时期遭遇分离、暴力或者压力。在这些情况下，悲观可以是一种健康的适应，可以避免一再失望的痛苦。

走神

当你坐下来，拿着这本书或者你的阅读器，你是否在思考着你所读的内容？如果你在想着其他事情，你的情绪是愉快，不快，还是平和？还有，此时此刻，你快乐吗？

哈佛的心理学家马修·基林斯沃思（Matthew Killingsworth）和丹尼尔·吉尔伯特（Daniel Gilbert）使用了一款被称为“追踪你的快乐”的应用程序，对上千位用户询问了上述问题。在每天的某些随机时刻，应用会提醒人们对类似的问题做出回复：此刻你在做什么？你在想什么？你是否快乐？

数据表明，我们每天有一半的时间都在走神，而且几乎不管我们在做什么都是如此。做爱、聊天和健身是走神最少的活动，但走神的比例也有 30%。于是他们得出结论：“人类的心智天生就爱走神。”之所以强调“人类”，是因为他们注意到，在动物界中，唯独人类有能力思考尚未发生的事情。[9] 我们的语言能力让我们可以筹划、反思、憧憬，但是，这种能力也有其代价。

走神研究发现，比起专注的状态，心不在焉的时候，人不大快乐。研究者观察到，“走神的大脑是不快乐的”，特别是负面的走神（想着烦心事，或者希望自己在其他地方）更容易引起不愉快（好奇自己的走神轨迹吗？你可以下载这款应用，网址是 https://www.trackyourhappiness.org.）。

我们跟同事伊莱·普特曼（Eli Puterman）与近 250 位健康的女性合作，她们的年纪在 55 岁到 65 岁，生活顺利。我们问了她们两个问题来评估她们专注当下和负面走神的倾向：

1. 过去的一周，你有多少时间全神贯注于手头在做的事情？
2. 过去的一周，你有多少时间感觉心不在焉，希望自己在另外一个地方？

然后，我们测量了她们的端粒。那些坦言自己走神程度最大的女性，端粒要短 200 个碱基，这一点与她们的压力程度无关。[10] 这就是为什么我们需要对自己的心不在焉有所觉察，因为心不在焉揭示了内在的冲突，而这种冲突带来了不快乐。走神的对立面是专注。正念减压（Mindefulness-Based Stress Reduction，MBSR）项目的创始人乔恩·卡巴金（Jon Kabat-Zinn）曾经观察到，“当我们放下了此刻对其他事物的欲望，我们就能更深入地面对当下”。[11]

多线程工作、分散注意力是糟糕的做法，它们会引起压力，即使你自己没有意识到这一点。我们天性爱走神，有时这些走神有益于创造力。但是当你想起悲伤的过去，你就容易变得不快乐，甚至可能分泌出更多的压力激素。[12] 现在有越来越多的证据表明，负面的走神可能是不愉快的隐秘源头。

专注于一件事

现在，我们的压力都不小：注意力有限，需要开展多线程工作，查看电子邮件，有效利用时间。实情是，利用时间的最有效方式是一次只做一件事情，全神贯注在这件事上。这种“单一任务”模式有时也被称为“心流”（flow），它是度过时间的最佳方式。我们允许自己全神贯注、心满意足。当我（艾丽莎）有一整天的会议要开的时候，我会很容易把自己的注意力大卸八块：开会、看手机、发邮件、想接下来要做的事。当然，我也可以选择专注于眼前讲话的人，这会给我单纯的快乐，而且我面前的演讲者也会有截然不同的感受。

我（伊丽莎白）在日常生活里也感觉到注意力不断被各种事情拉扯。我是科学研究人员，也身为人母，并承担系主任的工作。如果我在实验室专心做实验，操纵试管里的分子和细胞，就会觉得时间过得好快，几小时一晃而过。周末在家和家人相聚的时间似乎一眨眼就结束了。如果公务繁忙，时间紧迫，焦头烂额，我对时间的感觉就不一样了。当然，有时日程太满，不得不同时做好几件事。但是无论你是专心做一件事，还是同时应付好几件事，你都该尽量减少干扰，专注眼前，起码一天里有一段时间如此。

耿耿于怀(Rumination)

耿耿于怀是纠结于过去的事情。它自有其吸引力，它似乎在诱惑着你：如果你继续想，如果你再琢磨一会儿这个难解的问题，或者为什么你搞砸了，你就会悟到问题该怎么解决，你就会倍感欣慰！但是，耿耿于怀只是看起来像在解决问题。那个时候，你更像是陷入了一个负面思考的漩涡。实际上，你解决问题的效率降低了，而且你感到非常糟糕。

耿耿于怀跟无害的反思有什么区别？反思是对事情为何如此这般发生的正常的、内省的，或哲学的分析。反思可能会带来一点健康的不安，特别是当你想到你后悔做了某些事的时候。但是耿耿于怀让你感到糟透了，你无法自拔，你无处可逃。而且它并不解决问题，只会让你在懊悔中越陷越深。

如果出于某些原因，你竟然打算延长压力的负面效果，耿耿于怀是一个不错的选择。那个时候，本来已经过去的压力会“阴魂不散”，你的血压会持续偏高，心跳加快，皮质醇水平更高。你的迷走神经（它们帮助你平静，让你的心脏和消化系统稳定）功能减退，并在压力过去之后很久依然不够活跃。在最近的一项研究中，我们追踪考察了那些照顾家庭病人的健康女性的压力反应。她们对压力事件越是耿耿于怀，她们 CD8 细胞中的端粒酶就越少。要知道，CD8 细胞一旦受伤，就会分泌促炎症信号。经常耿耿于怀的人更抑郁、更焦虑，[13] 而这些表现都与端粒变短有关。

压抑思考

我们要描述的最后一种危险的思考模式，其实是一种反思考。这个过程称为压抑思考，即试图把不愉快的思考和感受抛诸脑后。

已故的哈佛社会心理学家丹尼尔·魏格纳（Daniel Wegener）有一天从 19 世纪俄国作家陀思妥耶夫斯基的著作里引用了一句话：“尝试一下这个任务：告诉自己别想北极熊，然后你就会发现，这头倒霉的熊就出现在你脑海里了。”[14]

魏格纳觉得这个主意蛮有道理，决定将其付诸实验。他通过一系列实验发现了一种现象，称之为“矛盾反弹”（ironic process），它指的是，你越是努力地驱赶一个念头，它就越是占据你的注意力。这是因为压抑思考对大脑来说是一件很困难的事，它必须时刻监视你的心智活动，搜寻禁忌之物：周围有没有北极熊？有没有北极熊？大脑无法持续进行这种扫描工作，它会疲倦。你也许试图把北极熊赶到冰盖下面，但它们会换个地方再浮出来，而且还带着一群北极熊。抑制的结果适得其反：你的脑海里出现了更多的北极熊。矛盾反弹为下列现象提供了部分解释：抽烟的人试图戒烟，结果时刻想着香烟；节食的人拼尽全力不去想食物，结果星冰乐依然出现在眼前。

矛盾反弹也可能伤害端粒。我们知道，慢性压力会伤害端粒，但是如果我们试图抑制那些让人倍感压力的思考，比如试图把它们埋进潜意识的深处，这可能适得其反。饱受压力之累的大脑已经不堪其重（我们称之为“认知负载”），更难于压抑思考。压抑思考不仅不会缓解压力，反而会让压力更大。压抑思考对人有极坏的后果，一个经典例子是“创伤后应激障碍”（post-traumatic stress disorder, PTSD）。不言而喻，创伤后应激障碍群体不愿意再去想那些令他们无比难过的经历。但是，这些梦魇似的回忆却会出其不意地渗入日常生活，甚至溜进梦里。通常，他们对回想这些事又非常排斥，会责怪自己不够坚强、无力抵抗，依然为之心绪不宁。

让我们来好好琢磨一下这里发生了什么。我们试图驱赶负面情绪，然而它们不可避免地反扑，令我们感到难过，然后我们为自己难过而感到难过。额外的这一层负面评判——为难过而感到难过——有点像是吸干了你最后一丁点能量的厚毛毯，你再也无力应对它了。这部分解释了为何有人会陷入重度抑郁。在一个小规模研究中，人们发现，抑制负面情绪和思考越厉害，端粒就越短。[15] 当然，仅仅是回避本身可能不会使端粒变短。但是在下一章你将看到，研究表明，未经治疗的临床性抑郁对端粒非常有害。总之，压抑思考会导致慢性压力和抑郁，这两种情况都会损害端粒。

充满压力的一天

在最近的一项研究中，我们追踪观察了那些照顾自闭症儿童的母亲，我们希望理解一天之内到底会发生什么。不出所料，与对照组的普通母亲相比，看护母亲从早上起来就更疲惫。接下来，她们对压力事件表现出更多的威胁反应。这些看护母亲对往事更加耿耿于怀。她们也更容易走神，常有负面情绪。似乎看护的长期压力带来了一种过度压力综合征（hyperreactive stress syndrome）——她们为之忧虑，为之忐忑，过度反应，耿耿于怀。

在细胞层面，我们发现，她们衰老的 CD8 细胞里的端粒酶明显更少。而且，对所有参与研究的女性来说，负面思考也会使端粒酶水平更低。好消息是，有许多看护母亲在喜悦中醒来，视压力为挑战，而且能控制自己，避免耿耿于怀，这些习惯都使端粒酶增加了。

弹性思维

如果你发现自己的思考符合上述任何一种负面思考模式（悲观、耿耿于怀、负面走神、愤世的敌意），你也许需要改变。但是，负面思考，不会说停就停下来。那些苛责自己需要改变思考模式的人，让我们想起美剧《宋飞传》（*Seinfeld*）里的弗兰克·科斯坦萨（Frank Costanza）。他坐进乔治（George）的车里，对座位安排大为光火，于是高举起双手大喊：“我要平静！就是现在！”弗兰克解释说，当他血压升高的时候，这是他平静下来的方式。乔治从后视镜里看着父亲面红耳赤，唾沫星子横飞，毫无平静可言。

“大喊大叫管用吗？”他问道。

对自己大喊大叫无济于事。首先，像愤世敌意和悲观这样的人格特质具有遗传基础，是与生俱来的。如果你在童年阶段有过创伤经历，你可能会经常进行负面思考。这些思考是终生习惯，很难彻底消失。所以，苛责自己很可能并不奏效。幸运的是，你可以利用弹性思维，预防负面思考模式的伤害。

弹性思维属于新一代的疗法，它是以“接纳”和“专注”作为基础，并不去改变你的思考，而是帮助改变你与思考的关系。你不必相信这些负面思考，或者受它们摆布，或者因为有这样的念头而感到自责。下面，我们对于如何进行弹性思维提供了一些建议，这些建议会对你有所帮助，而且我们相信，基于初步临床研究，弹性思维也会有益于你的细胞健康。

觉察意念：摆脱负面思考模式的枷锁

上述负面思考模式会不由自主地出现，来势汹汹而且难以摆脱。它会控制你的心智，就像给你的大脑蒙上了眼罩，你看不清到底发生了什么。当负面思考模式做主的时候，你会当真以为你的妻子太懒，你看不到她在为你做一份健康晚餐。你认为陌生人会提着来福枪从家里冲出来，你意识不到你把情境夸张了多少倍。但是当你开始觉察到这些念头的时候，你就取下了眼罩。也许你无法阻止那些负面想法，但至少你可以看清楚一点。

有些运动可以直接帮助觉察意念，比如冥想，以及大多数的身心减压运动。即使是长跑，脚步的重复运动也会有助于觉察意念、专注当下。你可以留意到你的脚落在地上的节奏，留意到周围的树木和叶子的细节，留意到意识的流动。经常沉浸于各种形式的身心运动，都会缓解你对自己的负面思考，你会更多地留意周遭和他人。在出现反应的时候，你能留意到自己会经历负面思考，而且它们消失得更快。觉察意念有助于对抗压力。

要觉察到你的意念，你可以闭上眼睛，深呼吸，然后集中于你脑海中的影像。后退几步，观察你的意识流，就好像在观察街景。对一些人来说，街景就像暴风雨中的新泽西高速路——车辆川流不息、疾驰而过。这没问题，但你要注意你的意念，包括那些负面的意念，你可以给它们贴上不同的标签，接受它们，甚至一笑置之。（“哈，我又自责了。我老是这样，真好笑！”）这样，你不必将这些意念遮蔽或者受它们的控制，你只是让它们流过脑海。

觉察意念有助于让你释怀，[16] 它会让你跟本能的思考保持一定的距离。你会意识到，你不必遵从头脑里的故事，因为这些故事未必都有好结果（你对此心知肚明）。每天，大约有 6.5 万个念头在我们大脑里闪过。我们并没有制造出这些念头。它们出现，它们消失，我们该做什么，还是要做什么。有些念头我们并不欢迎，但是当你开始练习觉察意念，你就会留意到九成的念头之前都出现过，你就不会太执着于它们，或者被裹挟而去。它们不值得你去追逐。天长日久，你学着直面那些难以释怀的回忆，或者忧伤的往事，说：“那只是一时的念头，它会过去的。”这就是人类心智的秘密了：我们不必相信我们的每一个念头（有人在汽车后面贴了这么一句睿智的话——别把你的每个想法都当真）。我们唯一可以确定的是，我们的想法一直会变，觉察意念有助于我们辨别真相。

几年前，我（伊丽莎白）特地参加了一次正念冥想的集训活动，原因是我的一些合作研究涉及冥想与端粒活性的关系，我想了解并体验这些活动。跟其他同样感兴趣的科学家和心理学家一起，我们在加利福尼亚南部的一个僻静之处学了一周，师从艾伦·华莱士（Alan Wallace），他是传授藏传冥想的资深老师。作为这项活动的新人，我发现重点大多在于训练集中大脑注意力，这让我颇为惊讶。我发现，正念冥想可以让人内心更平和，自然而然生出一种愉悦、感恩之情。

现在，多年之后，我依然保持着这种专注于手头事情的能力。为了时刻保持这项能力，我经常做微冥想（micro-meditations）训练，只要我觉得厌倦、不快或者焦躁，就会这么做，比如在等候飞机起飞、从旧金山机场乘大巴赶往会场，或等候电脑重启的时候，甚至是等待微波炉加热一杯茶水的空当。

下次，当你留意到脑海里有不愉快的念头闪过的时候，不妨试试这个办法：闭上眼睛，正常呼吸，同时把注意力放在呼吸上。不管有任何念头，想象你只是一个旁观者，然后观察它们渐渐消退。不要评判自己的念头，也不必因此责怪自己。把你的注意力拉回到呼吸，专注于每一次吸气、吐气时的自然感受。

不断练习几次，你脑海中杂乱的念头会逐渐平息，你会更加专注。把你的心智想象成一个雪球，纷乱不宁的思绪就像纷飞的雪花。通过微冥想的实践，思绪会渐渐安顿下来，你会获得思维的澄明，不再受思绪的摆布。

当然，如果你能花更多时间练习，或者参加一次集训活动，效果可能更好。但是，勿以善小而不为，短时间的专注可以培养意念觉察的能力，并减轻负面思考模式的影响。

专注训练、人生目标与更健康的端粒

在诸多关于冥想的研究里，有一项研究因其跌宕起伏、周到完备而引人注目。众多有经验的冥想参与者追随佛教师傅艾伦·华莱士前往科罗拉多山的一个幽僻之处修行。前后 3 个月，他们高强度地练习正念冥想，旨在培养更放松、更生动、更持久的注意力。修行人员也进行了那些旨在培养善念（比如同理心）的练习。[17] 他们还配合加利福尼亚大学戴维斯分校的研究人员克利福德·萨隆（Clifford Saron）等人进行了大量的实验，包括抽血。为了测量修行人员的端粒，研究者们在山上建了一个临时实验室，其中包括一个常规冰箱和一个干冰冷冻箱（以 –80 ℃冷藏采集的细胞样品）。这意味着，在整个实验里，他们总共拖了 2.2 吨重的干冰上山！

这些禅修者在美丽的山林聆听名师的启发，与志同道合者一起冥想，3 个月后，觉得大有进步：他们更少焦虑、更有韧劲、更有同理心。他们的注意力更持久，而且能更好地避免习惯性反应。[18] 5 个月后，研究人员又回访了这些人，发现静修效果依然明显。他们发现集训之后，这些人的情绪管理能力获得了持久的提高。[19] 该实验的对照组也是一群有经验的禅修者，他们待在家里等候上山静修这段时间里，情绪健康状况则无显著改善，直到参加静修之后才有成效。

这些禅修者的人生目标也更加明确。如果你有清晰的目的感，你每天早上醒来都会有明确的使命，知道如何做决定和定计划。由威斯康星大学的神经科学家理查德·戴维森（Richard Davidson）主持的一项研究发现，当志愿者看到令人不安的图片的时候，他们受噪声而引起的惊吓反应更强烈。眨眼反应反映了大脑的天然防御机制。那些人生目标更明确的人，更能耐受压力，更不易受到惊吓，也更容易从惊吓反应中恢复。[20]

人生目标坚定而明确的人，中风概率较小，免疫细胞的功能也较好。[21] 明确的人生目标甚至能减少腹部脂肪，降低胰岛素阻抗。[22] 再者，为了达成更高的人生目标，我们就会更努力照顾自己，有可能提前接受身体检查，发现疾病（比如前列腺和乳腺检查），即使生病，他们住院的时间也更短。[23] 作家利奥·罗斯滕（Leo Rosten）写道："人生的目的不是追求快乐，而是证明自己的重要性。要做一个有活力、有用的人，在有生之年，充分发挥影响力。"过得快乐和过得有活力并不必然冲突，而是可以兼顾。

人生目标能给我们带来幸福感，我们感到自己参与着一个比我们自身更大的事业，这种幸福感也比较持久，不像吃东西或购物的快乐那样短暂。如果我们能深刻感受到自己的价值与目的，就像人生有了稳固的基石，泰山崩于眼前而色不变。在困顿的阶段，我们也不忘这些价值和目的，它们甚至可以保护我们免受下意识的威胁反应。有了坚定的人生目标，各种人生遭遇，无论是欣喜还是忧伤，都能被嵌入一个有意义的语境，从而得到理解。

人生目标和细胞老化有什么关系？萨隆（Saron）把血样离心、分离，保留了白细胞，然后交给同事林珏的实验室分析端粒酶活性（当时，我们没想到端粒会快速变化，因此我们没有在几个月内持续追踪它们的变化）。汤娅·雅各布斯（Tonya Jacobs）仔细分析了端粒酶与志愿者的心理自检报告，包括关于人生目标的自白。整体而言，冥想集训的参与者比等候者的端粒酶多了30%。而且，人生目标越是明确，端粒酶水平就越高。[24] 如果你对冥想感兴趣的话，不妨尝试一下，这是很好的一个训练。当然，强化人生目标有许多办法，关键看哪一种对你而言最有效。

义工体验：退休阶段的新生活？

设想你已经退休好几年了，每天重复着同样的生活。然后有一天，有人问你是否愿意担任义工，辅导社区里问题儿童的作业。你会怎么说？对于退休已久，而且从来没有跟低收入家庭的孩子打过交道的人来说，这将是一种什么样的体验？下面，我们将会看到，当退休人士加入一个每周志愿支教15小时的项目时，会发生什么。

义工体验营（Experience Corps）是美国退休者协会推动的计划，号召退休人群到社区里的公立小学为低收入家庭的儿童提供教学、课后辅导等志愿服务。这样的工作很辛苦，也让人觉得有压力。一群老人学（gerontology）的研究人员想要知道这种代际项目是否可以促进双方的健康，所以他们同时研究了老年人和儿童。结果启人深思。

首先，我们仔细观察志愿老人的压力体验。很多志愿者都坦言觉得有压力，但也有收获。他们必须处理这些孩子的问题行为，有时无法到校服务。他们发现孩子个人的问题令人头疼，有些孩子缺乏父母的关注。这些义工有时也会和学校老师发生冲突。尽管多有压力，老人还是觉得这样的义工服务利多于弊。他们乐于帮助孩子，也乐见孩子进步，而且，这也培养了一份特殊的情谊。[25] 看来，这像是有益的压力！

为了调查这项活动对义工健康的影响，研究人员设计了一个对照组：随机选取一批老年人参与志愿活动（实验组），或者是不参与（对照组）。2 年之后，实验组的人更有成就感，而且出现了生理上的变化：[26] 对照组的脑容量（前回区和下丘脑区）有所下降，而实验组的脑容量却有所增加。这一点在男性身上尤其明显，经过 2 年的志愿活动，他们似乎年轻了 3 岁。这意味着，他们的脑功能也有所增强——脑容量更大，记忆力也更好。[27] 这些收获似乎印证了作家安妮斯·尼思（Anis Nin）说的："你的生命是开阔还是狭窄，取决于你有多少勇气。"

有益端粒健康的人格特质

有些人格类型，比如愤世、敌意和悲观，可能会有损端粒，但有一种人格类型却似乎有益健康，即严谨自律（conscientiousness）。这样的人更有条理，更有韧劲，更专注于目标。他们有长远的目标，他们的端粒也更长。[28] 在一项研究中，研究者让教师根据学生严谨自律水平对学生排名次。结果，40 年后，那些严谨自律程度高的学生，端粒也更长。[29] 这个发现很重要，我们因此得知严谨自律的人格特质可用来预测长寿。[30]

严谨自律者善于控制冲动，能推迟满足感，不会挥霍金钱、超速行驶、暴饮暴食。反之，那些容易冲动的人，端粒也往往更短。[31]

儿时就能严谨自律，长大成人之后，通常比较长寿。在一项针对住院患者的研究中，那些自律程度高的人，寿命要长 34%。[32] 也许这是因为严谨自律的人更能控制冲动，保持健康作息，而且遵守医嘱。他们的人际关系比较健康，工作环境比较理想，所有这些都会促进整体生活的健康和谐。[33]

放下苦痛，选择慈悲

另一个有助于弹性思维的办法是慈悲。慈悲的意思无非是对自己的善意，知道你不是一个人在受苦，你有能力面对各种焦虑和繁难而不被负面情绪裹挟而去。慈悲的意思是，你不会自贬自艾，而是像对待朋友一样热情、体贴地对待自己。

如果你想测试你的慈悲水平，请试着回答下列问题，它们出自克莉丝汀·内夫（Kristin Neff）的慈悲水平测试：[34] 1. 你是否有耐心并容忍自己性格中糟糕的一面？2. 当发生不愉快的时候，你是否试着采取平衡的视角来看待问题？3. 你是否提醒自己人无完人，你并不孤单？4. 你是否给予自己所需的关心？如果针对这些问题，你给出了肯定回答，那表示你的慈悲水平蛮高，即使遇到挫折，你也经常可以快速恢复。

现在，请再回答下列问题：1. 如果你在一项你很在乎的事情上搞砸了，你会自责吗？2. 你是否强烈地感到自己能力不足？3. 你是否苛责自己的缺点？4. 你是否感到孤立无援？

如果你对上述问题给出了肯定回答，这表明你的慈悲水平还不足。慈悲是一项可以培养的能力，它有助于培养韧劲，以克服负面思考（参见第 103 页的“逆龄实验室”）。

当负面思绪和情绪袭来的时候，慈悲水平高的人的应对方式跟其他人有所不同。他们不会苛责自己的缺点，他们会冷静观察负面情绪，而不被情绪裹挟而去。这意味着，他们不会跟负面情绪较劲，只是顺其自然，旁观负面情绪自然产生、自然消退。这种态度对健康是有益的。慈悲水平高的人，压力激素的水平较低，[35] 而且也更少焦虑或抑郁。[36]

你也许对此不以为然，你也许认为勇于自责是更诚实、更可贵的表现。当然，人贵有自知之明，但是，有自知之明不等于苛责自己，更不等于自怨自艾。自责好像一把匕首，它会伤害你，而且这些无形的伤口不会让你更强大。其实，自责是自怜的一种特殊形式，它不会让你自强。

而慈悲却是自强，因为它能培养你的内在力量，来应对生活的繁难。慈悲之心教我们鼓励自己、支持自己，让我们更有韧性。如果我们要依赖别人，才能觉得好过一点，那就危险了。当我们需要别人对我们高看一眼的时候，却又想到他们可能不赞同自己，我们就会很痛苦，于是转而自责。因此，要获得安慰，切莫过分依赖他人。培养慈悲心，不意味着软弱无能，它其实是一种自立。

一觉醒来，心生欢喜

我们发现，早晨起床情绪良好的女性，其 CD8 细胞里的端粒酶较多，而且皮质醇水平更低。当然，我们不知道这是否有因果关联，我们暂且存而不论，来说说刚醒来的片刻吧。醒来的片刻可以影响你的一整天。无论你现在处于人生的哪个阶段，你都可以怀着感恩的心情开始每一天。刚醒来的时候，暂时先缓一缓开始今天的日程，先体会一下“好棒，我还活着！”然后再开始新的一天。即使你无法预知未来，更无法控制未来，你仍然可以把注意力放在全新的一天，感激生命里那些美好的“小确幸”。

这句话让我（艾丽莎）记忆犹新:“每天醒来的时候，你要想，我还活着，真是幸运。生命无比珍贵，我绝不会浪费新的一天。”当然，消极、厌世会来得容易，如果你这么想，那就错过了这些认可生活的视角。

缓解压力的办法不止一种，其中一些办法跟端粒（端粒酶或者端粒长度）修复的关系也得到了研究，有些研究涉及的人群还比较广，比如，练习禅修[37]的人和进行慈心冥想[38]的人比其他人的端粒更长。但是我们不知道是否有第三因素（或称干扰变量），毕竟，灵修之人的价值观和行为表现都异于常人，比如禅修者也许比常人吃的甘蓝更多，吃的薯片更少。最有力的科学证据是对照实验，把人随机分成实验组和对照组。我们前文提到了 3 个月的深山修行，好消息是，更多的对照实验表明，你在家里就可以灵修，尝试一系列的身心活动，包括正念减压练习、瑜伽冥想、气功、剧烈改变的生活方式，这些都可能促进端粒的维护。在本书第二部分末尾，我们描述了相关的研究（第 134 页）。

端粒秘诀

了解自己的思维习惯是保持良好生活的重要环节。负面思考模式（敌意、悲观、压抑思考、耿耿于怀）都很常见，而且会给我们带来不必要的痛苦。幸好，这些习惯是可以改善的。

增强韧性的途径包括明确人生目标、乐观、专注以及保持慈悲心，它们都可以帮助我们对抗负面思考，避免过度压力反应。

虽然负面思考会让端粒更短，但是通过练习来提高面对压力的韧性，端粒会趋于稳定甚至延长。

逆龄实验室

修行慈悲心，休息一下

下次你再遇到比较困难或者有压力的情境的时候，试着休息一下，修行慈悲心。得克萨斯大学奥斯汀分校的心理学家涅夫（Kristin Neff）对慈悲心做过详尽的研究。涅夫的初步研究表明，修行慈悲心可以让人释然，直面自己，更加乐观、专注。[39] 如何操作呢？下面是她的描述（本书略有修改）。[40]

说明：回想困扰你的一个情境，比如疾病、人际关系出现冲突，或者是工作上的难题。

1. 正面描述你的感受："这很痛苦""压力山大""现在，真的很艰难"。

2. 承认受苦的事实："受苦是生活的一部分。"提醒自己这是人类的通常境遇，你的痛苦并不特别："不止我一个人在受苦""人人都有过这种经历""众生皆苦""这是人生的一部分"。

3. 将手放在心上，或者其他让你感到放松的地方，比如肚子或者额头。深呼吸，告诉自己，"要善待自己"。

根据你所处的情境，可以提醒自己：

我接受我的样子，未来仍有许多可能。

但愿我学会接受自己。

但愿我能原谅自己。

但愿我能更加自强。

我要尽可能善待自己。

最初修行慈悲心的时候，你也许会感到有点尴尬，也许只会感到些许放松。不要放弃。当你感到难过的时候，大方地承认它，提醒自己你不是一个人在受苦——手放胸口，宽慰自己。最终，你会越来越习惯于怀着慈悲心接纳自己，你会发现，这些练习增进了你的弹性思维。

内心批判——过度热心的助手

我们都曾经听说过，要留神内心那些自责的声音：告诉自己我不行、人人都在跟我作对、我的想法统统是错误的。但是，这也可能适得其反。内心批评的声音也是你的一部分，对它发火也就是对自己发火。最终，你就陷入了负面思考模式的困境，徒增烦恼。

与其跟它斗个你死我活，或者试图把它驱逐出境，不妨以更友好的方式来对待内心的声音。临床心理医生韦斯特洛普（Darrah Westrup）写过几本关于接纳与承诺心理疗法（Acceptance and Commitment Therapy, ACT）的书，教我们接纳生活和自己的想法。她建议，不妨把内心的声音视为一个焦灼的助手（an eager assistant）。这位助手并不邪恶，也不残酷，你大可不必解雇、责骂或者故意冷待之。这位热心的助手更像是一位年轻聪明的实习生，焦急地试图证明其价值。他 / 她的出发点是好的，只是他 / 她的建议不一定有用。

要让这位热心的助手住嘴，不再出点子，也不要评论你做的事，恐怕很难。反之，你该想想如何管理好他／她。首先，你要留心，他／她所说的并不全是“事实”。像对待办公室里的那些热心的年轻职员一样，保持微笑，点头，告诉自己：“噢，又来了。他／她的意图是好的，但他／她恐怕不知道自己在说什么。”这样，你就不会跟自己纠结了。让内心焦躁的声音顺其自然，它们就不会那么影响你了。

你的墓碑上要刻什么？

前文提到，针对科罗拉多落基山上冥想人员的研究表明，明确的人生目标会促进端粒酶的活性。专注冥想可以增进你的目标感，但是其他的活动也可以。接下来的练习也许听起来有点匪夷所思，但它的确可以帮你廓清思路。

说明：试着为自己的墓碑写墓志铭，你希望世界以什么方式记住你？为了打开思路，先问问自己，你对什么心怀热忱？下面是我们听过的几个例子：

- 尽职尽责的好父亲、好丈夫
- 赞助艺术，不遗余力
- 所有人的朋友
- 永远在学习，永远在成长

- 鼓舞了我们所有人
- 大爱无疆，无出其右
- 养活自己是谋生，有所奉献才是生活。
- 欲穷千里目，更上一层楼

墓碑上能刻的字不多，这正是这项练习的目的：迫使你找出你最珍视的一两个人生原则。完成这个练习之后，你就可以了解，为何我们一直为无足轻重的事情分心，现在该专注于那些更重要的事情。有些人一开始觉得他们的生活有点平淡，但是当他们写墓志铭的时候，就豁然开朗，意识到他们一直都在向着目标前进！

主动寻找压力？没错，寻找正面压力！

生活中什么事情会使你紧张或兴奋？每天的生活是否一成不变？是否感觉没有足够新鲜的经历来考验你解决问题的能力、社交本领或创造力？或许，你需要来一点“挑战压力”，让生活更有活力。做一些认知锻炼——比如填字格——也许能让你的脑袋保持灵光，[41] 但对更有目标与活力的生活则没有多大帮助。你也许可以考虑从日常的按部就班中解脱出来，开始做一项新的事情——更有意义、更有满足感，还可以防老。像前文提到的志愿帮助问题儿童，正面压力甚至可以逆转大脑衰老。

为了追求新的梦想，我们需要拓展自己，走出舒适区。新的情境可能让我们焦虑，但如果回避，就会错失进一步成长的机会。正面压力可能会激发你去尝试那些你一直想做，但是一直没敢去做的事情。

说明：如果你打算接受挑战，闭上眼睛，想一想你人生清单里的重要内容。花一点时间考虑你最想做的事情，最好是可行又令你激动，就像小小的探险。选择一个小目标，那些你今天就可以着手的事情。再次明确你的人生价值，提醒自己，有挑战的压力是有益的。

测试：性格是如何影响压力反应的？

有些性格特点会引起更大的压力反应。你可以利用下面的测试，了解在压力之下，你的个性会对你的心理反应产生什么影响。无论你的性格特点是什么，接受这样的个性，为它欢呼吧。性格是人生的调味品，而了解自己的个性就能获得力量。性格无所谓好坏，关键是认识你自己，明察自己的倾向，不必设法改变。所谓江山易改，本性难移，个性是稳定的，先天的遗传与后天的经历共同塑造了我们的个性。我们越能觉察到自己的一贯倾向，就越能理解它们，也就能更好地与自己相处，这也有助于端粒的健康。

一些杂志或书籍里提到的性格测试是编造出来的，它们可能有趣，但是未必准确。本书的性格测试是科学研究中实际使用的，本书已获得使用授权（唯一的例外是敌意测试部分，因为这些问题并不对公众开放。我们做了最大的努力重写这些问题，让你得以评估自己的敌意水平）。这些测试都是经过验证的，具有相当的可信度，可真正用来评估人格特质（注：这里使用的是精简版，而更完整的版本里有更详尽的问题，也更可靠）。

说明：对于每个问题，圈出你认为最适合你的回答。做测试的时候，请注意问题描述，而不是其中的数字。这里无所谓对错，请尽可能诚实回答。

你的思考风格是怎样的？

你有多悲观？

1. 我很少期望事情按我的想法展开。	4 强烈同意	3 同意	2 中立	1 反对	0 强烈反对
2. 我很少指望好事会发生在我身上。	4 强烈同意	3 同意	2 中立	1 反对	0 强烈反对
3. 如果一件事情可能会出错，它的确会出错。	4 强烈同意	3 同意	2 中立	1 反对	0 强烈反对
总分					

- 如果你的得分是 0~3 分，你的悲观程度较低。
- 如果你的得分是 4~5 分，你的悲观程度一般。
- 如果你的得分是 6 分或以上，你的悲观程度较高。

你有多乐观？

1. 在不确定的情况下，我通常会期待最好的事情。	4 强烈同意	3 同意	2 中立	1 反对	0 强烈反对
2. 对我的未来我总是充满希望。	4 强烈同意	3 同意	2 中立	1 反对	0 强烈反对

续表

3. 总而言之，我期望更多的好事会发生。	4 强烈同意	3 同意	2 中立	1 反对	0 强烈反对
总分					

- 如果你的得分是 0~7 分，你的乐观程度较低。
- 如果你的得分是 8 分，你的乐观程度一般。
- 如果你的得分是 9 分或以上，你的乐观程度较高。

你的敌意有多强？

1. 与那些我不得不倾听或者跟随的人相比，往往我知道的更多。	4 强烈同意	3 同意	2 中立	1 反对	0 强烈反对
2. 大多数人都不值得信赖。	4 强烈同意	3 同意	2 中立	1 反对	0 强烈反对
3. 我很容易因为其他人的习惯而不爽。	4 强烈同意	3 同意	2 中立	1 反对	0 强烈反对
4. 我很容易对他人发火。	4 强烈同意	3 同意	2 中立	1 反对	0 强烈反对
5. 对于那些没有教养的人或者讨厌的人，我态度会比较严厉或者不友好。	4 强烈同意	3 同意	2 中立	1 反对	0 强烈反对
总分					

- 如果你的得分是 0~7 分，你的敌意较弱。

- 如果你的得分是 8~17 分，你的敌意一般。
- 如果你的得分是 18 分或以上，你的敌意较强。

你是否经常耿耿于怀？

1. 我的注意力常常集中在自己不喜欢的那些方面。	4 强烈 同意	3 同意	2 中立	1 反对	0 强烈 反对
2. 有时候我很难停止思考自己。	4 强烈 同意	3 同意	2 中立	1 反对	0 强烈 反对
3. 我常常回想那些很久之前发生在我身上的事情。	4 强烈 同意	3 同意	2 中立	1 反对	0 强烈 反对
4. 我不会浪费时间重新思考那些已经发生或者完成的事情。	0 强烈 同意	1 同意	2 中立	3 反对	4 强烈 反对
5. 我从来不会花很长时间反思自己。	0 强烈 同意	1 同意	2 中立	3 反对	4 强烈 反对
6. 我很难把一些烦心事抛诸脑后。	4 强烈 同意	3 同意	2 中立	1 反对	0 强烈 反对
7. 我常常回想那些我不必再关心的过往生活的片段。	4 强烈 同意	3 同意	2 中立	1 反对	0 强烈 反对
8. 我花大量的时间思考那些尴尬或失望的时刻。	4 强烈 同意	3 同意	2 中立	1 反对	0 强烈 反对
总分					

- 如果你的得分是 0~24 分，你耿耿于怀的程度较低。
- 如果你的得分是 25~29 分，你耿耿于怀的程度一般。
- 如果你的得分是 30 分或以上，你耿耿于怀的程度较高。

你有多认真？

在我看来，我是这样的人……

1. 做事周到。	4 强烈 同意	3 同意	2 中立	1 反对	0 强烈 反对
2. 有时有点随意。	0 强烈 同意	1 同意	2 中立	3 反对	4 强烈 反对
3. 做事值得信赖。	4 强烈 同意	3 同意	2 中立	1 反对	0 强烈 反对
4. 有时不够有条理。	0 强烈 同意	1 同意	2 中立	3 反对	4 强烈 反对
5. 有时有点懒。	0 强烈 同意	1 同意	2 中立	3 反对	4 强烈 反对
6. 持之以恒，直到任务完成。	4 强烈 同意	3 同意	2 中立	1 反对	0 强烈 反对
7. 做事有效率。	4 强烈 同意	3 同意	2 中立	1 反对	0 强烈 反对

续表

8. 做计划，然后执行。	4 强烈 同意	3 同意	2 中立	1 反对	0 强烈 反对
9. 很容易分心。	4 强烈 同意	3 同意	2 中立	1 反对	0 强烈 反对
总分					

- 如果你的得分是 0~28 分，你的认真程度较低。
- 如果你的得分是 29~34 分，你的认真程度一般。
- 如果你的得分是 35 分或以上，你的认真程度较高。

你的人生方向感有多强？

1. 我的生活没有清晰的目的。	0 强烈 同意	1 同意	2 中立	3 反对	4 强烈 反对
2. 在我看来，我所做的事情都是值得的。	4 强烈 同意	3 同意	2 中立	1 反对	0 强烈 反对
3. 我所做的大多数事情都显得无足轻重。	0 强烈 同意	1 同意	2 中立	3 反对	4 强烈 反对
4. 我珍视我的所作所为。	4 强烈 同意	3 同意	2 中立	1 反对	0 强烈 反对
5. 我不是非常关心我所做的事情。	0 强烈 同意	1 同意	2 中立	3 反对	4 强烈 反对

续表

6. 我的生活充满了意义。	4 强烈 同意	3 同意	2 中立	1 反对	0 强烈 反对
总分					

- 如果你的得分是 0~16 分，你的人生方向感较弱。
- 如果你的得分是 17~20 分，你的人生方向感一般。
- 如果你的得分是 21 分或以上，你的人生方向感较强。

自测结果及解释

这项测试是为了增进你对自我的觉察，不是诊断，希望不至于让你觉得不舒服。了解自我的倾向，能让我们更好地应对压力。自我觉察可以帮助我们留意到自己有哪些不健康的思考模式，以及该如何应对。它也可以帮助我们认识并接受自己的倾向，正如亚里士多德所言："认识自己，是一切智慧的开端。"

使我们在压力之下更脆弱的因素	得分		
悲观	高	中	低
敌意	高	中	低
耿耿于怀	高	中	低

使我们在压力之下更坚韧的因素	得分		
乐观	高	中	低
认真	高	中	低
人生目标	高	中	低

说明：我们如何判定打分系统里的高低分？

总的来说，我们依据的是参加过这些测试的大规模代表性样本。根据得分，我们划分出上、中、下三个区段。如果你在上游（前33%），你就属于“较高”；如果你在下游，你就属于“较低”；如果你在中游，那就属于“一般”。实际采用的研究描述见下文。

三个区段之间的分界点只是一个参考值，不是绝对的。首先，这项区分针对的是一些覆盖面较大的样本，但样本覆盖面再大也不足以代表所有人。由于种族、性别、文化甚至年龄的差异，人们的打分会有所不同，这项因素我们并没有考虑进来。其次，我们假定了每项指标的得分都符合统计学上的“正态分布”，也就是说得分最低的人和得分最高的符合对称的分布模式。事实上，很少有哪个指标完全符合正态分布。因此，我们的分界点在统计意义上并不完美，也无法恰如其分地应用到每一个人身上。

本节测试涉及的性格类型和打分量表

乐观 / 悲观

乐观是指对正面事件和结果的期望或者预期，乐观的典型特征是对未来充满了希望。悲观则是对负面事件和结果的期望或预期，悲观的典型特征是对未来不抱有希望，而且不看好未来。

我们使用的是由卡尔斯·卡佛（Charles Carver）和迈克尔·塞尔（Michael Scheier）开发出的“生活取向测试修订版（Life Orientation Test-Revised，LOT-R）”。[1] 乐观和悲观有很强的相关性，但是并不完全重合，这意味着它们是性格的不同侧面的表征，必须分别研究。[2] 有两项研究衡量了它们与端粒长度的关系，而且结论都是悲观与端粒长度相关，而乐观却没有。[3] 这并不是说乐观跟健康没有关系，它当然有，特别是对精神健康而言。这是因为就与压力相关的健康问题而言，负面特征比正面特征的预测性更强，而且负面特征与压力生理学更直接关联。正面特征可以缓冲压力，但与正面的修复生理学只有微弱的相关性。

至于评分，我们使用的是经过 2000 多位志愿者测试的 LOT-R 量表，涵盖了各个年龄段，不同性别、种族、族群、教育程度以及社会经济阶层。[4]

敌意

敌意的表现涉及认知、情绪和行为。[5] 认知方面可能是敌意里最重要的部分，表现为对他人的负面态度、猜忌和不信任。情绪方面，按程度不同，包括轻微的不快、愤怒、大怒。行为方面的表现是语言或者行为上对他人的伤害。

鉴于敌意测试的量表尚未向公众公开，我们这里提供的量表只能大致接近标准研究流程，特别是最常见的库美（Cook-Medley）敌意问卷调查，这也是明尼苏达多项人格问卷 (Minnesota Multiphasic

Personality Inventory，MMPI）的一部分。我们估测的分界点则参考了怀特霍尔（Whitehall）研究中一项男性研究的平均值，该研究使用的是库美敌意问卷调查的简短版。研究发现，敌意程度高的男性，端粒更短。[6]

耿耿于怀

有人为耿耿于怀给出了如下定义：“它是因受威胁、损失或者对自我的不公正对待而激发的自我关注。”[7] 换言之，耿耿于怀意味着花大量的时间思考、反省过去的负面经历，以及自己在其中扮演的角色。

我们使用的八项提问来自于特拉普内尔（Paul Trapnell）设计的“耿耿于怀与反思——问卷调查”。[8] 分界点来自问卷调查的平均值。[9] 虽然目前还没有研究证实耿耿于怀与端粒长度的关系，但我们认为，它在压力应对过程中发挥了重要的作用。这是因为它让压力长久地逗留，令我们身心不宁。在针对重病看护人的研究中，我们发现，每日的反思与端粒更短有关联。

严谨自律

严谨自律描述的是一个人的有条理程度，在特定情境下有多仔细，以及是否严于律己。

我们使用的严谨自律程度量表来自奥利弗·约翰（Oliver John）

和桑尼·斯里瓦斯塔瓦（Sanjay Srivastava）开发的“人格五大特质量表”（Big Five Inventory）。[10] 之前的一项研究采用过这个量表，而且发现严谨自律程度越高，端粒越长。[11] 至于分数，我们采用的分数来自一项横跨各个年龄段的大规模研究。[12]

人生目标

人生目标不是典型的人格测试内容，它反映的是我们对于生活目的或者人生方向的觉察程度。它可能随着我们阅历的增加和心智的成长而变化。人生方向更清晰的人，意义感更强烈，对于所从事的工作更热忱，他们的人生观也更富建设性。[13]

我们使用的 6 项“人生投入测试”，是由塞尔教授及其同事开发出来的。[14] 至于分数，则是参考了一项涉及 545 位成年人的标准数据。[15] 目前尚无研究直接把人生目标与端粒长度联系起来。不过，在针对冥想训练的研究里，明确的人生目标与更高的端粒酶活性相关。如上一节所述，人生目标与更好的健康行为、生理健康以及面对压力时的弹性思维相关。

第六章　远离抑郁和焦虑

抑郁症和焦虑症与短端粒有关——病症越严重，端粒就越短。这些极端的情绪状态会影响细胞老化机制，包括端粒、线粒体和发炎。

大卫感冒了，这几天一直打喷嚏、咳嗽、鼻塞，接着忽然呼吸困难。一开始，他深呼吸的时候不太舒服，后来疼痛慢慢加剧。大卫想："我开始呼吸急促了。"然后尝试用纸袋呼吸。发现没有帮助之后，他打电话给太太求救。太太只好离开公司，开车来街角接他，带他去急诊室。走到医院外面的时候，虽然是大白天，他却感觉天昏地暗，视线被阴影笼罩。他起了鸡皮疙瘩，同时出现了过度换气的问题。到了急诊室，护士就给他注射了一些镇定剂，好让他平静下来，描述病情。

医生诊断他是恐慌症（panic attack）发作，表现出间歇性的极度恐惧与焦虑。大卫多年来一直为抑郁症所苦，这次恐慌症发作，恐怕是病情发展的结果。他在抑郁的时候，常陷入绝望，觉得没有未来，每一天的生活，哪怕是打个鸡蛋做鸡蛋饼，哪怕是睁眼看看卧室的窗户，都觉得格外困难，而且精疲力尽。他说："我眯起眼，就像强风迎面袭来。"

时至今日，仍然有人不太把抑郁和焦虑当回事，他们不理解这种疾病的发病之广，给患者带来的痛苦之深。在全球范围，精神问题和药物滥用是残疾（定义为：无法过上有活力的生活）的首要原因。在各种精神问题中，抑郁又是最常见的一种，因此也被称为精神病学中的“感冒”。[1] 在抑郁患者身上，心脏疾病、高血压、糖尿病发病更早，发病更快。现在人们发现，把抑郁和焦虑视为“大脑的疾病”越来越不合适了，因为研究表明，这些病症会波及大脑、心脏、血液，直达细胞。

焦虑、抑郁与端粒

焦虑是对未来的过分担心或者畏惧。它不像大卫的恐慌症那么可怕，往往体现为一种持续的、程度较低的不快。我们认识的一位女性回忆道：“我站在家门口，等待儿子从曲棍球训练场回家。他回来晚了。我感到一阵战栗，心跳开始加速。一开始，我以为自己只是在担心儿子的安危，然后我意识到我一直都是如此。最后，我问自己：‘这样正常吗？’”这不正常。一周之后，她被确诊患有广泛性焦虑症。

焦虑与端粒的关系是一个比较新的研究课题。饱受焦虑折磨的人的端粒往往更短，焦虑持续得越久，端粒就越短。但是，当焦虑大大缓解，患者感觉变好之后，端粒最终也会恢复正常。[2] 这强烈暗示，我们可以通过端粒来鉴定、治疗焦虑，虽然有时焦虑很难被发现。如同前文提到的那位母亲，当你习惯了自己的情绪，焦虑可能就显得很正常，平常得好像是你呼吸的空气。

抑郁和端粒的关系则有比较坚实的科学研究来支持，这可能是因为抑郁的波及面是如此之广：全世界超过 3.5 亿人患有抑郁症。一项由蔡娜（Na Cai）及其同事展开的对 12000 位中国女性的大规模研究发现，患有抑郁的女性其端粒更短。[3] 抑郁跟焦虑一样，都表现出剂量效应：抑郁越严重，持续时间越长，端粒就越短（见图 16 的柱状图）。[4]

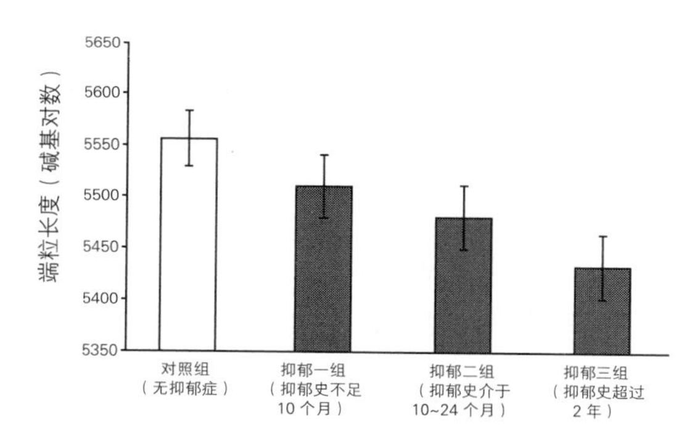

图 16　抑郁持续的时间与端粒长度的关系。荷兰一项针对抑郁和焦虑的研究追踪了接近 3000 人，包括抑郁患者和健康人的对照组。乔西内·费尔赫芬（Josine Verhoeven）和布伦达·彭宁克斯（Brenda Penninx）发现，那些抑郁时间不足 10 个月的人的端粒跟健康人没有明显区别，而抑郁超过 10 个月的，端粒则明显变短

有研究暗示，短端粒可能会直接引起抑郁。抑郁患者下丘脑区的端粒更短，这个脑区跟情绪有重要的关系（大脑其他区域的端粒则未变短）。[5] 在压力之下，大鼠下丘脑部位的端粒酶会变少，脑细胞再生会减缓，大鼠也更容易发生抑郁。[6] 不过，一旦端粒酶增加，大鼠的神经细胞再生就开始恢复，抑郁症状也会消失。大脑的细胞老化可能是抑郁发作的一条途径。

一个比较奇怪的现象是：抑郁的人的端粒更短，但是免疫细胞

里端粒酶却更多。为什么会这样？抑郁是怎么引起了更短的端粒和更多的端粒酶？这个看似矛盾的情境也出现在其他场合，比如那些饱受压力之苦的人，那些没有高中毕业的人，那些怀有愤世敌意的男性，以及那些动脉疾病发病率高的人。我们相信，在这些情境里，细胞是为了应对端粒变短而产生出更多的端粒酶，可惜这套办法并不奏效。

已经有更多研究结果支持这个结论。我们的同事欧文·沃克维兹（Owen Wolkowitz）是加利福尼亚大学旧金山分校的精神病学家，一直在研究端粒酶缓解抑郁的机制。当抑郁患者服用抗抑郁药物（一种选择性 5- 羟色胺再摄取抑制剂）之后，他们的端粒酶数量有所增加！端粒酶增加得越多，他们的抑郁程度就越轻。[7] 免疫细胞试图修复缺失的端粒，有可能大脑里也有类似的活动，即神经元也在修复它们的端粒。这可能是一种更新机制，可能有效的端粒酶活动可以促进神经细胞再生。

心理创伤、抑郁以及压力效应的逆转

根据一项统合分析，我们研究过的大多数精神问题都跟端粒变短有关联。[8] 这起码有两种可能的原因：一是潜在的压力导致了这些疾病；二是患病本身带来压力。关于压力，神经科学研究带给我们的最振奋的一个消息是，大脑的可塑性很大，特别是它能逆转压力的作用。我们可以克服严重压力带来的许多后果，通过使用抗抑郁药物、锻炼或者其他的健康调理手段，或是让时间修复伤痕。端粒的维护同样具有可塑性。举例来说，在人和大鼠身上，端粒可能会在承受压力期间变短，但是在大多数情况下，它们都可以修复自己。[9] 荷兰研究人员乔西内·费尔赫芬曾经针对抑郁与焦虑做过大规模调查，试图研究端粒的修复规律。她发现，过去 5 年里的事件与端粒变短有相关性，但是 5 年之前的事件就没有了。[10] 与此类似，目前患有焦虑症的人，其端粒更短，但是如果是很久以前患病，现在好了，则端粒可能已恢复正常。这暗示着，端粒可以在焦虑结束之后自我恢复。而且焦虑过去得越久，端粒就恢复得越好。[11] 不过，抑郁会比压力事件或者焦虑带来更严重的后果，有抑郁病史的人的端粒仍然更短。[12]

蔡娜针对中国人的大规模研究表明，过去有过创伤经历的人，他们的端粒会恢复，但是那些经历过严重抑郁的人却不会，他们的端粒会一直较短，就好像是创伤加上抑郁是难以承受之重。好消息是，即使端粒可能无法抹去过去的创伤和抑郁留下的疤痕，它们也会稳定下来，并可能通过那些修复端粒酶的因素而变长。

在细胞内，线粒体是压力损伤的另一个重要目标。线粒体是否能复原？线粒体变少是衰老的关键因素之一，但是直到最近，它跟精神健康的关系才得到研究。

线粒体是细胞的能量工厂。只要给它们提供燃料（即食物），它们就会合成出富含营养的分子（三磷酸腺苷，ATP）来给细胞提供能量。有些细胞，比如神经细胞，有一两个线粒体。其他细胞则需要更多线粒体才能维系能量供应，比如，肌肉细胞往往具有上千个线粒体。一旦你的身体出现了状况，假如你患了糖尿病或者心脏病，线粒体就会工作异常，细胞能量供应就会不足。这会影响你大脑的功能，因为神经元没有足够的能量来行使功能。你的肌肉也会变弱，你的肝脏、心脏、肾脏，所有那些耗能的器官都会因此受累。衡量细胞是否在经受压力的一个办法，就是统计线粒体 DNA 的拷贝数，它可以告诉我们身体是否不停地产生额外的线粒体，以补偿那些受伤或老化的线粒体。针对中国人的研究发现，童年期的成长环境越艰难、抑郁越严重，人的端粒就越短，线粒体 DNA 的拷贝数就越多。

如果你虐待小鼠（比如吊起它们的尾巴或者强迫它们游泳），它们自然也会有压力。跟人一样，承受压力的小鼠会产生过量的线粒体，就好像它们的线粒体出了问题，因而需要代偿性增生。它们的细胞拼命增加能量供应，效果却乏善可陈。不难想象，饱受压力的小鼠的线粒体 DNA 的数量虽然大幅上升，但它们并不活跃。此外，它们的端粒比正常小鼠的要短 30%。但是，只要给它们一个月的时间恢复，端粒和线粒体 DNA 都会恢复正常，而且没有任何提前衰老的迹象。[13]

经验可以影响生理，生理又会受到新的经验的影响。细胞也会自我更新。在小鼠的一生里，短暂的伤痛大抵可以平复。幸运的是，人类似乎也是如此。

保护自己不受抑郁和焦虑之苦

精神健康不是奢侈品。如果你想保护你的端粒，你就得好好保护自己，不受抑郁和焦虑之苦。当然，有些天生的倾向是由基因决定的，但这并不意味着你无能为力。

抑郁症是一种复杂的疾病，它涉及情绪、心智和生理层面。本书无法完整描述抑郁（或焦虑），但我们想强调一点：抑郁一定程度上是对压力反应的失调。针对这点来治疗，已有一些成功的案例。除了感受到压力，抑郁症患者还会纠结于前文提到的负面思考模式，他们试图抑制负面情绪，无法直面它们，或者对自己的问题一再思虑，耿耿于怀。他们责怪自己，感到不快和愤怒，不仅仅是对引起他们悲伤和压力的外界因素生气，也为他们会感到悲伤和压力这件事本身而气恼。

如上所述，这是一系列的失常反应。随着时间流逝，这个循环会让人深陷于过去的压力和沮丧。负面思考就像微量毒素，当剂量小的时候相对无害，但是在剂量大的时候就有害心智了。负面思考并不表明你毫无价值或者是个失败者——负面思考正是抑郁本身。

这些有害的心智反应也是焦虑的一部分。试想一下，你应邀参加了一个鸡尾酒派对，你不小心叫错了女主人的名字。她略吃惊，随即挤出僵硬的笑容纠正你。你也感到尴尬。谁不会呢？对大多数人来说，这只是轻微的压力。我们可能会有点脸红，然后跟女主人道个歉就没事了。但对另一些所谓的焦虑敏感性个体，他们会表现出过度的身体反应。如果他们在派对上叫错了名字，他们会心跳加速，头脑发懵，甚至会感到心脏病发作。这确实是非常难受的状态。焦虑敏感的人可能会想：“噢，糟了，以后还是不要参加什么派对了。”

因为焦虑而逃避，只会更加焦虑。你逃避想做或必须去做的事情，你永远学不会如何忍受这种不舒适。用心理学的术语来说，你永远不会对压力环境脱敏（habituate）。你的生活圈会越来越小，压力越来越大。这些焦虑的情绪会发展成严重的临床综合征，干扰你的生活。正如抑郁是无法忍受悲伤，焦虑则是无法忍受焦虑。因此，治疗焦虑症往往需要接触那些令你更加焦虑的事情，然后你就认识到，焦虑并没什么大不了。

压力，再加上以回避的方式解决问题，会导致焦虑和抑郁。理解心智的工作原理，理解大脑为何以及如何困在了这些负面思考的死循环里，是走出来的关键一步。如果你常常感到悲伤，无法尽情充实地生活，那么你就格外需要寻求帮助，保护端粒。不要对病情袖手旁观，要培养应对问题的能力，这需要时间，所以给自己足够的时间，寻求治疗师的帮助，不要放弃。

重要的是，你要把心念放在哪里？

如果你并没有问题，只是思想像脱缰的野马，不受控制呢？当感到悲伤的时候，我们自然试图摆脱这种情绪。我们留意到了当前的感受与希望自己如何感受之间的鸿沟，我们卡在了这个鸿沟里，希望事情会出现转变。我们试图逃离当下。

所谓的正念认知疗法（mindfullness-based cognitive therapy，MBCT）

旨在帮助人从这个鸿沟里走出来。它结合了传统的认知疗法和专注训练——认知疗法帮助我们改变扭曲的思想，专注训练可以帮你改变你与自己的思考的关系。正念认知疗法可以有效预防抑郁，进而保护端粒。有研究表明，它跟抗抑郁药物一样有效。[14] 抑郁最可怕的一个方面是它可能演变成慢性抑郁，80% 的抑郁患者会旧病复发。之前，剑桥大学的约翰·蒂斯代尔（John Teasdale）、多伦多斯卡伯勒分校的津德尔·西格尔（Zindel Segal）和牛津大学的马克·威廉姆斯（Mark Williams）发现，对于那些经历过三次或以上抑郁复发的患者，正念认知疗法使抑郁的复发率降低了一半。[15] 研究人员也发现，这种疗法也可以缓解焦虑，对于那些陷入思想或情绪瓶颈的人，它也有帮助。

正念认知疗法告诉我们，思考有两种基本模式。一种是“行动模式”（doing mode），当现实状况与预期目标有落差，为了达成目标，我们就会采取行动。另一种模式是“静观模式”（being mode），在静观模式下，你可以更容易地控制注意力，你选择做那些给你带来快乐的小事，那些你感到擅长而且有成就感的事情，而不是狂热地试图去改变外界。因为“静观”也会让你更关注他人，你可以更充分地维护与他们的关系，这种状态往往给人带来最大的快乐和满足。你是否有过这种体验，只是专注于手头小事（比如清理一个乱七八糟的抽屉），却从中得到很大的满足感？这就是静观模式的感觉。

行动模式与静观模式[16]

	行动模式	静观模式
你的心念在哪里?	没有留意你正在做的事情。	把心念放在当下。
你活在哪个时间段?	过去或未来	现在
你在想什么?	沉浸在许多有压力的想法中。 思考的是远方/未来，而不是当下。 对现状不满足。	沉浸在当前的体验里。 能够充分地体验每一种感觉，包括味觉、嗅觉、触觉等，能够与他人建立良好关系。 彻底接受自我，无条件的友好。
宏观认知（metacognition）的层面（关于思考的思考）。	相信所有的念头都是真的。 无法观察到心智的运行过程。 情绪受思想控制。	知道自己的想法未必为真。 知道思想的本性是暂时的，可以观察到念头的涌起和消退。 可以容忍不愉快。

本章可能让一些读者觉得不安。许多人都有情绪困扰，甚至深陷于忧郁与恐慌之中。即使你自己没有这样的问题，也可能认识这样的人。重点是，端粒可以从逆境和抑郁中恢复过来，即使暂时没有恢复，我们仍然可以想办法保护它们。你可以强化你的能力，为接下来的挑战做准备。你可以利用弹性思维，使身心平静下来，譬如觉察自己应对压力的方式和思考习惯。你也可以进行呼吸的练习，或者尝试本章末尾提到的“静心冥想法”。

逆境的考验会在端粒上留下疤痕，但这些疤痕也是智慧与成长的标记。困苦会让我们变得更明智、更强壮。我（艾丽莎）最喜欢的一个测试就是衡量人从创伤中成长了多少（包括感受到更亲密的关系，感到更加自立，更注重灵性）。我们第一次对照护者进行研究时，使用的就是这个测试表。我们发现，那些端粒更短的照护者同时也经历了更多的心理成长。这一开始让我们颇为费解，仔细研究之后我们发现，这与他们看护的时间长短有关。那些照顾病号时间最长的人，端粒受损也更严重，但他们也经历了更多改变，人生也因此更丰富。[17] 正如一位瑞士的精神病医生伊丽莎白・库布勒－罗斯（Elisabeth Kubler-Ross）（她研究的是悲伤与哀痛）所言："我们知道的最美的人是那些曾挫败、苦过、挣扎过，也失落过，但已从深渊爬出来的人。他们对生命的理解、敏感与欣赏让他们更加感恩、更加宽厚，对他人也怀有更深沉、更慈爱的关切。这些美好的品质不是凭空而来的。"

端粒健康窍门

- 严重压力、抑郁症和焦虑症都与端粒较短有关联。患病时间越长，端粒就越短。好在多数情况下，这些个人经历带来的后果都可以自愈。比如，重大事件过了 5 年之后，就不再有影响了。
- 线粒体的功能也会受严重压力和抑郁的影响，但是时间久了之后，还是可以复原，至少从小鼠实验看来是如此。
- 导致抑郁和焦虑的认知因素包括夸张的负面思考，无法容忍自己的负面情绪，以及过度的、无效的回避。抑郁的典型特征是陷入了"行动模式"的思维，包括耿耿于怀，这是一个恶性循环。
- 正念认知疗法可以帮助我们从日常的"过度行动模式"转换到"静观模式"，更加释怀。参见本章"逆龄实验室"的"三分钟呼吸练习"。

逆龄实验室

三分钟呼吸练习

正念认知疗法的开拓者——约翰·蒂斯代尔、马克·威廉姆斯和津德尔·西格尔——也开发了一个训练项目，可以帮助人们达到“静观模式”。学习这个训练项目，最好找一个同伴一起修行，但是我们这里提供只需 3 分钟的精要版，你可以快速掌握正念认知疗法的核心。[18] 这项呼吸练习有点像觉察思考练习。你也许发现有一些想法让你痛苦，你给这些念头贴上标签，让它们在你脑海里停留，你知道它们会消退。任何一种情绪，即使是那些不愉快的情绪，从生成到消失，最多只有 90 秒——除非你试图不停地追逐它或者揪住它不放，那样它会持续得更久。呼吸练习可以让你对负面情绪保持更超然的态度，让它们自生自灭。你可以多加练习，养成习惯。这样，等你遇到真正苦难的时候就可以派上用场了。不妨把这项练习想象成一个沙漏——打开脑洞，接受大脑里的一切念头，然后专注于你的呼吸，过一会儿再次对外界敞开你的感觉。下面是我们修订之后的练习法：

1. 注意你的知觉。请坐直，闭上双眼。开始深呼吸，长长地吸一口气，然后吐气，感受腹部的起伏。然后开始问自己："此刻，我感受到了什么？我在想什么？心情如何？身体有什么感觉？"然后等候自己的回应。接受这些经验，标注这些感受，即使是你不喜欢的感觉，也要诚实面对。注意自己是否排斥任何经验，是否想把这些感受赶走。如果有，请设法包容它们，让这一刻的经验与感觉停驻心中。

2. 收拢你的注意力。缓缓地把你的注意力引导向呼吸。留神每一次吸气与长长的吐气，追踪每一次的呼—吸—呼—吸。使你的呼吸成为固定思绪的锚，接受那种宁静的状态。实际上，你的脑海深处一直都有这种状态。这种宁静的状态会让你进入静观模式。

3. 扩展你的觉察范围。你感受到知觉不断扩大，涵盖你的呼吸、你的全身。留意你的姿势、你的手、你的脚趾、你的面部肌肉。缓解任何紧张之感，与所有的感觉和平共处，欢迎它们的到来。将这种扩展了的觉察跟你的整体相联系，接纳你当下的一切。

这个呼吸练习可以让你的身体平静下来，而且让你更好地控制自己的压力反应。它把你的注意力从自我聚焦和"行动模式"转换为平和的"静观模式"。

静心冥想法：缓解精神压力，平稳血压

呼吸是透视身心的一扇窗，我们可以通过它来调节身心。呼吸

是一个重要开关，会影响大脑与身体的沟通。有时候，利用呼吸的改变来放松，要比改变念头来得容易。当吸气的时候，我们的心跳加快；当呼气的时候，我们的心跳放慢。如果呼气比吸气更缓慢、更长久，那么我们就可以让心跳减速，同时刺激迷走神经。把气吸到下腹部（腹部呼吸）可以刺激迷走神经的感觉通路，后者直接与大脑相连，镇静效果更佳。研究迷走神经的专家斯蒂芬·波吉斯（Stephen Porges）告诉我们，迷走神经、呼吸与安全感之间有很强的因果关系。许多身心训练的要点都是刺激迷走神经，向大脑传递关键的安全信号。

缓慢呼吸的练习，比如曼特拉冥想（mantra meditation）或者有节奏的呼吸，都能有效平稳血压。[19] 因为这样的呼吸可减少身体对刺激的需要，增强迷走神经的活动，抑制交感神经，从而进一步减缓心率。迷走神经也能促进端粒生长和修复。

对有些人来说，把焦点放在心上，比放在呼吸上更能放松，更觉得平静，也能降低心率。心脏有一个复杂的、能对外界刺激做出反应的神经系统，即所谓的“心脑”。下面，我们提供了一份以心为焦点的冥想法，它也融合了慈心禅里的若干用语，目前还没有人检验过它们对端粒的效果，但是如你所知，呼吸是放松的基础。

如果你感兴趣，可以试试看：

以心为焦点的冥想法

以舒服的姿势坐着。

慢慢深呼吸，吐气要比吸气来得长。

继续吸气、吐气，不断想一个让你觉得平静的字，或者每次吐气时，想象一个美丽的画面。留意吸气和吐气之间的停顿。

觉察你的思绪和念头：此刻有哪些念头在闪现？微笑地看着它们从脑海里划过。然后回到专注的字或者画面。

将手（手掌或手指）放在心上，当你吐气的时候发出“啊”的声音，让压力从身体里流出。

“愿我心平静。”

“愿我心慈悲。”

“愿我友好待人。”

想象你的心散发出爱的光辉。想象你最爱的某只宠物或者某个人，让那份爱照耀到你生活中的其他人。

继续缓慢吸气、吐气，留神你在哪里停顿或者紧张。当你吐气的时候，想象自己被安全、温暖、慈爱的感觉包围。

逆龄实验室：减压，让端粒更健康

已经有一项研究表明，身心修炼可以使免疫细胞的端粒酶增多或者使端粒变长。这些效果对所有人来说都是健康的，如果你感觉压力很大，这种技巧和练习更是重要。临床证据表明，身心修炼——包括冥想、气功、太极和瑜伽——有益健康，缓解炎症。[20] 冥想有许多种，也可以促进心智功能，比如对于认知过程的认知（metacognition），改变我们看待和应对压力的方式。尽管少数人在冥想时有负面经验，总体来看，这些修炼利大于弊。目前，单就端粒健康而言，没有证据表明哪一种冥想更好。

下面，我们提供了各种冥想方法的简要指南。更进一步的参考资料，欢迎访问本书的网站：www.telomereeffect.com。

静修营

冥想对身心健康有诸多好处，这一点已经广为人知。经常冥想，可以帮助我们摆脱负面思考模式，与他人的关系更紧密、更深入，甚至可以使我们的人生目标更坚定。最近出现的研究表示，它也有助于端粒生长。

加利福尼亚大学戴维斯分校的研究者克利夫·沙伦（Cliff Saron）一直在研究有经验的禅修者参加静修团所受的影响。他发现，经过3个月的奢摩他[21]静修营之后，与对照组相比，禅修者的端粒酶更多，而且如果禅修者的人生目标更明确，这种效果则更明显。沙伦与奎因·康克林（Quinn Conklin）最近的合作研究发现，禅修者经过三周的静修营密集训练之后，白细胞中的端粒变长了。对照组就没有这种效果。①

我们的研究团队曾有机会参与一项精心设计的探索性的冥想研究。参与静修营的人和没有参与修行的对照组都住在一处度假村。实验组在迪帕克·乔波拉（Deepak Chopra）及其同事的带领下，在加利福尼亚卡尔斯巴德市的乔波拉中心一边静坐，一边默想梵咒。我们把从未接触过冥想训练或者很少接触的人随机分成两组，一组参加静修营，另一组仍在度假村。还有一组是那些经常静修、有打坐习惯的女性，之前就参加过乔波拉的静修营。

我们发现，活动进行一周之后，不管是哪一组，每个人都觉得神清气爽，身心健康的指标都有明显进步。基因表达图谱揭示了生理变化：炎症反应和压力水平都有所降低。由于所有人都有这样的心理和生理变化，我们认为这是休假效应，因为脱离了日常生活的压力，人们得以安心惬意。不过我们发现，冥想似乎别有好处，可使人的端粒酶增加，但只在有经验的冥想者身上才能看到这样的效

---

① 奢摩他，梵语 शमथ，śamatha，shamatha，佛教术语，意译为禅定、止禅、寂止禅、止，是以专注的力量进入定境，发起智慧。

果，这些人身上的端粒保护基因似乎也更活跃。[22] 这些引人注目的发现都提示我们，经常进行冥想训练可能有助于延缓细胞老化。但是很明显，这些研究还需找不同的受试者在不同的情境下进行重复验证。

正念减压法

正念减压法（Mindfulness-Based Stress Reduction，MBSR），是由马萨诸塞州医学院的乔恩·卡巴金（Jon Kabat-Zinn）为几乎没有冥想经验的人研发出来的。自从 1979 年问世，已经有 22000 多人采用该方法，它被证实确有减压、减轻疼痛之效。[23] 正念减压法包括训练心智、正念呼吸、身体扫描练习（练习时，将注意力扫描般由脚趾向头顶慢慢移动，留意不同部位的状况，放松紧绷的肌肉）和瑜伽。参加集体培训课程是一次独特的体验，对于那些当地尚没有 MBSR 培训项目的人，马萨诸塞州医学院提供了在线课程（http://www.umassmed.edu/cfm/mindfulness-based-programs/mbsr-courses/）。他们的网站有一份注册 MBSR 培训师的全球名录，你可以看看身边是否有这样的老师。

一项研究发现，那些修习正念减压法的人在 3 个月里端粒酶数量比对照组的提高了 17%。[24] 在另一项研究里，乳腺癌幸存者丢失了许多端粒碱基，而那些接受了正念减压训练的人把心念放在痊愈上，端粒长度没有变化。此外，那些接受了基于情绪表达与支持（支持性表达式互助治疗）的人，也可以维持端粒的长度。这项研究结果令人振奋，显示减压的办法不止一种，不单单是冥想。[25] 任何想要减压的人，都不妨试试正念减压法，这对那些有慢性身体疼痛的人来说尤其有益。

瑜伽冥想

瑜伽有很多派别，形式也各有不同。克利亚瑜伽（Kirtan Kriya）是比较传统的一派，包括唱诵与拍打手指（又称瑜伽手印）。UCLA（加利福尼亚大学洛杉矶分校）的海伦·拉夫雷茨基（Helen Lavretsky）和迈克尔·欧文（Michael Irwin）招募了一批照顾有认知障碍症家人的志愿者，这些人当中有不同程度的抑郁症状。我们实验室先测量了他们的端粒酶。这些志愿者按计划每天练习 12 分钟的克利亚瑜伽，2 个月之后，他们的端粒酶增加了 43%，与炎症有关的基因表达也有所下降[26]（对照组则听减压音乐，他们的端粒酶数量也有提高，但只有 3.7%）。他们的抑郁症状有所缓解，认知能力有所提升。[27]

克利亚瑜伽跟正念冥想不同，后者可以帮助你培养后设认知并接纳负面情绪，而前者会让你进入一种深层次的专注，并让身体和心智进入一种宁静融合的状态。经过克利亚瑜伽之后，你的心智感觉更敏锐，就好像从一次美美的睡眠中醒来，焕然一新。

我们通常听说的瑜伽——即哈他瑜伽（Hatha Yoga）——融合了身体姿势、呼吸与调理精神的冥想。瑜伽跟端粒的关系目前还没有人研究，但是大量的文献支持瑜伽对身体有益（出于信息充分披露的原则，瑜伽是艾丽莎最爱的运动，她实在忍不住要提一句）这一观点。练习瑜伽可以提高生活质量，[28]改善患者情绪，平稳血压，甚至可能降低炎症反应与脂肪水平。[29]最近有研究表明，长期练习瑜伽可以增加脊柱的骨质密度。[30]

气功

气功是一连串的肢体运动，强调姿势、呼吸与意念，它是一种动态冥想。气功是中国古代医学健身之道的一部分，已经发展了5000多年之久。气功类似于克利亚瑜伽，通过调理身心，使人专注、放松。数千年来，一直都有人在练气功，科学设计的实验也认为它对健康有好处。比如，气功可以缓解抑郁，[31]甚至改善糖尿病。[32]在一项气功与细胞老化的临床测试中，研究人员研究了那些慢性疲劳综合征患者。[33]第一个月，受试者在气功老师的指引下学习，然后在家自己练习，每天30分钟。研究者们发现，那些练习气功4个月的人的端粒酶显著增多，疲劳有所缓解。

我（艾丽莎）的气功老师是杨克（Roger Jahnke），他精研东方医学与保健气功。他建议利用气功养生抗病。气功不难学，每个人都能做，几分钟内就可以让人觉得宁静平和、通体舒畅（具体例子可以参见我们的网站）。有些人能察觉到做气功时的身体变化，感觉指尖有一种酥麻的感觉（这被称为“气”）。部分是因为放松反应，副交感神经发生作用，血管舒张，导致产生新的血流。中国古人运用的是西方知识体系里没有的概念，他们称之为“气的流动”。

积极改变生活方式：减压、营养、运动与社会帮助

迪恩·欧尼斯（Dean Ornish）医生是第一位指出积极改变生活

方式可以逆转冠心病发展的专家。他是非营利组织预防医学研究所的主任，也是 UCSF（加利福尼亚大学旧金山分校）的临床医学教授。

欧尼斯医生提出的项目整合了多种压力管理技巧和生活方式的改变。他想知道，这个项目对细胞老化有何影响，因此以低风险前列腺癌的男性患者作为研究对象。这些男性的饮食以高植物纤维、低脂肪为主，他们一周里有 6 天时间每次步行 30 分钟，每周参加一次团体支持小组互动。此外，他们还自行练习压力管理，结合轻度瑜伽伸展、呼吸和冥想。随机对照实验表明，这个项目可以减缓或者终止早期前列腺癌的发作。3 个月之后，这些男性的端粒酶也增多了。此外，受试者中，对患病的忧虑缓解得越多，端粒酶数量上升就越多，这显示出了减压的益处。[34]

欧尼斯对其中一部分男性持续观察了 5 年，那些严格执行项目计划的人其端粒增长了 10%。他的治疗心脏病的项目是现在医疗保险公司赞助的少数几项行为医疗方案。

第三部分

帮助身体保护细胞

测试：你的端粒轨迹如何？评估端粒的风险及防护

接下来，我们要把焦点转向你的身体，包括活动、睡眠和饮食。但是在此之前，你可能也会好奇你的端粒现在怎么样，有什么办法来评估其状态。我们不妨做一个小小的测试。

我们身体的每一个细胞里都有端粒，这些端粒之间有松散的联系：如果你血液里的端粒较短，那么其他组织的端粒往往也较短。少数商业实验室可为你测量血液里端粒的长度，但是对个人而言，这些数据用处不大（关于商业端粒测试的说明，参见本书末尾的讨论及我们的网站）。更有用的是衡量那些对端粒产生的利害更为明确的因素，得出一个综合的评估与判断。为此，我们制作了这份端粒轨迹测试表。

端粒轨迹测试

你可以评估那些跟端粒长度有关系的因素，包括个人健康状况和生活方式。这个测试要花大约 10 分钟。做完之后，你就可以找到需要改进的地方。

我们将尽可能提供实际研究中用到的量表，研究细节在每一节的末尾有详细描述。

我们询问的范围包括以下方面：

你的健康状态

- 当前是否面临严重的压力。
- 情绪压力的程度（是否患有抑郁症或焦虑症）。
- 社会支持。

你的生活方式

- 运动和睡眠。
- 营养。
- 是否接触有毒化学物质。

你的压力程度如何？

如果下列问题，你的回答是肯定的，得分为 1；如果是否定的，得分为 0。提示：问题提到的状况必须持续好几个月，才算 1 分。

你是否在工作中感到严重的压力，感到精疲力尽、心力交瘁，即使刚醒来时也不例外？	是=1，否=0
你是否全职看护病重或者残障的家人，感到耗尽了心力？	是=1，否=0
你住的社区是否危险，让你经常提心吊胆？	是=1，否=0

续表

你是否因为慢性疾病或者最近的一次创伤经历，每天都感到有特别严重的压力？	是=1，否=0
总分	

压力程度	端粒得分
如果你得分为0，你的压力程度较低	2
如果你得分为1分，你的压力程度一般	1
如果你得分为2分或更高，你的压力程度较高	0

解释：这个严重压力测试表并不是标准量表。事实上，它测量的是那些跟端粒变短有关的极端事件。比如，已有研究证实，工作上的心力消耗、[1]看护家庭成员[2]以及对住处缺乏安全感，[3]都与端粒变短有关。这个结论已经排除掉了其他因素，包括身高体重指数、抽烟以及年龄。如果严重的压力持续一年，它们就有可能引起端粒变短。当然，压力本身并不是唯一的决定因素，你对压力的应对同样重要，第四章已有所提及。最后，如果只有一种压力状况，可能还可以对付，但如果不止一种状况，恐怕就难于承受。如果长期有多种状况需要应付，就可以归为高风险人群。

你有情绪障碍吗？

你目前是否被诊断有抑郁症或者焦虑相关病症，比如创伤后的压力综合征或者一般性的焦虑？

临床压力指数	端粒得分
如果你没有这些症状，则危险系数较低。	2
如果你有这些症状，则危险系数较高。	0

解释：多项研究显示，轻度的压力症状不会影响端粒，而确诊（意味着症状严重到影响日常生活了）的症状与端粒变短有关联。[4]

你有多少社会支持？

请根据你平时能从生命中重要的人，如家人、朋友和邻居那里获得的支持，回答下列问题。1~5 分来表示获得支持的多少。1 分为最少，5 分为最多。

1. 当你遇到问题的时候，是否有人会给你良好的建议？	1 从来没有	2 偶尔会有	3 有时会有	4 经常会有	5 总是会有
2. 当你需要倾诉的时候，是否有人会倾听？	1 从来没有	2 偶尔会有	3 有时会有	4 经常会有	5 总是会有
3. 是否有人对你表示爱意与关怀？	1 从来没有	2 偶尔会有	3 有时会有	4 经常会有	5 总是会有
4. 是否有人能给你情绪支持（讨论问题或者帮你做出困难的决定）？	1 从来没有	2 偶尔会有	3 有时会有	4 经常会有	5 总是会有
5. 跟那些你感到亲密、可以信任的人，你是否有足够多的联系？	1 从来没有	2 偶尔会有	3 有时会有	4 经常会有	5 总是会有
总分					

社会支持得分	端粒得分
如果你得分为24或25分，你的社会支持较高。	2
如果你得分在19~23分，你的社会支持一般。	1
如果你得分在5~18分，你的社会支持较低。	0

解释：这个测试是 ESSI 社会支持调查（ENRICHD Social Support Inventory）的精简版，它最初是用来测试心脏病发作之后病人获得的社会支持，[5]也用于流行病学研究。这个问卷调查的其他版本，也曾用于研究社会支持与端粒长度的关系。[6]

得分区分的依据来自于一项大型研究。这项研究发现，社会支持的影响只体现在年龄最大的一群人。[7]ESSI 社会支持调查界定，18 分以下的人群社会支持较低。

你的运动量有多少？

回想一下过去的一个月，下面哪个描述最能体现你身体锻炼的情况？

1. 我几乎没怎么锻炼身体，我的大部分时间用来看电视、阅读、打牌或者打游戏，我偶尔散一下步。
2. 我每周进行一两次轻微的活动，比如周末去户外散散步，或者溜达溜达。
3. 我每周进行大约 3 次中度运动，比如快走、游泳或者骑车，每次 15~20 分钟。
4. 我几乎每天进行中度运动，比如快走、游泳或者骑车，每次 30 分钟或者更久。
5. 我每周进行大约 3 次剧烈运动，比如跑步、骑快车，每次 30 分钟或更久。
6. 我几乎每天进行剧烈运动，比如跑步或者骑快车，每次 30

分钟或更久。

锻炼得分	端粒得分
如果你选择4、5、6，你的锻炼水平较高。	2
如果你选择3，你的锻炼水平一般。	1
如果你选择1或2，你的锻炼水平较低。	0

解释：这个测试来自斯坦福休息运动类型测试（获得自然出版集团的重印许可）。[8] 该测试区分了 6 个水平的运动量。得分 4~6 分达到疾病预防控制中心推荐的有氧活动标准（150 分钟的适度运动，比如快走，或者 75 分钟的剧烈运动，比如慢跑。疾病预防控制中心同时推荐了每周至少 2 次的肌肉强化活动）。在第七章“训练你的端粒”中我们将会提到，如果你体能较好，经常健身，只要你适度运动，而且在剧烈运动之后有足够长的恢复时间，运动就会有很大的益处。需要提醒的是，“小步慢跑”胜过“临时突击”。

那些经常运动的人似乎也更能应对压力事件，他们的端粒也得到了更好的保护。[9] 此外，有研究发现，每周运动 3 次，每次 45 分钟，可使端粒酶增加。[10]

你的睡眠是否有规律？

过去的一个月，你如何评价你的整体睡眠质量？	0 非常棒	1 还行	2 较差	3 非常差
每天晚上你平均睡几小时（不包括在床上清醒的时间）？	0 至少7小时	1 6小时	2 5小时	3 不足5小时

睡眠得分	端粒得分
得分都是0或1分，属于低风险群。	2
如果有一个问题得分为2或3分，你属于中度风险群。	1
如果你两个问题得分都是2或3分，或者你有睡眠窒息症，你属于高风险群。	0

解释：关于睡眠质量的问题来自匹兹堡睡眠质量指数量表，它旨在测试睡眠质量及受干扰的程度。[11] 多项研究发现端粒长度与睡眠有关，它们采用的都是该测试。[12] 如果你每天睡眠时间达 6 小时，而且睡眠质量较好，你的压力程度较低。如果你的睡眠时间不足或者睡眠质量较差，那么风险就会增加。如果你不仅睡眠时间不足，而且睡眠质量较差，那么你的风险将大大提高。鉴于目前还没有研究直接测试时间短、质量差的睡眠的后果，我们假定它的后果会更糟。

如果你有睡眠窒息症，而且没接受治疗，风险也会增加。

你的饮食习惯如何？

你的饮食状况如何？试回答下列问题。

1. omega–3补品、海带或者含有omega–3油的鱼类。	
每周至少有3顿。	1
每周不足3顿。	0
2. 水果和蔬菜。	
每天都有。	1
不是每天都有。	0
3. 含糖苏打饮料或者增甜饮料。	
基本上每天至少350毫升。	0
不经常喝。	1
4. 加工的肉类（腊肠、午餐肉、热狗、火腿、熏肉等）。	
每周至少一次。	0
每周不足一次。	1
5. 你的食物中有多少是天然食品（全麦、蔬菜、鸡蛋、天然肉类），多少是加工食品（含盐和防腐剂的包装食品或加工食品）。	
大部分是天然食品。	1
大部分是加工食品。	0

总分：__________

营养习惯得分	端粒得分
如果你得分在4~5分，你的饮食较健康。	2
如果得分是2或3分，你的饮食健康一般。	1
如果得分是0~1分，你的饮食较不健康。	0

解释：这项数据来自于端粒研究。

食物是获取 omega-3 的最佳来源。如果你依赖补品，不妨试试海藻制品，而不是鱼类制品，这主要是因为前者的可再生性更高。血液中 omega-3 脂肪酸［二十二碳六烯酸（DHA），或者二十碳五烯酸（EPA）］水平高的人，端粒磨损得更慢。[13] 每天吃一定量海带的人，晚年端粒更长。[14] 一项关于 omega-3 补品的研究发现，只要人体能够将 omega-3 吸收进入血液，剂量并不要紧，对大多数人来说，每天摄入 1.25 克或者 2.5 克 omega-3 补品，足以降低血液中的 omega-6 与 omega-3 的比例，这与端粒更长相关。[15] 不过，我们很难知道身体吸收了多少 omega-3，但是每周吃几顿鱼，或者每天摄入 1 克 omega-3，就足够了。

虽然营养补品与端粒更长有关，但真正的食物，尤其是富含抗氧化物和维生素的食物（比如蔬菜和水果）效果更好。

三项研究表明，含糖碳酸饮料与端粒更短有关，[16] 而且我们有理由推测，每天都摄入这些饮料足以造成端粒变短。大多数含糖饮料里所含的糖都在 10 克以上，一般是 20~40 克。

对于加工肉类，有一项研究显示，那些摄入频率最高的人群，比如每周至少一次或者每天都吃一点的人，他们的端粒更短。[17]

你是否经常接触有毒化学物质？

就下列问题，回答是或否。

你是否经常抽烟?	是=1，否=0
你是否经常接触杀虫剂或除草剂?	是=1，否=0
你生活的城市是否有较严重的空气污染?	是=1，否=0
你在工作地点是否会大量接触到有害端粒的化学品（见本书249页列表），比如染发剂、清洁剂、含铅或重金属（比如汽车维修站）?	是=1，否=0

端粒化学物质暴露评分	端粒得分
如果你的回答都是否，那么你接触的化学品较少。	2
如果你的回答里有1个是，那么你接触的化学品一般。	1
如果你的回答里有1个以上是，那么你接触的化学品较多。	0

解释：这里提到的几个因素与端粒变短的关系在不止一项研究中得到了证实，包括接触香烟、[18] 杀虫剂、[19] 化学染料和清洁剂、[20] 污染、[21] 铅和重金属，[22] 以及暴露在汽车维修站的环境里。[23]

你的总分如何？

项目	端粒得分		
健康状况	风险较高	风险一般	风险较低
压力水平	0	1	2
情绪障碍	0	1	2
社会支持	0	1	2
生活方式			

续表

项目	端粒得分		
锻炼	0	1	2
睡眠	0	1	2
饮食	0	1	2
接触有毒化学物质	0	1	2
总分			

如何解读你的端粒轨迹？

总分从整体上显示端粒承受的风险以及受保护的程度。如果你的分数较高，你的端粒很可能维护得很好。继续努力！这个测试最有用的地方，不是看你的总分，而是看各个分项。如果你在任何方面得了 2 分，说明你的端粒保护得很好，你不仅在避免端粒受到伤害，也在主动保护它们，积极地生活，为延长健康年限打下良好的基础。

如果你有一项得分为 0（风险较高），你很可能会经历典型的与年龄有关的端粒受损，而且可能会因风险因素进一步恶化。但是，你仍然可能朝健康方面努力，更好地保护端粒。

聚焦薄弱环节

利用这些测试的最好方式是找到自己得分为 0 的领域，然后开始改进。如果你没有任何方面得分为 0，那就从得分为 1 的地方开始。无论如何，我们建议你一次只选择一个领域，然后下定决心，一定要把这件事做好。在床头贴上提醒字条，或者在手机上定时。在第三部分末尾，我们会提供几个小窍门，帮你开始为新目标努力。

第七章　训练你的端粒：多少运动才足够？

锻炼可以缓解压力和炎症反应，不难理解，有些运动也可以增加端粒酶。不过，临时抱佛脚的人要注意了：只在周末剧烈运动反而会增加氧化压力，长期过度运动可能对端粒弊大于利。

2013 年 5 月，马吉（Maggie）第一次参加超级马拉松比赛。她一直都是长跑好手，也喜欢挑战更长距离的跑步，比如这次穿越戈壁的 160 千米竞赛。她根本没有想拿什么名次，她想的只是完成比赛。跑到半途，马吉的一个朋友告诉她："知道吗？你现在是第 13 名，你有机会可以跑进前 10！"

马吉决定再加把劲。在接下来的几小时，她超过了第 12 名，然后是第 11 名，最后又超过了第 10 名。她以第 10 名的名次冲过了终点线，获邀参加来年的比赛。

2013 年夏天，马吉又跑了三个超级马拉松——6 月是另一个 160 千米，还有两次在 7 月和 8 月。她感觉棒极了。本来她打算 9 月份休息一个月，但是她决定继续训练，参加 12 月的超级马拉松。然后，没训练几周，她突然开始失眠，整夜整夜地清醒，她躺在床上，毫无困意，直到天明手机闹铃响。"我从来没用过兴奋剂，但是我猜想服用安非他命也不过如此，”马吉说，“我睡不着，而且也不累。我的能量爆满。真是奇怪。”

马吉继续训练。但不久就病了——感冒，流感，各种病毒感染。而她试着减少运动量，但是症状并未好转，于是她恢复了运动量。然后，这年的初冬，她的身体垮了，无法完成训练，连去上班都很勉强，最后甚至无法下床。

马吉几乎出现了所有“过度训练综合征”的症状，包括睡眠改变、疲劳、情绪波动、容易患病、身体疼痛。

马吉回忆起她跑超级马拉松的“大满贯之夏”，周围的人褒贬不一，有人直言这样高强度的训练对身体不好，其他人则认为，要当一流的运动员，必然得接受这么辛苦的训练。还有人把马吉的故事作为自己不运动的借口。

锻炼的利弊得失常引发争论。如果从端粒的角度来看，那就清楚多了。端粒不需要非常严格的训练才能保持健康。对大多数人而言，这是好消息，我们不必因看到马吉这样有过“大满贯之夏”的人而感到气馁。另一个好消息是，不同程度、不同类型的锻炼都有益端粒。在本章，我们将会展示哪些运动有益健康，如何衡量你的运动量是否合适。

两种药丸

设想你穿越到了未来的一个药店里。药剂师听完你的咨询，给了你两片药，让你做出选择。你指着第一种药，问这种药的功效。

“可以降低血压，稳定胰岛素水平，让你感到愉快，促进卡路里消耗，对抗骨质流失，降低中风和心脏病的风险。不过，它的副作用包括失眠、皮肤起疹子、心脏问题、恶心、胀气、拉肚子、体重增加等。”

“嗯，那第二片药呢？”

“噢，跟第一片药一样。”药剂师的回答非常明快。

“副作用呢？”你问。

她露出笑容，说道：“完全没有。”

第一片药是想象出来的，它实际上综合了控制高血压的比索洛尔（一种 beta 受体阻滞剂），降低血脂的史他汀，控制糖尿病的药物，抗抑郁以及治疗骨质流失的药物。

第二片药却是真实存在的，它叫作锻炼。那些经常锻炼身体的人活得更长，患高血压、中风、心血管疾病、抑郁、糖尿病和代谢综合征的可能性也更低，也更不容易得失智症。

如果锻炼像药物一样，可以对你的身体产生美妙的作用，它的工作原理是什么？宏观而言，锻炼的好处我们都知道：它促进心脏泵血功能，增强大脑供血，强化肌肉和骨骼。但是如果从微观的角度观察锻炼的作用，深入细胞层面，你会看到什么呢？

锻炼的益处：让你更平静、更苗条、更能对抗自由基

“氧化应激”（oxidative stress）是一种有毒的状态，而经常健身的人更少处于“氧化应激”状态。这种状态之所以有毒，是因为自由基（少了一个电子的分子）摇摆不定，是个“捣乱分子”。它渴望“找回”那个缺失的电子，于是就从其他分子那里“掠夺”电子，结果其他分子也成了自由基，又会破坏更多其他分子。自由基就像负面情绪，每个人都渴望把它倾泻给另一个人，从而让自己感觉好一点。氧化应激会破坏细胞内的分子，衰老和疾病年限的开始，都与它有关，包括心血管疾病、癌症、肺部问题、关节炎、糖尿病、黄斑部退化以及神经退化性疾病。

幸运的是，我们的细胞里也有抗氧化成分，它为细胞对抗氧化应激状态增强了天然的防护。抗氧化分子可以给自由基贡献出一个电子，而自身依然保持稳定。一旦自由基获得了电子，它就不会再破坏其他分子了。抗氧化分子就像是一个睿智的朋友，对你说：“好吧，把你的负面情绪都告诉我，我愿意倾听。说了之后，你就会感觉好一些，但是我自己不会受影响，也绝不会把你的糟糕情绪传给别人。”

在理想情况下，你的细胞里有足够多的抗氧化成分来中和自由基。不过，自由基永远不会被彻底清除，人体新陈代谢的过程会源源不断地产生自由基。事实上，少数自由基在细胞之间的正常通信过程中发挥了重要作用。但是当你遇到环境压力（比如辐射、抽烟，或者严重的抑郁）的时候，人体可能会产生过量的自由基。当

这些自由基积累起来的时候，问题就来了。当自由基比抗氧化成分更多的时候，你的身体就进入了失衡的“氧化应激”状态。

这就是锻炼有益身体的原因之一。在短时间里，锻炼实际上引起了自由基的增加。一个原因是你吸收了更多的氧气，大多数氧分子在细胞内的线粒体上通过特殊的化学反应制造能量，这对人体是至关重要的一个过程。但是，该过程的一个不可避免的副产物就是自由基。短时间内产生的自由基引起了一种健康的反馈：身体进一步产生了更多的抗氧化成分。正如短暂的心理压力可以让你更机警，提高应对困难的能力，经常锻炼身体产生的适度压力最终也可以维护抗氧化物与自由基的平衡，让你的细胞更健康。

锻炼还为细胞带来其他方面的好处。如果你经常锻炼身体，肾上腺皮质（位于肾上腺内）释放的皮质醇更少，这会让你感觉更平静。经常锻炼身体，你的细胞也会对胰岛素更敏感，这意味着你的血糖水平更稳定。如果你想避免中年的“三座大山”——压力、腰围变粗、高血糖，就得好好运动。

锻炼可以延缓免疫衰老

随着年纪增长，生物体内的免疫系统会不断退化，造成各种疾病，这个过程就是“免疫衰老”（immunosenescence）。由于免疫衰老，身体里促炎症细胞因子增多，这种分子可以在身体里传播炎症反应，就像风吹野火，引起了更多T细胞的衰老，使得它们无法对抗疾病。前文中已提到，有些免疫细胞不只是老化，甚至会助纣为虐，它们会降低你对某些细菌或病毒的抵抗力，让你卧床更久。如果你体内很多免疫细胞都衰老了，即使你接受了流感疫苗或者肺炎疫苗的注射，这些疫苗也很可能无法“激活”你的免疫细胞，结果你还是会发热、咳嗽。[1]

但是，跟整天“葛优躺”的人相比，那些经常锻炼身体的人的免疫系统更强健，免疫细胞因子更少，对疫苗也会做出反应。免疫衰老是随着我们老去而自然发生的进程，但是，经常锻炼身体可能会推迟它的到来。如锻炼和免疫研究人员辛普森（Richard Simpson）所说，种种迹象暗示：“经常锻炼身体可以调节免疫系统，延迟免疫衰老的到来。”[2] 如果你想让免疫系统更年轻，不妨多多运动。

哪种锻炼对端粒最好？

锻炼可以帮助细胞抵御炎症和免疫衰老。现在我们知道，锻炼的好处不止于此，锻炼还可以帮助身体维持端粒长度。一项针对1200对双胞胎的研究发现，他们中更爱运动的人，比不常运动的双胞胎手足，端粒更长。[3] 通过统计分析，并且控制了年龄和其他影响端粒的因素之后，端粒与锻炼的关系就更明显了。我们也知道，久坐不动非常不利于人体代谢。现在多项研究发现，久坐的人比起那些哪怕稍微活动的人，端粒都更短。[4]

问题是，从细胞老化的角度来看，所有的锻炼效果都一样吗？德国萨尔州立大学洪堡医学中心的研究人员克里斯琴·沃纳（Christian Werner）和乌尔里克·劳夫斯（Ulrich Laufs）测试了三种类型的运动，规模虽小，却非常精确。他们的结果显示，锻炼的确可以提高端粒酶的再生功能，而且他们也发现了哪种类型的锻炼对于维护细胞健康最好。效果最显著的是两种锻炼：①适度的有氧耐力运动，每周 3 次，每次 45 分钟，保持 6 个月，端粒酶活性会提高一倍；②高强度间歇训练（high-intensity interval training，HIIT），剧烈运动与修复运动轮番进行。阻力运动对提高端粒酶活性效果不大，不过它有其他方面的益处，研究人员得出结论："阻力运动可以辅助耐力训练，但不能取代耐力训练。"三种训练——有氧耐力运动、高强度间歇训练和阻力运动——都会引起端粒相关蛋白（比如端粒保护蛋白 TRF2）的增多，并减少 p16 蛋白（这是细胞老化的重要指标之一）。[5] 他们也发现，无论哪种类型的锻炼，只要能增进有氧状态下的健康状况，就能增加端粒酶。这表示，心血管系统的健康才最为重要。

因此，请试着做适度的心血管系统训练或者高强度间歇训练吧，两者都不错。本章末尾的"逆龄实验室"将提供一些健身办法，已经有实验验证过它们可以强化端粒。你也许不想局限于一种类型的运动，更丰富一点总是好的。一项涉及 1000 多人的研究发现，运动的内容越丰富，端粒就越长。[6] 这也是为什么你需要力量训练，虽然它跟端粒变长并不是显著相关，但它可以帮助维持或者促进骨密度，肌肉质量、平衡及协调，这些对长寿都至关重要。

不过，运动到底是如何强化端粒的呢？

也许是因为锻炼对细胞的好处（更少的炎症，更低的氧化应激水平），或者是锻炼使得端粒免于通常所受的伤害。压力反应导致细胞受伤并留下残骸，但是锻炼可以启动自噬反应，细胞可以清理、回收受损的分子。

锻炼也可以直接促进端粒健康。比如，走上跑步机的时候会引起剧烈的压力反应，这会增加端粒酶基因 TERT 的表达，[7]运动员比经常坐着的人的 TERT 表达水平更高。[8]研究人员最近发现，锻炼也会释放一种激素，它叫鸢尾素（irisin）①，它可以刺激代谢。有研究发现，鸢尾素有使端粒增长的效果。[9]

但无论锻炼与端粒关联的机制如何，重要的是锻炼对你的端粒非常重要。为了端粒的健康，你得好好锻炼。关于哪些锻炼可以维护端粒，请参见“逆龄实验室”。

锻炼及其对细胞的好处

锻炼会带来一系列美妙的细胞变化。锻炼会引起短暂的压力反应，进而激起更强的修复反应。锻炼会破坏分子，而受损的分子也会引起炎症，不过，锻炼初期诱发的自噬反应会清理掉这些受伤的分子，这有点像吃豆人游戏，会阻止炎症反应。在接下来的锻炼过程中，如果受伤的分子过多，自噬反应来不及清理它们，细胞会启动凋亡程序，这种快速凋亡的方式不会造成细胞残骸或者炎症。[10]锻炼也可以使线粒体变得更多更好，减少氧化应激压力。[11]锻炼之后，身体慢慢恢复，细胞仍然在清理残骸。因此，与运动前相比，你的细胞变得更健康、更强壮。

① 此词源于古希腊神话中的女神伊里斯，她是宙斯和赫拉的信使，也是彩虹的化身。

评估端粒是否健康

对端粒健康而言，光是锻炼还不够。前文已经提到，体适能也很重要。体适能较好的人，从事体力活动或者运动时都有较佳的表现。某人完全可能经常进行轻量运动，但是依然不够健康。有些幸运儿即使不锻炼，体适能却很好，特别是年轻人（想一想那些 20 多岁的青年，即使长时间没运动，偶尔去山上远足也没什么问题）。为了维护端粒健康，你需要经常锻炼身体，并保持体适能。

但是要怎样运动，体适能才算合格？你需要像马吉那样能跑超级马拉松吗？还是在开放水域游上 8000 米？或是像美国中西部的朋友，在 10 月份的某个周六早晨，到玉米地里玩被“僵尸”追赶的游戏？我们的社会对体适能的要求越来越高，有时很难知道你到底算不算合格。

事实上，体适能对端粒健康至关重要。[12] 但好消息是，要维持端粒健康，你需要的是适度的体适能运动，这是完全可能实现的。我们在加利福尼亚大学旧金山分校（UCSF）的同事玛丽·胡莉（Mary Whooley）召集了一群心脏不大好的成年人到跑步机上锻炼。一开始只是走路，然后逐渐加快速度，并加大坡度，直到他们跑不动为止。结果非常明确：运动能力越弱的人，端粒越短。[13] 心血管最不健康的人甚至无法完成快走，而那些最健康的人爬山时也不会气喘吁吁。他们端粒的差距，相当于 4 岁。

你是否能自己修建草坪？冬天是否能铲雪？打高尔夫的时候是否能自己背杆子？如果不能，那么你可能不太健康。你可以利用很多简单的方式，稳妥并安全地加强体适能。请跟你的医生交流，然后考虑“逆龄实验室”里推荐的散步计划。如果你每周快走或者慢跑 3 次，每次 45 分钟，你就足够维持端粒的健康了。须知：锻炼与健康密切相关，但不是一回事。即使你天生体适能较好，你仍然需要定期锻炼来保证端粒的健康。

运动过度有害吗？

显然，适度运动以及良好的体适能对端粒都有好处，不过，超级马拉松选手马吉又是怎么回事呢？她把自己逼到极限，这让她的端粒更长了吗？还是更短了？跑过超级马拉松的人屈指可数，不过随着越来越多的人参与这样的耐久性运动，我们也亟需知道类似问题的答案。

大多数极限运动爱好者都不必担心。一项研究发现，超级长跑爱好者的细胞比整天坐着的同龄人要年轻 16 岁。[14] 这是否意味着我们都要参加 160 千米的比赛呢？并不是的。因为研究者们研究的对象是整天坐着的人们。那些常规跑步爱好者，比如每周跑 16 千米的人，他们的端粒也很健康。事实上，超级长距离跑步并不比常规跑步对端粒有更多的益处。[15]

耐久性运动员有时担心，年复一年的强化训练是否会损伤身体，如果只在比赛前训练而在其他时间仅保持常规运动，这样是否更好？一项研究调查了一些老人，他们年轻的时候都是运动健将。他们跟同龄人的端粒长度相差不大，这似乎表明多年的高强度训练并没有留下什么副作用。[16] 另外一项德国研究考察的是一组“运动老将”，他们从年轻时开始就完成了很多次耐力比赛，如今他们年事已高，仍然参加比赛，只是跑得慢了许多（比如以前需要 2 小时跑完的马拉松现在需要 8 小时）。这些老将不但外表看起来更年轻，与对照组相比，端粒损伤得也更少。[17] 另外有研究发现，那些在过去 10 多年里一直积极运动的人，端粒更长。[18] 看起来，重要的是从年轻的时候就开始运动。如果你已不再年轻，不必气馁，运动有益身体，无论什么时候开始都不算太晚。

不过，像马吉这样过度运动的人可能的确有点麻烦。一项研究发现，极限运动爱好者只要出现疲劳（过度训练综合征），肌肉细胞的端粒就更短，这就意味着他们训练过度了，导致肌肉无法修复自身。[19] 祖细胞（也称为卫星细胞）可以修复那些受损的肌肉组织，但是有人认为过度训练伤害了这些祖细胞，结果它们无法完成修复的任务。看起来，是过度训练而不是极限运动本身导致了端粒受损，至少在肌肉细胞里是这么回事。

过度训练的定义是：训练时间太长，休息、恢复的时间不足。无论是刚接触跑步的人还是职业运动员，人人都有可能过度训练。如果你没有获得足够的休息、营养和睡眠，它就会发生。心理压力也可能会助长过度训练。如果发现下列症状，那你可要小心是不是过度训练了，它们包括：疲惫、情绪波动、易怒、入睡困难，以及容易受伤和生病。要解决过度训练，办法就是休息——这听起来不难，不过，对于习惯不断挑战自我的运动员来说，这并非易事。

讨论过度训练不是一件简单的事，因为没有哪个临界点标明着“过度”。这个点可能因人而异，取决于个人体质及训练水平。端粒研究提醒我们，健康事宜因人而异。如果你是一个极限运动员，请跟你的教练或者医生密切合作，及早发现过度训练的症状。

总之，进行任何锻炼都宜循序渐进。有人周一到周五一直坐在办公室，只有周末才拼命健身，他们可能短时间内使大量肌肉受伤，之后感到疲倦，甚至恶心。这对身体无益。须知，锻炼一开始使身体的氧化应激水平升高，然后才开始产生缓解压力的健康反应。但是如果你用力过猛，反应过度，反而会使氧化应激水平进一步升高。

压力还是抑郁？锻炼可以训练细胞的韧劲

“我没时间运动。我忙死了，有一大堆事情要做。”

“等我好一点，我就去锻炼。我现在觉得压力好大，没力气再锻炼了。”

是不是常常听到有人这么说？实际上，当我们觉得又忙又累而不愿意锻炼的时候，可能恰恰是我们最需要锻炼的时候。运动可以让心情变好，而且可以维持 3 小时。[20] 运动也可以减轻压力反应，[21] 保护端粒。我们的同事伊莱·普特曼（Eli Puterman）是加拿大英属哥伦比亚大学的心理学家，也是研究锻炼的专家。他研究了许多饱受压力的女性，包括重病看护者。他发现，女性锻炼得越多，端粒越不会受到压力的损害（图 17）。锻炼保护了端粒。即使你的日程很满，即使你觉得筋疲力尽，也要挤出时间去锻炼。比如，本书的两位作者日程都不轻松，但在写作本书的时候，我们会一边沿着旧金山起起伏伏的山坡散步，一边构思要写的章节。

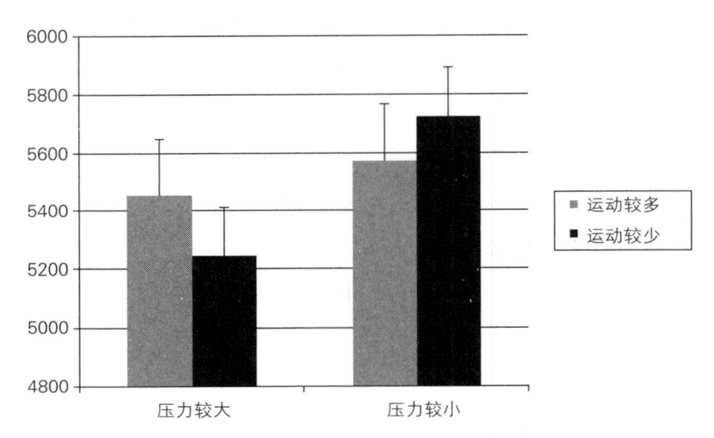

图 17　体育运动会延缓与压力有关的端粒衰减。压力大的女性，如果活动量小或久坐不动，端粒会变短。多运动可防止端粒受到压力的伤害。如果她们经常锻炼，压力与端粒变短之间就没有相关性。[22] *y* 轴表示的是端粒长度，单位是碱基对

运动其实没有你想的那么困难。你可以挤出更多时间来运动。不过，如果哪天你的确觉得勉为其难，也不必灰心。在心理学里，韧劲是一个极为重要的关键词。跌倒了再爬起来，这是韧劲；压力太重了就放一放，这也是韧劲，这样才不会心力交瘁。普特曼的压力研究表明，端粒也有韧劲。你越是经常保持那些有益健康的习惯，包括有效的情绪管理、稳固的社会联系、良好的睡眠和锻炼，压力对端粒的伤害就越小。如果你有抑郁，这一作用尤为明显。[23]锻炼是增强端粒韧劲的有效方式，但是如果你不能锻炼，不妨尝试

其他增强韧劲的办法。好消息是，许多事情都可能有帮助。加油！

端粒健康窍门

- 经常锻炼的人比不经常锻炼的人的端粒更长。这一点对双胞胎也成立。有氧适能（aerobic fitness）水平的提高与细胞健康最相关。

- 锻炼能为细胞的清洁队伍加油，减少细胞内的垃圾，使线粒体更有效能，并使自由基变少。

- 耐久性运动员以及那些体适能及代谢水平较高的人，端粒也较长。尽管如此，只要适度运动，我们的端粒长度并不输给运动员。因此，我们不必追求极端。

- 运动员如果过度锻炼到疲惫不堪，会出现许多身体问题，包括肌肉细胞内的端粒变短。

- 如果你生活中压力较大，锻炼益处多多，包括保护端粒免受压力的伤害。

逆龄实验室

如果你喜欢稳定的心肺适能运动

这是经过德国一项研究验证的可以锻炼心血管的运动，可以显著增加端粒酶。它相当简单：用你六成的能力走路或者跑步。[24] 你应该会觉得有点喘，但是还能说话。每周至少 3 次，每次 45 分钟。

如果你喜欢高强度的间歇运动

这个间歇运动与上述心血管锻炼对端粒产生的效果相当。同样，计划每周至少做 3 次。

心血管锻炼（以跑步为例）	
热身	10 分钟
间歇（重复4次）	
快跑	3分钟
慢跑	3分钟
调整休息	10分钟

如果你喜欢不那么激烈的间歇运动

间歇性运动不一定是跑步，还可以是快走。下面这个运动不是那么剧烈，但仍然可以在其中加入间歇的环节。如果你体能欠佳，不妨加上 10 分钟的热身和调整休息，如下表所示。

心血管锻炼（以快走为例）	
热身	10 分钟
间歇（重复4次）	
快走（用你六成或七成的能力）	3分钟
慢走	3分钟
调整休息	10分钟

这个步行方案对端粒的效果目前并不清楚，但是毫无疑问，它属于健康运动的范畴。一项研究测试发现，这种间歇性的健走比一般缓慢的散步更有益。更重要的是，超过 2/3 的参与该研究的成人（中年或者老年），在研究结束多年后依然保持了这套步行锻炼方法。[25]

积跬步以至千里

除了按计划锻炼之外，每天保持一定的运动量也很重要。日常生活中的运动让你避免了“久坐不动”的生活方式，而后者与端粒变短，以及引起胰岛素耐受和炎症的代谢变化有关。[26] 因此，每天运动一点点：把车停在远一点的地方，走楼梯而不坐电梯，或者边走路边开会。有些手机应用会提醒你每小时站起来一会儿，或者简单的计步器也可以提醒你每天走了多少步。

第八章　良好的睡眠，让疲惫的端粒恢复活力

睡眠质量不高、睡眠不足以及各种睡眠障碍，都与端粒更短有关。当然，更好的睡眠有益健康，这一点已经是老生常谈了，问题是要怎么做。这里，我们依据最新的研究，给你提供一点别开生面的建议。这些研究表明，改变认知和正念可以提高睡眠质量，或者让你少受失眠之苦。

玛丽亚（Maria）的睡眠问题从 15 年前就开始了。当时她和老公经常吵架，她半夜醒来，脑海里一再重播两人争吵的过程。她咨询了婚姻家庭治疗师，失眠症才得到控制。不幸的是，这个问题并未得到根治，失眠的状况每年都会复发几次。一旦发作，她就辗转反侧，一宿无眠。她开始担心财政问题，担心失眠影响第二天的工作。白天，她觉得无精打采；晚上，她又一直在想东想西，无法入睡。后来，她接受失眠治疗。治疗师要她追踪每晚真正入睡的时间，结果发现，她每晚真正睡着的时间平均只有 124 分钟。

你的睡眠充足吗？睡眠研究者常用的一个快速评估法，就是问你白天困不困。如果你困，那么你就需要更多睡眠，即使你的睡眠问题不像玛丽亚（Maria）的那么严重。更好的问题是问自己，当你看电视或电影的时候，或者作为乘客坐在车上的时候，是否会不

经意睡着？许多人的睡眠都不够，无论这是因为临床性睡眠障碍或生活方式引起的睡眠问题，还是因为过于忙碌。根据美国国家睡眠基金会 2014 年的研究，45% 的美国人表示，他们在过去一周里起码有一天睡眠质量不高，并影响了白天的生活。[1]

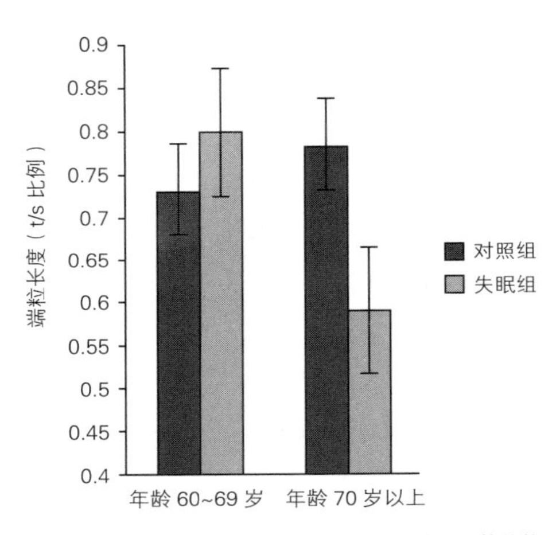

图 18　端粒与失眠。在 60~88 岁的人当中，失眠与端粒更短的趋势只在 70 岁以上的人身上比较明显。该图显示的是外周血液单核细胞中端粒的平均长度

端粒也需要睡眠。我们现在知道，充足的睡眠对成人端粒的健康很重要。长期失眠与端粒更短有关，特别是在 70 多岁的人身上。[2] 在本章，我们将展示良好的睡眠如何保护端粒，减少衰老的冲击，调节你的食欲，并抚慰痛苦往事带来的伤害。我们会介绍助眠的最新技术，也会告诉你，如果真的无法入睡，如何调整心态，觉得舒服一点。

睡眠的修复功能

我们通常不会把睡眠视为一项活动，但它确实是活动。其实，

睡眠是身体最具修复功能的活动。你需要这段休整时间来调整生物钟，调节食欲，巩固记忆，忘记伤痛，改善情绪。

设定生物钟

早上起床的时候，你是否觉得很挣扎，起来之后是否依然感到倦怠？

夜半时分你是否依然清醒？

你是否在奇怪的时间觉得肚子饿？

如果你对上述问题有肯定的回答，或者你的身体对时间无感，那很可能你大脑内的视交叉上核（Suprachiasmatic Nucleus，SCN）有点功能失调。[3] 这个结构仅有 50000 个细胞，形如一颗小小的蛋，嵌在下丘脑的“巢”里。可别小看了这块结构，它的功能非常重要。它是身体的内在时钟，它告诉你什么时候感到疲倦，什么时候感到清醒，以及什么时候感到饥饿。它也驱动着细胞夜间的修复工作，比如清理受破坏的部分，并修复 DNA。[4] 当视交叉上核正常工作的时候，你会感到干什么都很有劲头，晚上休息得更好，细胞运行得更有效率。

视交叉上核特别敏锐，就像一块精工打造的钟表。它需要从你的身体获取信息，才能确保精确校准。光信号可以直接通过视神经传递到视交叉上核，使得后者可以跟上昼夜循环。白天接触的光线更多，夜晚接触的光线更少，这样你的视交叉上核就会正常运转。如果你作息规律、吃饭宜时，你就在向视交叉上核传递信号，保证了白天清醒而晚上入睡。

控制你的食欲

你的身体也需要快速眼动期的深层睡眠来调节食欲（快速眼动睡眠，顾名思义就是眼睛快速运动，同时伴有心跳加速、呼吸加速、更多梦境）。在快速眼动睡眠阶段，皮质醇分泌受到抑制，代谢速率上升。如果你没有睡好，后半夜的快速眼动时间不足，皮质醇和胰岛素水平就会升高，这会刺激食欲并引起更强的胰岛素耐受。简单说，这意味着一天晚上没睡好会让你暂时处于糖尿病前期的状态。研究表明，即使是一个晚上睡眠不好，或者没有得到足够的快速眼动睡眠，都会导致第二天下午或晚上皮质醇升高，同时伴有其他激素和调节食欲的多肽的变化，导致更强烈的饥饿感。[5]

好记性、差记性和情绪

“在睡眠中我们记住，在睡眠中我们遗忘。”加利福尼亚大学伯克利分校的睡眠研究者马特·沃克如是说。当休息好的时候，你的学习和记忆能力也会更强。疲倦的时候，我们难以集中注意力，也无法有效吸收新信息。睡眠期间，脑细胞之间会形成新的链接，这意味着你不仅在学习，而且也在强化你所学习的内容。

不过，有些记忆是痛苦的。对于这样的记忆，睡眠有治愈的效果，它会平复痛苦。沃克发现，这些功能是在快速眼动阶段实现的，这时大脑会停止分泌一些刺激性化学分子，从而让记忆的内容与情绪隔离开。随着时间的流逝，你仍然会记得痛苦的经历，但是不再有心如刀割的感觉。[6]

当然，我们需要睡眠来刷新情绪。如果你不知道缺少睡眠对情绪的影响，问问你的家人或同事，他们会马上告诉你答案。如果你没有睡好，你的生理反应和情绪反应都会比平时更强烈，[7] 你甚至会更容易感到晕眩或者更容易傻笑。[8] 缺少睡眠会让所有的情绪更强烈，这或许就是玛丽亚失眠之后感到高度兴奋、神经兮兮的原因。

端粒需要几小时的睡眠？

当科学家逐渐意识到睡眠对心智、代谢和情绪至关重要时，他们也开始在睡眠研究中测量端粒。研究者观察了不同地区的人，看睡眠时间对端粒的影响。结果发现，充足的睡眠意味着端粒较长。

7 小时或者更久的睡眠与更长的端粒有关，在中老年人身上这一点尤其明显。[9] 著名的英国白厅研究（Whitehall study）发现，那些睡眠不足 5 小时的男性，比睡眠达到 7 小时或者更久的人，端粒更短。[10] 白厅研究是英国自 20 世纪 60 年代起，针对公务员进行的一系列研究。这个结论是在排除了其他因素——包括社会经济状况、肥胖、抑郁——之后得出的。7 小时的睡眠对端粒健康而言是一个关键点。一旦少于 7 小时，端粒就会受损。如果你正好属于那些少数不需要很多睡眠的人（在人群中，大约 5% 的人只需要五六小时的睡眠），这个关键点对你就不适用。不过，再次说明，如果你不睡到八九小时就会感到难受，那也大可不必减少到 7 小时。睡到自然醒吧。关于睡多久才合适，问问自己的身体，记住经验法则：如果白天你觉得困，那就说明你晚上需要多睡一点。

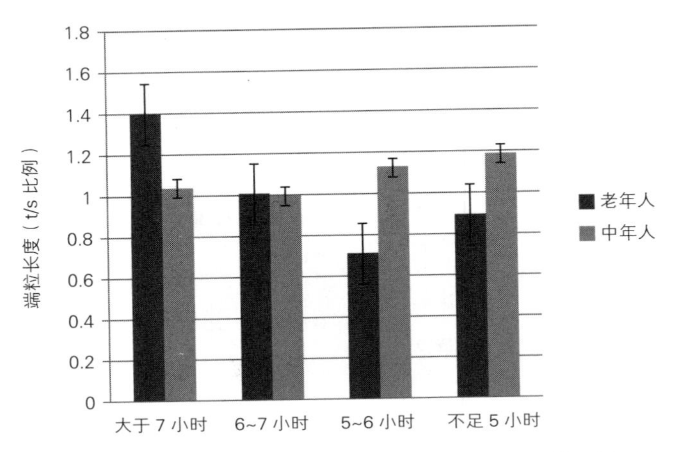

图 19　睡眠时间与端粒。只有五六小时睡眠的老年人，他们的端粒更短。如果他们有 7 小时以上的睡眠，他们的端粒长度跟青年人接近[11]

不只是睡眠长短，睡眠质量与作息节律也很重要

前文提到了 7 小时的目标，不过也不必对其怀有执念，因为重要的不只是时间长短。回想一下过去一周你的睡眠状况，你如何评估过去 7 天的睡眠质量？非常好、比较好、比较差还是非常差？有证据表明，对这个问题的回答与端粒健康直接相关。回答越是接近“非常好”，你的端粒可能就越健康。多项关于睡眠质量的研究表明，那些对自己睡眠质量评价更高的人，端粒也更长。

等我们年纪大了，一夜好眠似乎对身体的保护作用更大。年龄渐长，端粒会自然衰退，但充足的睡眠能减缓端粒衰老的步调。一项研究发现，睡眠质量好的人，端粒长度不随年龄变短。[12] 如果几十年下来，睡眠质量一直很好，端粒长度就能保持稳定。

好的睡眠也会保护免疫系统里 CD8 细胞的端粒。这些细胞年轻的时候，它们抵御病毒、细菌和其他异源入侵者。当由免疫细胞（包括 CD8 细胞）组成一批精锐部队保护着你的时候，你的身体时刻防范那些“危险分子”，你几乎感觉不到什么状况，这是因为入侵者马上就被包围、消灭。这些 CD8 细胞是强大防御系统的一部分。不过，如果 CD8 细胞老化，其中的端粒变短，它们的战斗力就会衰退，这也是为什么 CD8 细胞里端粒更短的人更容易感冒。前文提到，随着时间流逝，这也会引起系统性炎症反应。加利福尼亚大学旧金山分校的睡眠研究专家艾瑞克·普拉瑟（Aric Prather）发现，那些自评睡眠质量不良的女性，CD8 细胞中的端粒更短。白天昏昏欲睡，也是端粒偏短的表征。压力大的女性最容易因睡眠质量不良而受到影响。[13]

除了睡眠时间和睡眠质量，睡眠节律也很重要。保持良好的作息节律，对细胞调节端粒酶的活性至关重要。在一项研究中，科学家从小鼠身上移除了“时钟基因”（clock gene），它们的端粒酶就不再具有昼夜规律（在正常小鼠的细胞里，端粒酶早上活性高，晚上活性低），端粒也变短。然后，科学家研究了那些工作时间不符合日常作息规律的人，发现值夜班的急救医生的端粒酶也缺乏昼夜规律。[14] 这项研究的规模不大，但它暗示着良好的作息规律对端粒酶活性及维护端粒的健康至关重要。

认知行为疗法可解决睡眠问题

有些人不觉得睡眠对健康至关重要，但是玛丽亚不是其中之一。被失眠的问题逼得没办法了，她只好去了一个诊所，尝试一些新办法来解决睡眠问题。

每一个失眠的人都知道这样的滋味：晚上太清醒了，怎么都睡不着；越努力入睡，越睡不着；为一些往事无法释怀，或者为未来的状况而忧虑。要想入眠，我们的身体和心理都需要感到安全。但到了晚上，小小的担心也可能变形，变成巨大的威胁，让我们辗转反侧，无法入睡。通常，这样的担心都是“夜晚出现的怪物”（艾丽莎的父亲语），到了白天就会消失。他说得没错。白天能够解决的问题，到了夜晚，在昏昏沉沉的大脑里会变成一连串的灾难，在心头不断重播。

此外，失眠的人还有第二层担忧，这是对失眠及其后果的担心，包括：

- 晚上睡不好，明天完蛋了。
- 我的伴侣睡得好香，为什么我做不到？
- 我明天看起来八成像鬼一样。
- 我要崩溃了！

这些念头会使轻微的辗转反侧变成彻夜的失眠，它们也会让你第二天本来就不大高涨的情绪更加灰暗。

解决第二层担忧的办法是直面它们。就像“夜晚出现的怪物”，你晚上关于睡眠的想法往往也经不起白天认真的思考，它们是所谓的“认知偏颇”（cognitive distortions），往往都经不起分析。更合乎事实的认知将会浮现：

- 虽然没睡好会影响工作状态，但是我还是可以完成基本的任务。
- 我和伴侣的睡眠需要并不完全一样。
- 我看起来不错（不是还有化妆品嘛）！
- 我会没事的！

玛丽亚参加的睡眠改善计划是由美国西北大学医学院的王杰森（Jason Ong）医生主持的。目前，认知行为疗法是治疗失眠的最好方法。与此同时，王医生也注意到，当睡眠治疗师挑战病人的想法的时候，有些病人感到被恐吓了，好像医生在告诉他们该如何思考；也有人觉得他们被逼到了对立面，不得不展开辩论，因而争论不休。

在王医生的诊所里，病人接受的是普遍使用的睡眠矫正疗法：实在睡不着的时候就起来，每天早上按时起床，白天也不打盹。不过，这里的医生不会告诉病人去改变思想方式，而是鼓励他们跟自己的思想保持一点距离。当然，这也是一种觉察。在诊所里，像玛丽亚这样的病人学习了不同形式的冥想，包括运动中的冥想（比如，缓步走路同时留神每一个脚步），也包括更传统的冥想（比如打坐）。医生们鼓励病人接受他们关于失眠的念头，但并不执着于这些念头。冥想的目的并不是催眠，而是让人觉察到关于失眠的第二层担忧，正是它们让失眠进一步恶化。冥想正是为了消除这一层担忧。

改变你跟自己念头的关系需要一点时间。玛丽亚在这个诊所里进行了 6 周的冥想训练，但收效甚微。最后，她表达了她的沮丧，她说："在冥想的时候，我试着清空大脑，但只能维持一小会儿，之后念头总是又会回来。”

王医生建议玛丽亚不必试图控制大脑，他请求她尝试让念头自生自灭。“重点不是要控制住念头，而是让念头自由流动，不必强加方向。”他解释道。

玛丽亚好好琢磨了这个建议，并用这套新的、顺其自然的办法进行冥想。这一周，她的焦虑有所缓解，她感到入睡前没那么大的压力了。又过去了一周，她感到大为轻松。“很长时间以来，我一直认为必须排除掉那些烦人的念头才能睡得更好。没想到，一旦我不再刻意为之，睡眠似乎就变好了。”在接下来的几周，她的睡眠时间几乎翻了一番——这还不是痊愈，但已经是显著的进步了。医生预测，随着她继续练习专注，她的病情会进一步好转。[15]

王医生测试了这种以正念为基础的 8 周失眠疗法，对照组则只简单记录了他们的睡眠时间及失眠焦虑水平。结果发现，接受治疗的实验组在 6 个月内，失眠的情况大大缓解，80% 的人睡眠质量都更好了。[16]

补充睡眠的新策略

如果没有失眠的问题，只是想睡得更好呢？下面是供读者参考的建议。

给自己一点缓冲时间

人的心智不像汽车的发动机，你无法一直维持高速运行——工作、锻炼、做家务或者照看孩子，然后睡觉之前突然停止这些行为，马上呼呼大睡。心智不是那样的。从生物学的角度看，你的大脑更像一架飞机。你需要缓慢地降落，尽可能平稳地着地。所以，在睡觉之前给自己一点缓冲时间，通过固定的睡前仪式让自己放松下来。转换越是平稳，落地时你感到的颠簸就越少。

即使5分钟的转换时间都会带来一些改变，比如从电脑屏幕前走开，关闭手机或者将其设为飞行模式，让你从即时反应的状态中切换出来。如果你的意志力足够强，把手机放在另一个房间。这样，你就大大减少了可能投射到你大脑IMAX（巨幕放映系统）画面上的压力来源，也就减少了夜间的担忧。由于人类倾向于在夜间反刍、担忧，你本来就有不少压力要应对（在下一节，你会看到屏幕也就是蓝光的来源，而蓝光会让你清醒）。关闭屏幕之后，做一点安静的、愉快的活动——不是让你自己犯困，而是创造一段平静舒适的转换阶段。有人喜欢阅读、针织，甚至阅读彩色绘画图书（本章的“逆龄实验室”有更多信息），你也可以听一些帮助自己放松的冥想音乐或者吟诵。

关掉蓝光屏幕，阻绝各种光线

实际上，在我们对屏幕上瘾之前，我们的睡眠就已经不足了，在各个国家都是如此。但是现在睡眠遇到了更大的挑战。你是否把手机、平板电脑或者其他的发光屏幕拿到卧室？屏幕的蓝光会抑制褪黑素，即睡眠激素。在睡眠研究者卡尔斯·切斯勒（Carles Czeisler）及其同事进行的研究中，那些睡前使用电子阅读器的人比阅读纸质书的人分泌的褪黑素少 50%。[17] 使用电子阅读器的人要花更长的时间入睡，快速眼动睡眠的阶段更短，早上也感到更为倦怠。

我们的建议是：在睡前一小时尽量避免使用电子设备。如果你无法避免，尽量使用更小的屏幕，离眼睛也尽量远，总之要尽量减少接触蓝光。伊丽莎白用了一个免费的软件叫作 f.lux，它可以自动匹配屏幕的光线与当地时间，这样，随着夜幕的降临，蓝光也会渐变为黄光。你可以在 https:// justgetflux.com 下载到它。苹果电脑 iOS 9.3 之后的系统自带夜间转换功能，它会从白天到晚上自动由蓝光转换到黄光。

其实，所有的光线都会抑制褪黑素，所以，睡觉之前，光线还是能少就少吧。晚上上床睡觉时，好好打量下四周，有哪些地方发光吗？尽量减少从窗户透进来的光，或电子钟发出的光。戴上眼罩，让褪黑素好好分泌吧。

噪声、心率和睡眠

我们每个人的睡眠设定都不相同。有人对噪声毫不在意，有人则非常敏感。有的人脑电波活动呈现出特定的模式，脑电图呈纺锤形，他们似乎对夜间的噪声更不敏感。[18] 对其他大多数人来说，汽车的鸣笛声或者急救车、消防车的警报声会使心跳加速，打破睡眠规律。[19] 如果你对周围环境高度敏感，你就需要控制所接触的信息源，才能有安全感，才睡得好。比如，你可以使用耳塞。

按时吃饭、规律作息

大脑内的视交叉上核是保证人体按节奏进行活动的时钟。如果你能按时吃饭，准时上床睡觉，它会运行得更平稳。这种规律性会告诉大脑何时分泌褪黑素，告诉细胞何时修复 DNA，并执行其他修复功能。规律作息与充足的睡眠会提高身体对胰岛素反应的灵敏度，这会帮你更有效地燃烧脂肪。

不要拖延上床睡觉的时间

我们可以预期，在人生的某些阶段是不容易睡好觉的：婴儿出生之后，伴侣打呼噜的时候，感到抑郁或压力的时候，更年期潮热的时候，或是刚刚开始适应衰老带来的睡眠变化的时候。这样的失眠往往是暂时的，过一段时间就好了。但是今天普遍流行的睡眠障碍却不是这种情况，而是由于“主动缩减睡眠”造成的，这也被称为睡眠拖延症，即不按时上床。

你的反应也许跟我（艾丽莎）类似：“我没有主动缩减睡眠——只是有太多事情要做了。”不过，与其这样辩解，不妨提醒自己：睡眠不足的问题可不会因为你的推脱而得到解决。其实，人生在世，常有身不由己的感觉，只有少数几件事自己可以控制，睡眠就是其中之一，除非你家有宝宝或者有病人要看护。因此，自己做主，早点入睡吧（当然，如果你有严重失眠或衰老引起的睡眠变化，早上床并不奏效，甚至会适得其反）。

治疗睡眠窒息症及打呼噜

成人严重的睡眠窒息症与端粒变短有关。[20] 若病人是孕妇，胎儿甚至都会受影响。在一项针对孕妇的调查里，30% 的人表现出睡眠窒息症的症状。当婴儿出生的时候，脐带血细胞中的端粒也更短。[21]

打呼噜也是如此。韩国一项针对成人的大规模研究发现，打呼噜的时间越长，端粒就越短。[22] 如果你怀疑自己有睡眠窒息症，尽快去医院做测试，及早接受治疗。目前有许多新疗法出现，比传统的通过面罩施加气压的 CPAP 仪要舒适得多。①

睡眠需要他人的配合

你可能知道身边那些睡眠良好的几个人，这不难看出来：他们神采奕奕，极少抱怨自己有多疲劳，不会咖啡不离手，也不会在奇怪的时刻感到饥饿。这些人有什么秘诀吗？关键之一或许是有人鼓励，比如配偶或家人建议他们把手机放在厨房里充电，他们的同事不会夜里 10 点发紧急电子邮件，他们的孩子上床后就乖乖睡觉，

① CPAP 仪是 continuous positive airway pressure 的缩写，中文名称是“持续正压通气”。这种呼吸辅助装置是把连接机器的口罩覆盖在口鼻上，然后机器输送加压的空气到鼻腔，把气管打开。

不会吵人。

我们想要表达的是，有时睡眠很容易受到别人的影响。因此，我们必须互相支持，尽可能不要拖延上床睡觉的时间，早点睡，不要深夜还忙活。有句话说，你想看到这个世界有什么改变，就从自己做起。跟你的伴侣商量好，留出几分钟的睡前缓冲时间；跟你的同事商量好，不在半夜发邮件（如果必须在夜里写下来，也先保存着，留到第二天早晨再发送）。你的孩子可能会做噩梦，半夜 2 点跑来找你求拥抱，不过，你还是可以给他们做个榜样，让他们知道成人的良好睡眠是什么样子。

端粒健康窍门

- 充足的睡眠会缓解饥饿、减少情绪化，减缓端粒的衰减。
- 为了维护端粒的健康，一天需要起码 7 小时的睡眠。提高睡眠质量的办法很多，简单的比如把电子设备放在卧室外——虽然对有些人来说，这点还是很难。
- 改善睡眠窒息症、打呼噜和失眠。这些问题在中老年阶段会更常见。当出现失眠的时候，用安抚式的念头来缓解状况。如果你有严重的失眠症，不妨试试认知行为疗法。

逆龄实验室

帮助睡眠的5个习惯

为了一夜好眠，你必须在卧室营造宁静的气氛。不妨把第二天要做的事先安排一下，列出清单，然后放在一边。如此一来，你就能以较平静的心情面对明天，不会一直处于警醒和预期的模式中，脑筋不停打转。下面介绍的 5 个习惯能让你更平静、更放松。

1. 留出 5 分钟的时间进行过渡。你可以练习深呼吸、冥想或者阅读，这已经是老生常谈了。睡前阅读可以使躁动的心平静，变得专注。意识的焦点从自身转移到书上的内容，会使大脑平静下来——当然，不能看情节太紧张刺激的书。

2. 听轻柔舒缓的音乐。舒缓的音乐可以让神经系统和大脑放松，让大脑开始进入休息状态。Spotify（声田，音乐播放器）应用提供了多个睡前播放列表，喜欢古典音乐的人，可以听“睡前巴赫”，爱好新世纪音乐的人，可以听“最佳放松 SPA（一种减压方式）音乐”。在“睡眠”类别的音乐里，你也有很多选择，如果你喜欢大自然的声音，则可伴随涛声入眠，例如听《海之梦》。

3. 营造放松的心情和气氛。使用一些精油、香氛蜡烛，并调暗灯光。当环境惬意舒适，身心也会平和，觉得放松、愉悦，薰衣草、香柏或檀香都有镇静的效果。慢慢把灯光调暗，最后把所有的灯都关闭，都是有助入睡的好办法。

4. 上床前一小时泡一杯温热的花草茶，温暖芳香的茶水能帮助你放松。你可以在茶中放黄春菊、薰衣草、玫瑰花瓣，加上一小片新鲜柠檬或者姜。不要喝完茶就立刻上床，否则半夜可能必须起身如厕。

5. 做睡前伸展运动或者柔和的瑜伽动作，简单的头部和颈部动作有助于消除一天的紧张和焦躁。你可以在床上或瑜伽垫上做以下这套睡前瑜伽。

a. 轻轻转动头和脖子：以顺时针方向慢慢地转动头与颈部，同时深呼吸。把注意力放在吐气上，因为这可以帮你缓解白天积累的压力。一分钟后，再以逆时针方向缓慢旋转一分钟。

b. 前屈：取坐姿，后背挺直，腿向前伸直，与垫子或者床平行。在这里停住，深吸一口气，然后一边吐气，一边向前弯，手伸向脚尖方向，你可以把手伸至小腿或大腿两侧，或脚部上方。保持该姿势，同时深呼吸，至少做 3 次。然后缓慢专注地用核心肌群回到坐姿。

c. 婴儿势：最完美的入睡姿势是模拟胎儿姿势（图 20）。这是瑜伽里的一个经典动作，可以使你的整个身体放松。从屈膝的坐姿开始，深吸气，在吐气的同时向前弯曲身体，让头部紧贴瑜伽垫或床。放松身体，保持几分钟，同时留意你的呼吸。然后回到最初的屈膝坐姿。

好了，现在你可以进入甜美的梦乡了。

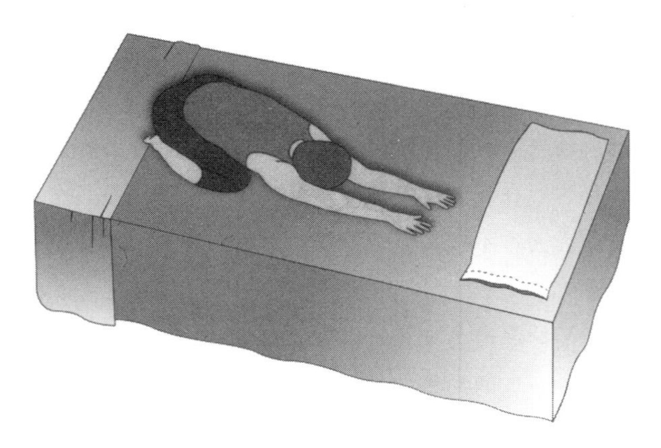

图 20　婴儿势

第九章　何者有益端粒：减重，还是健康的新陈代谢？

其实，你的端粒没有你想象的那么在乎体重。

对端粒而言，真正重要的是代谢健康。

胰岛素耐受和腹部脂肪才是你的头号敌人，而不是你体重增加了几公斤。

饮食影响端粒，好的饮食能让你健康，不好的饮食则会让你生病。

我（艾丽莎）的朋友彼得是遗传学研究员，也是跑过奥运会标准铁人三项的好手。他身材魁梧、肌肉发达，是个帅哥，每天的锻炼让他容光焕发。彼得食欲非常好，每天都在跟自己的意志力苦战，以阻止自己吃太多。我曾花很多时间研究进食心理学，所以我曾问他整天想着不要吃太多是什么感受。他的回答如下：

“我应该会是一个很棒的狩猎采集者。只要一秒，我就可以嗅到哪里有吃的，特别是甜食。我们办公室流传着一个笑话：食物在哪儿，彼得就在哪儿。我知道大家存放食物的地方，有位女同事定期把她的糖果罐装满，有人在橱柜里摆满了食物，更多的人把点心、派对剩下或孩子在万圣节攒下的糖果放在厨房的桌子上，跟同事分享。

我尽量避免看到食物。例如，当我碰到上司，发现她手里拿着一碗糖果，我应该好好听她说话，但有时候我一直在想，别看那碗糖果。如果要去卫生间，我会刻意选一条不路过厨房的路线。但是这意味着我小便的时候也在想着食物：一会要不要再去厨房看看还有没有吃的？还是我要坚强一点，避开厨房？只要我离开办公桌，都为这个问题困扰，因为如果不克制自己，我就会不自觉地走向有食物的地方。

我的饮食计划并不总是奏效。比如，我经常带着一份健康的沙拉午餐去工作，但是我并不总是会吃它，因为我要把它放在厨房里。在我去拿沙拉的路上，我就会被其他人放在厨房的磅蛋糕吸引，结果把一磅的蛋糕吃了——这是不是人们叫它‘磅蛋糕’的原因？”

彼得发现，老是想着食物，实在很苦，若要减肥，则是更为艰巨的任务。不过，对于彼得和其他为肥胖、饮食和压力挣扎的人来说，好消息是，不必一天到晚为了食物苦恼，不必担心摄入太多卡路里，也不必对体重斤斤计较。因为端粒跟体重的关系并不像你认为的那样重要。

重要的是腹部脂肪，不是体重指数

吃太多会使端粒缩短吗？简短的回答是：会的。体重超标的确会影响端粒，但体重与端粒的关系远不如抑郁症对端粒的影响大（比起超重，抑郁症对端粒的影响要大 3 倍），[1] 体重对端粒的影响较小，而且可能是间接的因果关系。

这些发现在彼得等人看来也许颇为意外，虽然他们在如何进食上花了这么大的心力。很多人认为减肥是公共健康中最紧急的目标。不过，令人意外的是，超重（不是肥胖）与端粒变短（或者死亡）并没有强烈的关联。原因在于，体重只是一个粗略的指标，真正重要的是代谢健康。[2] 大多数肥胖研究依赖的是体重指数（Body Mass Index, BMI），但它没有告诉我们重要的信息：肌肉与脂肪的比例如何，脂肪囤积在哪里。其实，四肢的脂肪（皮下脂肪）可能还有保护功能；然而身体内部的脂肪，比如肚子里的、肝脏里的，或者肌肉里的脂肪，则大有不同，是真正的威胁。接下来，我们将向你展示代谢健康出问题意味着什么，并解释为什么节食可能不会让你更健康。

从小到大，莎拉（Sarah）的食量一直让朋友和家人惊异。“我可以放学之后吃完一整个意大利三明治，喝完两杯冰红茶，但是从不发胖。”上了中学和大学，她一样吃得很尽兴，直到二十出头，她一直都很苗条。可惜好景不长，最近，她发福了。尽管她吃一样多的东西，运动量也和过去差不多（实际上都很少）。她的上半身不胖，腿也很细，腰围却越来越突出。她说：“我就像是一根细细的意大利面，中间串了一颗肉球。”这样的体态让她忧心忡忡，因为她的父母都因胆固醇太高，必须每天吃药。30 岁之前，莎拉怎么吃都不胖，也不怎么运动，一直觉得自己很健康。现在，她开始担心要跟父母一样，去药店排队领药了。

她的确应该担心，但是她的问题还不只是胆固醇过高。从她的体态来看，她四肢纤细、腰部肥胖，这种身材代表代谢不良。这和体重无关。即使莎拉的 BMI 正常，她的腰围仍大于臀围。

当我们说某人的代谢不良的时候，我们一般是指他或她有一系列的健康风险：腹部脂肪太多、胆固醇水平太高、高血压、胰岛素耐受等。如果你有以上 3 种或者更多的问题，你就有“代谢综合征”了，这是一系列疾病的前兆，包括心脏问题、癌症和糖尿病，而糖尿病已是 21 世纪最重大的健康威胁之一。

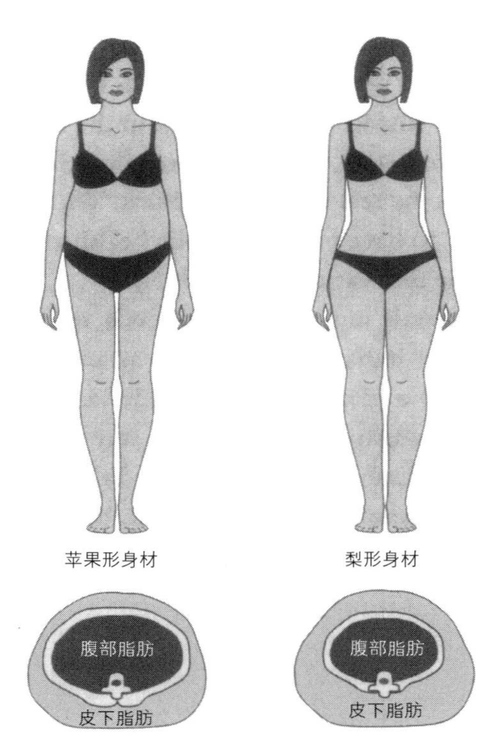

图 21　端粒与腹部脂肪。从这里你可以看到苹果形身材和梨形身材体内的脂肪区别。苹果形身材的人，其腹部脂肪更多，腰臀比更高。而梨形身材的人，臀部和腿部脂肪更多，腰臀比更低。皮下脂肪对人体健康的危害更小，腹部脂肪却意味着代谢问题，比如葡萄糖控制问题或者胰岛素耐受。一项研究显示，腰臀比更高的人，未来 5 年端粒变短的风险会比常人高出 40%[3]

腹部脂肪、胰岛素耐受和 II 型糖尿病

糖尿病是困扰全球公共卫生的一大紧急问题。血糖长期控制不良会引发许多问题，包括心脏病、中风、失明、血管问题，甚至需要截肢处理。从世界范围看，9% 的世界人口，即超过 3.87 亿的人患有糖尿病。这包括 730 多万德国人，240 多万英国人，900 多万墨西哥人，以及 2580 万美国人。[4]

II 型糖尿病是怎么发生的呢？在健康人身上，消化系统把食物分解成葡萄糖。胰腺里的 β 细胞分泌出胰岛素，释放到血液，使得葡萄糖进入细胞，为细胞提供能量。在运行良好的机体里，胰岛素与细胞表面的受体结合，就像一把钥匙嵌入一把锁，“开锁”之后，葡萄糖才可以进入细胞。但是，过多的腹部或者肝部脂肪会导致身体变得胰岛素耐受，这意味着细胞不会对胰岛素做出应有的反应。它们的“锁”——胰岛素受体——生锈了，变得不灵活了，钥匙无法正常嵌入锁里了。葡萄糖于是难以进入细胞，导致血液里的葡萄糖开始累积。即使胰腺分泌出更多的胰岛素，也无济于事。

I 型糖尿病则是胰腺 β 细胞功能失常，无法正常分泌胰岛素。一旦患上糖尿病，身体就无法把血糖维持在正常范围内，这会引起一系列的代谢综合征。

短端粒和炎症如何助长了糖尿病

为什么那些腹部脂肪更多的人更容易患上胰岛素耐受和糖尿病？营养不良、久坐不动和压力都会造成腹部脂肪积累，使血糖水平升高。大腹便便的人，端粒会越来越短，[5]这些短端粒可能进一步恶化胰岛素耐受的问题。丹麦一项针对338对双胞胎的研究表明，从短端粒可以预测出未来12年里胰岛素耐受水平会增加。在双胞胎里，端粒更短的人，胰岛素耐受的水平更高。[6]

有证据表明，短端粒与糖尿病有关联。那些天生具有短端粒综合征的人比其他人更容易患上糖尿病。他们的糖尿病发作更早，发病更剧烈。其他证据来自美国的土著居民，由于各种原因，他们更容易患上糖尿病。当土著居民有短端粒的时候，他或她比同一族裔里端粒更长的人在未来5年糖尿病发作的概率高两倍。[7]对7000余人的大规模研究表明，如果白细胞端粒较短，未来患糖尿病的概率更高。[8]

我们可以从一项研究来看糖尿病的生成机制，以及胰腺里究竟出了什么问题。玛丽·亚曼尼欧斯（Mary Armanios）及其同事发现，当小鼠全身的端粒变短（通过遗传突变）之后，它们的胰腺β细胞就停止分泌胰岛素了。[9]胰腺里的干细胞很快被累垮，它们的端粒耗损殆尽，无法再补充受损的胰腺β细胞，从而失去了分泌、调节胰岛素的功能。胰腺β细胞逐渐死去，就会演变成I型糖尿病。在更常见的II型糖尿病里，有些β细胞功能失调，胰腺中的端粒变短可能参与这个过程。

如果是健康的人，腹部脂肪也能通过我们的老冤家——慢性炎症——而发展成糖尿病。腹部脂肪比腿部脂肪更容易引起炎症反应。脂肪细胞会分泌促炎症因子，破坏免疫细胞，使这些免疫细胞衰老、端粒变短（当然，衰老细胞的一个典型特征是它们无法再分泌促炎症因子，这是一个恶性循环）。

如果你的腹部脂肪过多（在美国，一半以上的成人都是如此），你也许想知道如何保护自己，免于炎症反应、端粒变短以及代谢综合征的折磨。在你决定采取节食来减少腹部脂肪之前，请读完本章。你会发现节食可能适得其反，没关系，还有其他方法可以改善代谢健康。请参考我们的建议。

增进代谢健康，比节食更重要（真欣慰啊）

节食、端粒与代谢健康，三者相互影响。但是正如其他与体重有关的事情一样，它们的关系比较复杂。关于体重降低与端粒的关系，目前有下列研究结论：

- 体重降低会引起端粒耗损的速率下降。
- 体重降低对端粒没有影响。
- 体重降低会促进端粒再生。
- 体重降低会导致端粒变得更短。

显然，这些研究结果并不一致，教人无所适从［最后一项结论来自针对那些做了减肥手术（bariatric surgery）的人。一年之后，研究人员发现，他们的端粒变得更短了。这有可能是源于手术对身体造成的压力]。[10]

如何解读这些相互冲突的研究结果？我们认为，这说明体重并不重要。减肥只是代表了一种积极的变化，背后的根本原因还是代谢健康的改善。其中一个变化是腹部脂肪的消失，整体的瘦身会让肚子跟着瘦下来。如果你是通过增加运动量而不只是控制饮食来瘦身，这一点会更为明显。另一项积极变化是胰岛素耐受水平升高了。一项研究对志愿者追踪观察了 10 到 12 年，在这段时间里，志愿者发福了（人都有发福的倾向），端粒也变短了。但是当研究人员更细致地考察到底肥胖和胰岛素耐受哪个更重要的时候，他们得出结论：胰岛素耐受更关键。[11]

这个结论——促进代谢健康比减肥更重要——意义重大，因为不断尝试节食会伤害你的身体。我们的身体有一些内在的“防御”机制阻碍减肥，它有一个临界点，当体重减轻的时候，代谢也开始变慢，以便恢复体重（这称为“代谢适应”）。虽然我们知道这一点，但是我们不知道这种适应有多么显著。美国电视真人秀节目《减肥大赢家》（*The Biggest Loser*）参赛者的经历就是惨痛的教训。重达 100 多千克的大胖子，在 7 个半月里，通过运动和节食减肥，看谁体重减轻得最多。国立卫生研究院的凯文·霍尔（Kevin Hall）医生及其同事决定研究快速减肥对代谢的影响。在一季节目结束的时候，参赛者们的体重减轻了 40%（大约是 58 千克）。6 年之后，霍尔（Hall）医生复查了他们的体重及代谢状况。大多数人都恢复了体重，但是仍然比参加节目之前轻了 12%。重点在于，在节目结束的时候，他们的代谢减慢了，每天比以前少消耗 610 卡路里的能量；6 年之后，虽然体重恢复，他们的代谢适应并未消失，反而变本加厉，现在每天少消耗约 700 卡路里的能量。[12] 虽然这是一个极端的例子，但我们减肥的时候代谢减缓得更快，而且当体重反弹的时候，代谢速率并不会加快。

有一种现象叫作体重反弹（又称为“悠悠球效应”），节食者增重，减肥，再增重，再减肥，如是循环。在试图减肥的人里，只有不到 5% 的人会一直保持节食并维持体重 5 年内不反弹。其余 95% 的人或半途而废，或体重反弹。对许多人，特别是女性而言，体重反弹已经成了生活的常态，它成了自嘲的话题。例如，在我的身体里住着一个苗条的女人，她哭喊着要跑出来，但我总是用饼干塞住她的嘴。

不过，体重反弹似乎会使端粒缩短。[13] 由于悠悠球效应不健康，也很普遍，我们觉得每个人都该知道这一点。体重反弹的人严格限制自己的饮食，然后过一阵子又故态复萌，大吃大喝，吃一堆甜食和垃圾食品。在节制与放纵之间的摇摆，这是个问题。

当实验室里的大鼠找到垃圾食品的时候会发生什么？它们会过度进食，变得肥胖。但是如果你大多数时间拒斥垃圾食品，偶尔几天才放纵自己胃口的时候，一些更令人担心的事情发生了。在大鼠身上，它们的脑化学发生了变化，脑补的奖赏通路开始变得类似于药物成瘾患者。当大鼠没有得到甜食（一种裹着巧克力外壳的垃圾食品），它们就会表现出戒断症状，大脑会释放出压力激素 CRH（促肾上腺皮质激素释放激素）。它令大鼠感觉如此糟糕，急切地寻找垃圾食物吃，以摆脱戒断状态的压力。当大鼠终于有机会吃到甜食的时候，它们会狼吞虎咽，仿佛再也没机会吃到食物了。[14]

是不是听起来有点像你认识的某个人？还是像彼得，本来打算午餐吃健康沙拉，结果吃了一磅蛋糕？研究显示，病态肥胖的人也有类似的过度进食的强迫反应，这代表大脑奖赏系统失调了。

节食会引起一种近似上瘾的状态，让人觉得有压力。时刻惦记着卡路里也会消耗“大脑认知内存”，占用大脑有限的注意力，使你倍感压力。[15]

想一想彼得吧，多年以来，他努力减少摄入甜食，节制卡路里摄入。肥胖研究者对这种长期的节食心智状态起了一个新名字：认知节食限制。这些人花了大量的时间希望、盘算、筹划着要吃得更少，但是他们实际的能量摄入跟其他人相比并没有少多少。我们曾询问过一群女性下列问题：“你是否会在吃饭的时候克制自己，有意吃得更少一点？”“你是否常常因为注意体重，而不敢在正常进餐之外吃零食？”这项研究告诉我们，不管胖瘦，饮食节制更严格的人，与不纠结如何进食的人相比，端粒更短。[16] 换言之，成天想着吃得更少，这本身就不大健康。要知道，你的注意力是稀缺资源，跟食欲挣扎，只会让你压力变大，并加速细胞老化。

事实上，更好的替代办法是保持活跃的运动，摄入有营养的食物。下一章，我们会告诉你，什么样的食物对端粒和身体健康最有益。

糖：一个并不甜蜜的故事

当我们打算揪出代谢疾病的始作俑者，我们马上把矛头指向了经过精细加工的含糖食物以及含糖饮料（对，包括包装蛋糕、糖果、饼干和苏打汽水）。[17] 这些食物和饮料跟强迫性进食密切相关，[18] 它们会立刻被吸收到血液，激活大脑里的奖赏系统，并"欺骗"大脑，让我们感到饥饿，还要再吃。

虽然我们习惯性地认为，所有的营养对体重和代谢有类似的效果，"1 卡路里就是 1 卡路里"，其实，这种观念是错误的。只要少吃糖，即使你摄入同样多的能量，也可能会改善新陈代谢。[19] 精致的碳水化合物对代谢会造成更大的破坏，比起其他种类的食物，更会控制我们的食欲。

极端的能量控制：这对端粒好吗？

你在自助餐厅端着盘子排队，等到快轮到你的时候，你发现每个人只夹了一点点食物，然后小心翼翼地拿到秤上称重，直到重量满意，才端到桌子上，坐下来吃。而这一点食物在你看来远远不够。你不无疑惑地看着他们吃完自己的那一点点食物。不久，他们吃完了，抿嘴笑道："好像还有点没饱。"

为什么这些人只吃那么一点点食物？为什么他们没饱的时候依然微笑？这是一道思考练习，这个世界上并不存在这样的餐厅，但是它反映了一些人的习惯，他们相信通过减少每天 25%~30% 的能量摄入，就能更长寿。那些练习控制能量摄入的人，会训练自己对饥饿产生不同的反应。当他们感到空腹难忍的时候，他们并不表现出压力或者不快。相反，他们告诉自己："好棒！我就要实现目标了。"他们都精于计划，未雨绸缪。在我们的研究中，有一位努力节食的人，才 60 岁左右，已开始积极筹划他 130 岁的生日宴会了。[20]

如果这个故事的主角不是人类，而是线虫和小鼠，极端的卡路里限制的确可以延长寿命。在某些种系的小鼠身上，控制饮食可以使端粒变长。它们肝脏里的衰老细胞也更少（一般来说，肝脏是体内最先积累衰老细胞的器官）。[21] 限制卡路里也会提高身体对胰岛素的敏感性，并降低氧化应激水平。但是，对体形更大的动物而言，控制能量的后果就难于预料了。一项研究发现，能量摄入比正常值低 30% 的猴子活得更久，健康年限也更长，不过这里的对照组摄入了大量的糖与脂肪。在第二项研究中，对照组摄入的是正常分量的健康食物。这时，尽管节食猴子的健康年限稍微长了一点，但是并没有更长寿。不过，我们需要说明，在这两项研究里，猴子都独自进食。在野外，猴子是高度社会化的动物，它们往往一起进食。对猴子来说，在实验室里单独进食是不正常的，因而可能带来了压力，这也许对实验结果产生了未知的影响。

现在看来，限制卡路里对人体的端粒没有什么积极影响。UCLA（加利福尼亚大学洛杉矶分校）的一位心理学教授珍妮特·富山（Janet Tomiyama）在 UCSF（加利福尼亚大学旧金山分校）进行博士后研究期间，曾进行了一项研究。她设法从美国各地召集到了那些长期严格限制卡路里的人（你可以想象，这样的人屈指可数），然后测量其不同血细胞里的端粒。令人意外的是，他们的端粒跟正常人的不相上下，甚至也不比体重超标的人更长。事实上，他们的外周单核血细胞（这是一类免疫细胞，包括 T 细胞）的端粒还稍微短了一点点。另外一项研究关注的是恒河猴。研究人员测量了各个组织——血液、脂肪和肌肉——里的端粒长度，结论是：能量摄入比正常量低 30% 的情况下，它们的端粒长度没什么变化。

谢天谢地。大多数人都无法做到严格限制卡路里，事实上，很少有人愿意那么做。我们的一个朋友爱说：“与其饥肠辘辘挺到 100 岁，我宁愿佳肴美食活到 80 岁。”他说得有道理。你不必为了端粒或健康年限的改善而在进食上打折扣。关于如何吃得又好又健康，请参考下一章。

端粒健康窍门

- 端粒告诉我们，不必为体重焦虑。相反，你要用腰围水平和胰岛素敏感程度来估测你的健康水平（医生可以通过检测你禁食状态下的胰岛素和血糖水平来测量你的胰岛素敏感程度）。
- 一天到晚计较卡路里会引起压力，反而会危害端粒。
- 摄入低糖的食物或饮料，可促进代谢健康，这远比减轻体重关键。

逆龄实验室

驾驭你对糖的渴望

减少糖的摄入，对你的饮食而言，可能是最有益的改变。美国心脏协会建议，男性每天的糖摄入量不超过 9 茶匙，女性不超过 6 茶匙，而现在每个人平均每天消耗 20 茶匙。高糖饮食会使腹部脂肪累积，也与胰岛素耐受相关。已有三项研究发现，摄入含糖饮料与端粒变短有关联（下一章我们将更详细地讨论含糖饮料的问题）。

当你特别渴求糖类（或者其他任何不健康的食物）的时候，你要想个办法来消解自己的渴望。念头来势汹汹，而且有脑部奖赏中枢里多巴胺活动的支持。幸好，渴望是暂时的，很快会过去。心理学家艾伦·马拉特（Alan Marlatt）提出了一个办法来帮助人们对付自己的渴望，直至它们消散，这套办法叫作“驾驭渴望”（Surfing the Urge）。正念饮食专家安德里亚·利博斯坦（Andrea Lieberstein）发现，驾驭冲动辅以静心练习，会变得更加有效，它把欲求未满的戾气转变成了慈悲。

下面是驾驭渴望的具体做法。

驾驭你对糖的渴望

舒适地坐下，闭上双眼。回想你渴望的零食或点心，想象它的色泽、它的质地、它的气味。当图像越来越清晰，让自己充分感受你的渴望。同时留神你的身体，观察这份渴望到底是什么样子。

试着向自己描述这份渴望。你感受到了什么？如何形容它？与之相关的感想是什么？有什么感受？它出现在身体的哪个地方？当你注意到它的时候，或者当你呼吸的时候，它会变吗？试着体会任何不舒适的地方。提醒自己这不是痒痒，不需要你去挠。这是一种感情，它会变化，也会消失。想象它是一道波浪，它会生成，达到巅峰，而后消散在海里。把这份感受吸进体内，充分释放你的压力，同时注意波浪如何轻柔地消退。

你也许会把注意力放在手上或者心脏，想象着从心脏里流出充满善意的暖流。稍稍停顿一会儿，把慈悲之情吸纳进身体。现在，重新打量这份食物。什么变了？你觉察到了什么？你可以感到渴望，而不采取任何行动。仅仅是观察它，呼吸，并用善意包裹它。

当你读这段文本的时候，你可以录音，在渴望出现的时候聆听。你也可以从本书的网站上下载这段文本的英文音频。

留神身体对饥饿和饱腹的信号

如果你留神身体发出的饥饿和饱腹的信号，你就不会吃太多。

如果你留心身体饥饿的程度，就不会和心理饥饿搞混。压力、倦怠和情绪（即使是你觉得快乐的时候）都会让你感到饥饿，其实你并不是真的饿了。由 UCSF（加利福尼亚大学旧金山分校）心理学家杜博迈尔（Jennifer Daubenmier）组织的一个小规模研究发现，如果女性训练自己在进餐前留意身体的信号，血糖和皮质醇水平都会更低，肥胖患者尤其明显。而且，心理和代谢越是健康，端粒酶就越多。[22] 在更大规模的研究中，心理学家阿什莉・梅森（Ashley Mason）发现，无论男女，他们在进食之前越是能实践正念饮食，他们摄入的糖类就越少，一年后血糖水平也越低。[23] 正念进食似乎对体重的影响颇小，然而或许有助于消除对甜食的渴望，因此有降低血糖之效。

下面是我（艾丽莎）和同事在研究体重管理的时候用到的一些正念饮食策略，这来源于印第安纳大学的心理学家琼・克里斯特勒（Joan Kristeller）开发的“正念饮食觉察训练”项目（关于更多正念饮食的资源，参见本章第 24 条注释）。[24]

1. 呼吸，感知你的全身。问自己：此刻我的身体真的饿吗？何种信息和感受可以帮助我回答这个问题？

2. 在下表中评估你的身体饥饿程度：

一点也不饿				中等饥饿					非常饥饿
1	2	3	4	5	6	7	8	9	10

试着在感到 8 之前就开始进食，这样你过度进食的可能性会大

大降低，尤其不要等到感到 10 的时候才进食。如果你特别饥饿，就很容易吃得太快、吃得太多。

3. 当你吃饭的时候，充分品尝食物的味道，专注在进食的体验上。

4. 留神胃从饥饿到饱的变化，这叫作“倾听伸缩受体”。当你花了几分钟进食后，问自己：“此刻我有多饱？”参照下表评估你的回答。

一点也不饱				中等饱					非常饱
1	2	3	4	5	6	7	8	9	10

当感到七八成饱的时候就停下来。感受饱腹的生物学信号是由血糖水平和饱腹激素引起的，而这需要一点时间，通常是 20 分钟。因此，你必须在感到十成饱之前就先打住，这样才不会吃太多。当然，这往往很困难，但一旦你开始留心，就会变得比较容易。

第十章　怎么吃，对端粒和细胞的健康最好？

有些食物和营养品对端粒的健康有益，有些则有害。我们要告诉你一个好消息：你不必放弃糖类或者奶制品，也能保持健康！另一方面，纯天然食品，包括新鲜蔬菜、水果、全麦、坚果、豆类和omega-3 脂肪酸，不仅对端粒好，也可以帮助减轻氧化应激、炎症及胰岛素耐受，要知道，这些反应都会缩短你的健康年限。

每天早晨都是如此：我（伊丽莎白）可不是晨型人，下床之后，我睡眼惺忪、步履蹒跚地走到厨房，同时逐渐清醒过来。我的丈夫约翰是个晨型人，好心帮我煮好了咖啡。

“加牛奶吗？”他问道。

唉，对一个将醒未醒的人来说，这可是个难题，特别是因为有些营养建议更令我困惑。是的，我喜欢在咖啡里加牛奶。但是我应该加牛奶吗？牛奶是健康的，不是吗？毕竟，它富含钙、蛋白质，以及维生素 D。但是我应该拿全脂牛奶还是脱脂牛奶？还是干脆别加好了？

早餐的每一道食物都是一道营养难题。

吐司。太多碳水化合物了吧？哪怕是全麦面包也不例外。还有，对谷蛋白过敏怎么办？

黄油。加上一点点黄油会增加饱腹感，这点不错。不过它也会堵塞动脉，不是吗？

水果。还是别吃吐司，而做一杯水果冰沙好了……不过，水果不是糖分很高吗？

在你刚起来不久，咖啡因的提神效果尚未奏效的时候，这些问题似乎太多了。丈夫和我都是科学家，职业技能是从复杂的证据中抽丝剥茧、去伪存真，不过有时我们还是难以判断怎么吃最健康。

在这样的早晨，端粒为我们选择食物提供了基本的指导。我们信任端粒的证据，因为它从微观尺度记录了身体对食物做出何种反应。我们重视这些证据，因为它与营养科学中广泛的证据吻合。这些发现告诉我们，节食是无效的，我们能做的最好选择是摄入新鲜、天然的食物，而不是加工食品。结果表明，为端粒的健康而吃，一点都不难。你可以吃得开心，吃得心满意足，不必辛苦压抑食欲。

为细胞除三害

前面我们已经讨论过炎症、胰岛素耐受和氧化应激，它们会对端粒和细胞造成伤害。你也可以把这三种状况想成潜伏在我们体内的敌人。如果乱吃、不重视营养，那就等于助纣为虐。如果吃得健康，就会打击敌人的气焰，改善细胞的微环境，使端粒变长。

细胞的第一个敌人：炎症

炎症和端粒受损息息相关，彼此会互相恶化。如前所述，衰老的细胞里端粒更短或者受损（而且受损的 DNA 没有得到修复），它们会释放出促炎症因子，激活身体的免疫系统，破坏全身的组织。炎症同时会导致免疫细胞复制、分裂，这又会进一步缩短端粒。于是，受损的端粒会变得更短。

关于炎症对小鼠的影响，我们已知的情况是这样的。研究人员选择了一批小鼠，在抑制炎症反应的基因里引入了缺失突变，这些突变体小鼠很快就会表现出慢性炎症的严重反应。它们的组织里端粒变短、细胞老化。小鼠肝脏和小肠内的衰老细胞越多，小鼠就死得越快。[1]

如何保护自己免受炎症反应之苦呢？首先是不要火上浇油。炸薯条或者加工过的碳水化合物（白面包、白米饭、意大利面）中的葡萄糖，以及甜点、苏打、果汁、大多数糕点中的糖类，都会很快进入你的血液。血糖的飙升会导致细胞因子增多，要知道，后者是炎症信号分子。

酒精也算是一种碳水化合物，过多地摄入酒精似乎会导致 C-反应蛋白（CRP）增多。CRP 是在肝脏产生的特殊蛋白，当炎症反应更强的时候，它的含量也会上升。[2] 酒精会转变成乙醛（这是一种致癌物），它会破坏 DNA，浓度过高还会破坏端粒。我们已从动物实验中看到了这样的危害。到目前为止，长期酗酒可能造成端粒变短、免疫系统老化，而轻度饮酒与端粒酶之间并没有明显的关系。[3]所以，在朋友聚会时小酌一杯，没什么问题！

前文提到了实验室里遗传改造出的慢性炎症小鼠，从它们身上，我们还了解到了更多的好消息。当小鼠摄入抗炎症或者抗氧化药物的时候，端粒失调的现象会得到逆转。小鼠的端粒重新生长，衰老细胞停止累积，细胞可以继续复制、分裂。这暗示着，我们能够保护端粒免受炎症之害，不过，最安全、最明智的做法，就是吃有益健康、可预防炎症的食物，不必吃药。

瞧，我们有这么多色彩缤纷、美味可口的蔬菜、水果可以吃，像红莓、紫莓、蓝莓、红葡萄、紫葡萄、苹果、羽衣甘蓝、西蓝花、黄洋葱、多汁的红番茄和大葱。所有这些食物都含有类黄酮或者类胡萝卜素，这些成分使植物呈现出各种颜色或味道。它们也富含花青素和黄酮醇，这是类黄酮的一个亚类，可以缓解炎症反应，降低氧化应激水平。[4]

其他有抗炎症功效的食物还包括鱼油、坚果、亚麻籽、亚麻油以及一些蔬菜，因为它们都富含 omega-3 脂肪酸。我们的身体需要 omega-3 来缓解炎症反应，保持端粒健康。omega-3 类物质可以保护细胞膜，保持细胞结构的弹性及稳定。此外，细胞能把 omega-3 转化成一种激素，后者可以调控炎症及血液凝聚，也可以使动脉血管恢复弹性，保持畅通。

人们已经知道，血液 omega-3 水平高的人，患上心血管疾病的概率比较低。最新的研究显示，omega-3 的好处还不止于此，它可能也会延缓端粒的衰减。你可能还记得，一般而言，端粒随年龄增长而缩短，但我们可以努力让端粒衰减的过程尽可能变慢。研究人员观察了 608 位中年人的血细胞（他们的心脏都有点毛病），结果发现，omega-3 的水平越高，端粒在接下来 5 年的衰减就越少。[5] 对这些心脏本来就不好的人来说，端粒衰减得越少，他们就可能活得越久。[6] 在接下来的 4 年里，端粒衰减的人中，39% 的人死去，而在那些端粒增长的人群里，死亡的比例是 12%。端粒缩短得越少，你就会越晚一天进入疾病年限。

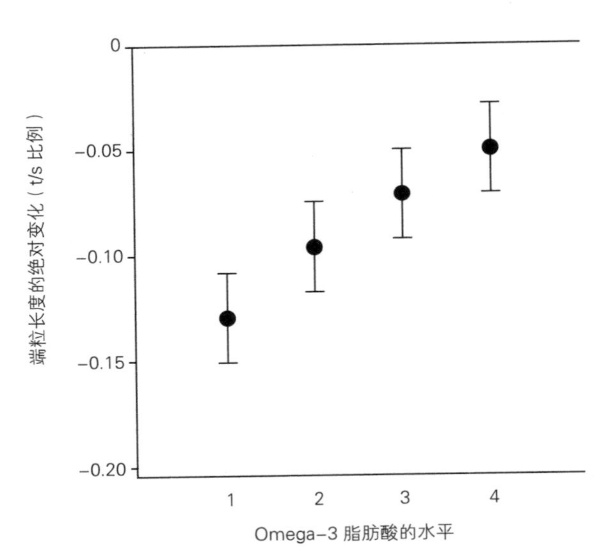

图 22　omega−3 脂肪酸与端粒长度变化的关系。血液中 omega−3（EPA 及 DHA）的水平越高，端粒在接下来 5 年里的衰减就越少。与平均水平相比，omega−3 每升高 1 个单位，端粒缩减就减少 32%。这种效果在那些端粒更长的人身上体现得更加明显（因为更长的端粒缩减得更快）[7]

所以，尽情享受新鲜的富含油脂的鱼类吧！例如鲑鱼和鲔鱼（包括生鱼片），并且要多吃青菜、亚麻油和亚麻籽［关于美国各州哪些地方的捕鱼业对环境危害最小，参考蒙特利海湾（Monterey bay）水族馆的海产品观察网站：https://www.seafoodwatch.org/seafood-recommendations/consumer-guides］。

但是你应当摄入 omega-3 补品（也叫作鱼油胶囊）吗？关于 omega-3 补品及端粒的关系，目前只有一项随机试验，是由俄亥俄州的心理学家贾尼丝·凯寇尔特 - 格拉泽（Janice Kiecolt-Glaser）主持的，研究结果有一定的暗示性。她发现，那些摄入鱼油补品 4 个月的人，跟摄入安慰剂的人相比，端粒并没有更长。不过，在所有实验组里，血液中 omega-3 跟 omega-6 的相对比例越大，端粒延长的效果就越明显。[8] omega 补品也减少了炎症反应，而且炎症反应减少跟端粒延长有相关性（omega-6 是多聚不饱和脂肪，它的天然来源包括玉米油、豆油、葵花籽油、种子以及某些坚果）。不过，我们必须留意，摄入这些补品会带来其他显著的变化，而这些变化是有益端粒的，它们包括：氧化应激水平、炎症水平降低。当然，这些结果似乎取决于每个人对 omega-3 的吸收能力。

你血液里的 omega-3 或者任何营养，与你每天摄入的食物或者补品并不是直接相关的。各种各样复杂、未知的因素都会影响身体中的营养成分：你对营养的吸收能力、细胞的消耗能力、你的代谢速度（记住这一点很重要，特别是以后你读到关于食物和补品的推荐的时候）。

一般来说，我们建议大家从正常膳食中获取所需的营养，如果不易取得，营养补品也是一个合理的选择（请务必先征得医生的同意）。即使是看起来最无害的补品，可能也有副作用，或者干扰你现在服用的药物。对于某些患者来说，它可能是禁忌。

通常，我们每天至少可摄入 1 克的 EPA 和 DHA 混合物，这接近于俄亥俄州立大学的研究中测试的最低剂量。出于可持续发展的考虑，我们强烈建议各位服用来自植物的替代食品，例如那些从海藻中提取出来的海藻油，鱼之所以含有 omega-3 就是因为它们吃海藻。我们也可以吃海藻，人工饲养的藻类里也含有 DHA，因为海洋无法提供足够的鱼油来维持地球上所有人的端粒的健康。目前来看，来自海藻的 DHA 跟鱼油中的 DHA 对心血管健康有类似的益处。

端粒研究暗示，你应当每天都摄入一定量的 omega-3，不过你也要注意 omega-3 与 omega-6 之间的平衡，因为典型的西餐往往含有更多的 omega-6，而不是 omega-3。我们建议你多吃健康的、天然的食物，比如坚果和种籽，同时少吃油炸食物、包装饼干、薯片和其他零食，因为它们往往含有大量的 omega-6 和饱和脂肪酸，这类食物都会危害心血管的健康。

我们还应该认识体内的另一种化学物质——同型半胱氨酸（homocysteine），它跟半胱氨酸（一种基本的氨基酸，是蛋白质的组成单元之一）类似。同型半胱氨酸的浓度随年龄增长而升高，而且与炎症反应、心血管系统的衰老都有关。多项研究表明，含有高浓度的同型半胱氨酸与短端粒有关。但是影响端粒的因素有很多，例如一项研究发现，端粒与死亡率的关联，似乎源于炎症与同型半胱氨酸的水平偏高，只是我们不知道哪一种情况先发生。[9] 好消息是，如果你的同型半胱氨酸浓度高，可服用维生素 B_{12} 来改善[10]（在你服用该补品之前，请务必跟你的医生讨论这个问题）。

细胞的第二个敌人：氧化应激

在人体里，端粒的 DNA 序列是由 TTAGGG 单元不断重复组合而成，染色体的末端往往有上千个单元。氧化应激压力（当体内有太多的自由基团，或抗氧化分子不足的时候就会出现该状况）会破坏端粒的序列，特别是 GGG 部分。自由基专门瞄着 GGG 序列丰富的部位，这是一个特别敏感的靶标。当自由基团攻击过 GGG 之后，DNA 双链就被打破，端粒缩减的速度变得更快。[11]GGG 就好像是一顿大餐，使细胞的敌人（氧化应激）更加强壮。在实验室培养的细胞里，氧化应激压力破坏了端粒，同时弱化了端粒酶的活性，这可以说是双重打击。[12]

不过，如果你在细胞的培养基里添加入维生素 C，端粒就不会被自由基破坏。[13] 维生素 C 及其他抗氧化成分（比如维生素 E）是专门打扫自由基的清道夫，防止它们破坏端粒和细胞。那些血液里维生素 C 和维生素 E 含量更高的人，端粒也更长，不过，这一点只有在 F2- 前列腺素（一种脂质过氧化物分子，是氧化应激水平的一个指标）含量更少的时候才成立。血液里抗氧化分子与 F2- 前列腺素的相对比例越高，身体的氧化应激压力就越小。这也是为什么你应该每天吃新鲜水果和蔬菜，它们是抗氧化成分的最佳来源。

为了获取足够的抗氧化成分，你应该多吃新鲜食物，特别是柑橘、莓果、苹果、李子、胡萝卜、青菜、西红柿以及少量的土豆（红皮或者白皮皆可，最好带皮）。其他包括豆类、坚果、种子、全谷物和绿茶也富含抗氧化成分。

如果你的目标是促进端粒健康，我们并不推荐你摄入含有抗氧化成分的补品，这是因为抗氧化补品与端粒健康之间的关联非常弱。有些研究发现，血液中特定的维生素含量越高，端粒就越长(本节末尾列出了这些维生素)。不过，虽然有研究发现，摄入多种维生素可使端粒变长，[14] 但也有一项研究发现：摄入多种维生素与端粒变短有关。[15] 而且，大量的抗氧化成分会引起实验室培养的人类细胞表现出类似癌症的症状。这个发现再一次提醒我们“过犹不及”的道理。一般来说，来自食物的抗氧化物，身体吸收得比较好，效果可能优于补品。

母乳喂养的婴儿的端粒较长

我们可以“养育”婴儿的端粒吗？如果你确保新生儿在最初的几周都是母乳喂养，或许可以。加利福尼亚大学旧金山分校（UCSF）的一位健康研究专家珍妮特·沃西基（Janet Wojcicki）追踪研究了一组孕妇。她发现，最初6周仅接受母乳喂养（不含配方奶粉或者固体食物）的婴儿，其端粒更长。在婴儿的肠胃还没发育好的情况下，固体食物可能会引起炎症反应及氧化应激压力。[16] 也许这就是为什么6周之内让婴儿摄入固体食物会引起端粒变短。

细胞的第三个敌人：胰岛素耐受

妮琪是一位医生，在家乡的一所医院工作，同时担任行政职务。她有一个不良习惯——超爱山露汽水。她是在当见习医生的时候养成这个习惯的，当时她主要依靠汽水中的糖和咖啡来提神，至今，还是积习未改。每天早晨，妮琪从她的冰箱里拿出一升山露汽水，放在车子副驾驶的位子上。每遇到一个红灯停下来时，她都拧开瓶盖，喝上一大口。到了医院，她就把这瓶汽水放在冰箱里。巡房之后，喝上一大口；开会之后，喝上一大口；处理完一些文件，喝上一大口。等到漫长辛苦的一天结束，瓶子也空了。“没有这瓶饮料，这一天真不知道怎么过。”妮琪无可奈何地耸了耸肩。

作为一名医生，妮琪很清楚每天喝一升山露汽水并不健康。但是，像半数美国人一样，她依然每天都喝汽水。这些人就好比给第三个敌人——胰岛素耐受——一根吸管，并对你说：“喝吧，这东西会让你茁壮成长，然后你就可以为所欲为了。”

下面是喝下碳酸饮料（或其他含糖饮料）之后的慢镜头播放：你刚一咽下去饮料，胰腺就分泌出更多的胰岛素，帮助葡萄糖进入细胞。20 分钟之内，血液里的葡萄糖开始积累，血糖浓度升高。接着，肝脏开始把糖转化成脂肪。到了 60 分钟左右，你的血糖下降，你开始渴望再喝点汽水，重新“爽”一把。当这种情况经常出现，你最后就会患上胰岛素耐受。

碳酸饮料是不是像抽烟一样有害？可能是的。我们的一位合作伙伴、加利福尼亚大学旧金山分校（UCSF）的一位营养流行病学家梁辛迪（Cindy Leung）发现，那些每天摄入550毫升含糖汽水的人，从端粒缩短的角度看，相当于变老了4.6岁。[17] 巧合的是，这跟抽烟引起的端粒缩短程度相同。如果每天喝236毫升的含糖汽水，端粒则会老2岁。

你也许会问，那些喝碳酸饮料的人是否因其他方面的健康问题而影响了结果？好问题！在这项研究中，调查对象约5000人，我们也考虑了其他干扰因素。我们控制了一些变量，比如饮食、抽烟，然后校正了那些能够测量的因素，包括节食、抽烟、BMI、腰围（用以衡量腹部脂肪）、收入、年龄等。结果发现，饮用碳酸饮料与端粒变短之间的关联依然存在。不只是成人，儿童也是如此。沃西基发现，3岁大的儿童，如果每周喝3次以上汽水，端粒衰减得更快。[18]

运动饮料及含糖咖啡也是含糖饮料，它们的含糖量跟碳酸饮料不相上下（一杯340毫升的星巴克薄荷抹茶咖啡含有42克的糖），所以最好还是敬而远之，或者偶尔享受一下。[19] 碳酸饮料和含糖饮料是两个明显的有害端粒的例子，这是因为人体吸收它们的速度都很快，没有任何纤维能减缓糖类的吸收。几乎所有的甜点都含有很高的糖分，如饼干、糖果、蛋糕、冰激凌。再次申明，那些加工食品，比如白面包、白米饭、意大利面和薯条，都富含容易被人体吸收的糖类，使血糖水平骤升。

为了避免胰岛素骤然升高，引起胰岛素耐受，不妨多摄入些富含纤维素的食物，全麦面包、全麦意大利面、糙米、大麦、种子、

图 23 以端粒健康为指导原则，取得营养平衡。选择富含纤维素、抗氧化物、黄酮类的食物，比如水果和蔬菜，以及富含 omega-3 的食物，比如海带和鱼。尽可能少吃精制糖及红肉。健康、平衡的饮食，如图所示，有助于血液中的营养平衡，并降低氧化应激水平、炎症及胰岛素耐受

维生素D和端粒酶

血液中的维生素 D 水平较高与死亡率更低有相关性。[20] 一些研究发现，维生素 D 跟端粒更长有关，在女性中尤其如此，但其他研究没有发现这种相关性。目前，我们知道有一项研究检测了补品对端粒的影响。在一个小规模研究中，受试者每天摄入 2000 IU 的维生素 D_3，持续 4 个月后，端粒酶增加了 20%（与摄入安慰剂的对照组相比）。[21] 虽然关于维生素 D 与端粒酶的关系没有定论，但是我们知道，人体维生素 D 的水平通常略微偏低，当然，这跟你的居住地和每天的日照接触量有关。要摄取维生素 D，最好的食物来源是鲑鱼、鲔鱼、鲽鱼、比目鱼、强化牛奶、麦片和鸡蛋。如果仅靠饮食和日照无法获得足够的维生素 D，可考虑补品（请咨询医生）。

蔬菜和水果都是极好的来源（水果虽然也含有简单的糖类，但由于它们富含纤维，整体营养价值高，所以是健康食物。不过，去除了纤维的果汁就没那么健康）。这些食物不但使人有饱腹感，也能使你避免过度进食。它们还有助于减少腹部脂肪，改善胰岛素耐受和代谢失调。

健康饮食：地中海饮食模式

一盘盘的鲜鱼，一碗碗五彩缤纷的水果和蔬菜，丰盛的豆类、全谷食物、坚果和种子……这是何等的盛宴。这些食物能降低炎症反应、氧化应激水平和胰岛素耐受，这种健康的饮食模式有益于端粒和全身的健康。

环顾地球，从欧洲、亚洲到美洲，饮食习惯可以粗分成两大类。第一类饮食富含提纯过的糖类、加糖的汽水、加工肉类，以及红肉，第二类饮食里更多的是蔬菜、水果、全谷食物、豆类以及低脂优质蛋白质，包括海鲜。第二类饮食有时也叫作地中海饮食，更为健康。其实，世界上大多数文化里都有某种健康的饮食模式，当然细节会有差异。比如，有些文化摄入更多的奶制品或者海带，但基本特点是摄入许多鱼、天然食物以及食物链底层的食物，有些研究人员称之为“审慎的饮食模式”。这是一个准确的名词，但是它没有表达出这些食物是多么美味、多么健康。

遵循审慎饮食模式的人，无论生活在哪里，端粒都比较长。比如，在意大利南部，那些摄入地中海饮食的老年人，端粒更长，而且越是坚持这样的饮食模式，整体健康水平越高，他们也越能积极参与每天的生活。[22] 在韩国，一项针对中老年人的长期研究表明，那些遵循当地的审慎饮食模式（比如多吃海带和鱼）的人，比起那些摄入更多红肉和精细加工食品的人，端粒更长。[23]

我们泛泛谈论了饮食模式，但是具体哪些食物有益端粒？韩国的研究为我们提供了线索。摄入豆类、坚果、海带、水果和奶制品更多（即摄入红肉、加工肉类和含糖汽水更少）的人，白细胞的端粒也更长。[24]

多摄入天然无加工食品，少摄入红肉或加工肉类，好处多多。无论你生活在何处，现在是什么年龄，这一点都成立。2015 年，世界卫生组织把加工肉类列为癌症的致病因之一，把红肉列为可能的致病因。[25] 端粒研究发现，加工肉类比天然红肉对端粒的危害更大。[26] 加工肉类包括熏肉、腌肉、咸肉，比如热狗、火腿、腊肠或者腌牛肉。

当然，最好从小就吃健康食品，不过，从现在开始总不会太晚。你可以依照下文的建议，选择每日膳食。不过，总的来说，我们建议你不必为选择何种食物过于纠结，只要注意多吃新鲜健康的食物就行了——如此一来，我（伊丽莎白）的早餐选择就轻松多了。你会发现自己不用专门费心琢磨，就在享受那些可以抗炎症、抗氧化和抗胰岛素耐受的食物，你自然就会选择那些对端粒有益的食物。而且你不会为每天吃什么而担忧，要知道，担忧得太多，反而有害端粒。

来杯咖啡，如何？

饮用咖啡对身体有什么影响？数百项研究试图回答这个问题。对于那些早晨喜欢喝杯咖啡的人来说，好消息是咖啡基本上是无害的。大规模分析表明，咖啡可以缓解认知衰退、肝脏疾病和黑色素瘤。只有一项研究考察了咖啡与端粒长度的关系，但是目前的结果也是好消息：研究人员募集了 40 个患有慢性肝病的人，看摄入咖啡是否会有益他们的健康。受试者被平均分成两组，一组连续一个月每天喝 4 杯咖啡，另一组则不喝咖啡。一个月之后，喝咖啡的病人的端粒更长，血液中的氧化应激水平更低。[27] 此外，一项针对 4000 多位女性的调查显示，那些喝正常咖啡（不是无咖啡因的咖啡）的人，端粒往往更长。[28] 因此，早晨你可以放心享用一杯香醇的咖啡。

我们已讨论过维生素 D 和 omega-3 脂肪酸补品，在人群中，这两者往往都摄入不足。不过，因为每个人的需要不同，我们并不对摄入何种补品提出具体的建议。而且众所周知，营养学的结论时常会改变。任何营养补品，如果剂量过高，效果及安全性也可能会有问题。

营养与端粒长度的关系

食物、饮料与端粒长度的关系	
与更短的端粒相关	与更长的端粒相关
红肉、加工肉类[29] 白面包[30] 含糖饮料[31] 含糖汽水[32] 饱和脂肪[33] omega-6 多聚不饱和脂肪[34] 高酒精摄入（每天超过4次）[35]	纤维素（全谷食物）[36] 蔬菜[37] 坚果、豆类[38] 海带[39] 水果[40] omega-3（比如鲑鱼、北极红点鲑、鲭鱼、鲔鱼、沙丁鱼）[41] 食物中的抗氧化物，包括水果、蔬菜、豆类、坚果、绿茶、[42]咖啡[43]
维生素与端粒长度的关系	
与更短的端粒相关	与更长的端粒相关
仅含有铁的补品[44]（或许是因为它们剂量过高）	维生素D[45]（研究未有定论） 维生素B（叶酸）、维生素C、维生素E 多种维生素补品（未有定论）[46、47]

** 鉴于这方面的科学研究日新月异，结论随时会变。请访问我们的网站留意更新。

端粒健康窍门

- 炎症反应、胰岛素耐受和氧化应激水平是危害健康的 3 个敌人。为了对抗它们，请遵循审慎的饮食模式：摄入大量的水果、蔬菜、全谷食物、豆类、坚果、种子，以及低脂优质蛋白质。这种饮食模式就是所谓的地中海饮食。

- 多吃富含 omega-3 脂肪酸的食物，比如鲑鱼、鲔鱼、青菜、蓖麻油、蓖麻籽。考虑摄入由海藻提取的 omega-3 脂肪酸补品。
- 少吃红肉（特别是加工肉类）。可考虑一周有几天吃素。少吃肉不仅有益身体，也有益环境。
- 杜绝含糖饮料和加工食品。

逆龄实验室

有益端粒的零食

吃点健康的零食很重要，这也会减少摄入不健康零食的机会。通常零食都是加工食品，含有不健康的脂肪、糖类和盐。我们推荐高蛋白、低糖分的天然食物，下面是几个参考健康食谱，它们富含抗氧化物或者 omega-3 不饱和脂肪酸。

家庭自备果仁混合包：自己动手做果仁混合包非常简单，而且能够确保它的含糖量（超市里卖的往往有添加了糖分的脱水水果）。这个混合包富含 omega-3 和抗氧化物质，而且能量超高，请适量享用。

健康零食之一：

混合：

- 一杯核桃。
- 半杯可可碎豆或者黑巧克力粒。
- 半杯枸杞子或者其他干莓。

考虑添加：

- 半杯无糖干椰子片。
- 半杯天然或者无盐葵花籽。
- 一杯天然杏仁片。

家庭自备奇亚籽布丁：奇亚籽富含抗氧化成分、钙和纤维素。这些产自南美的种籽其貌不扬，但每 10 克的奇亚籽里含有 1.7 克的 omega-3 脂肪酸。奇亚籽布丁是很棒的零食，也是美味的早餐。

混合：

- 1/4 杯奇亚籽。
- 一杯无糖杏仁奶或者椰子奶。
- 1/8 茶匙肉桂。
- 1/2 茶匙香草提取液。

搅匀之后，静置 5 分钟。再次搅匀，置于冰箱冷藏 20 分钟，或者过夜，待其黏稠。

考虑添加：

- 干椰子片。
- 枸杞子。
- 可可碎豆。
- 苹果瓣。
- 蜂蜜。

海带。是的，海带。它易于携带，而且有益端粒。海带零食，比如海苔，就是紫菜加上橄榄油以及一点海盐。它们有许多风味(我们特别喜欢芥末和洋葱味)，对那些渴望一点咸的零食的人，这是很棒的选择。海带富含各种微量元素，尽情享用吧。如果你要注意自己摄入的盐的量，不妨选择无盐海苔。

杜绝不健康的饮食习惯：找到你的动力

多摄入健康食物当然是好主意，不过，也许更加重要的是避免食用那些加工食物、含糖食物、垃圾食物，它们是细胞的敌人。然而，杜绝不健康的饮食习惯，说起来容易做起来难。如果你能找到改变饮食习惯的动力，就更加容易成功。我们的研究者曾询问志愿者下列问题，帮助他们找出最有意义的目标，进而改变饮食习惯：

1. 你的饮食如何影响了你？有人劝你少吃什么吗？为什么？你最想改变的是什么？

2. 你为什么在乎自己吃太多快餐（或者其他不健康食品）？你的家庭有糖尿病或心脏病史吗？你希望减肥吗？你担心自己的端粒吗？

3. 你希望改变哪些部分？不想改变哪些部分？你最关心的是哪些事情？你希望这些改变对你以及你在乎的人产生什么影响？

找出最强烈的动机之后，想象出图景来强化它。如果你的动机是活得健康、长久，在脑海中想象自己 90 岁高龄依然健康有活力的样子，或者参加孙子孙女的毕业典礼。你希望自己亲眼看到孩子长大吗？想象自己参加他们婚礼时跟他们跳舞的样子。也许，想象一下那些微小的端粒酶保护着上亿个细胞里的端粒会激励你！如果诱惑再出现，召唤回那幅激励你的画面。纽约州立大学布法罗分校的莱恩·伊博斯坦（Len Epstein）发现，如果能清晰地想象未来，就比较容易控制饮食，或减少其他冲动行为。[48]

逆龄的诀窍：采纳科学建议，实现长久改变

改变行为说简单也简单，说困难也困难。对有些人来说，对端粒了解得更多，本身就会催生一个强大的动力。他们想象着端粒逐渐退化——这激发了他们进行更多锻炼，或者把压力视为挑战。

不过，很多时候，我们的动力略显不足。

行为科学告诉我们，如果你想进行某项改变，你需要知道为什么改变——但是为了让改变持久，而不只是 3 分钟的热度，你需要的就不只是知识了。事关改变，我们的思想往往是不理性的。我们很大程度上依赖于自动模式和冲动，因此，我们会选择甜甜圈而不是蔬菜蛋饼，在本来下定决心去锻炼或者冥想的时候又开始打退堂鼓。身为人类，我们的自控力其实没有我们希望的那么强。好在，行为科学家告诉了我们如何让改变持久。

首先，找出你希望进行的改变。通过本书第 142 页的自测（端粒轨迹测试），你可以找到如何更好地保护端粒的方式。选择一个领域（比如锻炼），以及一个你希望进行的改变（比如开始健走计划）。开始之前，问自己 3 个问题：

1. 在 1~10 的尺度上，你如何衡量你的准备程度？（1 意味着完全没准备好，10 意味着完全准备好）如果你打分在 6 分或以下，参考上述问题，找到真正的动机。然后，再次衡量你的准备程度。如果你的得分没有提高，请考虑换一个目标。

我们许多人希望改变自己的一些行为，但是我们感到自己无力自拔，或者心理出现矛盾。请找出那些你已经准备好改变的微小行为。一个改变会带来另一个改变，因此，首先关注手头能够实现的改变。那些持久的、更难克服的行为，比如酗酒、酗烟、过度进食，你可能需要寻求专业教练或者咨询师的帮助，他们更擅长“解读动机”，帮你树立清晰的目标，克服困难，达成目标。[1]

2. 这项改变对你的意义是什么？

问问自己，什么是你最在乎的事情。试着把具体的目标与人生更深刻的价值观联系起来，比如：“我参加这个步行项目，是因为我希望变得健康、独立，在我自己的家里，尽享天年。”或者“我希望自己是孩子和孙子辈生活里积极的一部分。”你的目标与价值观联系越紧密，你越可能实现长久的改变。选择内在价值（与亲密关系、生活乐趣、人生意义相关）要胜过选择外在价值（往往与财富、声望、别人如何看待我们有关）。前者的影响更持久，而且会给我们带来更大的幸福感。[2]

在上一节，我们分享了一些考察自我动机的问题。记住自己的回答，记住激励自己的画面。遇到困难的时候，用这幅图景激励自己，不轻言放弃。

3. 在 1~10 分的尺子上，你有多自信自己会做出这些改变？

如果你的评估在 6 分或以下，那就重新制订一个更切实的目标。找到困难所在，制订出可行的计划克服它们。把难题当作挑战，以迎接挑战的心态面对它们，这会带来一些正面压力。另一个提高效率和成功率的办法是回忆过去克服困难之后的自豪时刻。[3]

对自我效能（self-efficacy）的估计就像水晶球，我们可以据此对未来的行为做出最可靠的判断。如果有完成一项任务的信心，就比较愿意尝试新的行为，遇到困难的时候也会坚持下去。[4] 理想的状况是进入自我评估的良性循环：实现一个小目标，会提高你的信心，这会让你走得更远，进一步提高信心。

下一步，看你是打算养成一个新习惯，还是打破一个旧习惯。两者各有不同的策略可以运用。

养成新习惯的诀窍

我们的大脑天生习惯于按习惯走，尽可能少地付出精力。让习惯成为你的助力，而非阻力。参考方法如下：

- 从小开始。循序渐进，逐渐培养新习惯。如果你希望睡得更多一点，不要一下子就提前一小时上床，那样太困难。每天提前

15 分钟，如果这也不可行，那就把目标定得再小一点：每天提前 10 分钟或 5 分钟。直到你觉得舒服为止。从小目标开始，你可以逐渐实现大目标。

- 顺水推舟。把这些微小的改变跟你的日常规律密切联系起来。[5] 这样，你对改变的思考会越来越少，直到它们成为新习惯的一部分。比如，当我（伊丽莎白）等电脑下载邮件的空当，我就会练习微冥想。对有些人来说，午餐后也是散步的好机会。把新习惯与老习惯结合起来，能让改变更持久。

- 一日之计在于晨。尽量把改变设定在早晨。时间越早，受其他重要事项干扰的可能性就越低。你也许觉得早晨的决心更强，你不妨想象一个绿灯亮起来：开始行动吧！

- 不必纠结——去做吧。该去健身房的时候，不要再问自己“我应该去吗？”做决定是一件费心的事，一旦有片刻的软弱，回答可能就是“明天再说吧”。该做就做，即使像个“僵尸”一样不假思索地踏进健身房也无妨。

- 为自己庆功。每次实践了新的习惯，可以为自己打气说：“真棒！”“我做到了！”或是说：“大功告成！”或者每次完成之后，就把一块钱放在小罐子里，集满 10 块，就给自己小小的奖励。

戒除旧习惯的诀窍

戒除一个旧的习惯需要意志力，而悲哀的是，我们的意志力往往有限。此外，许多不良习惯让我们感觉良好，起码是片刻的愉悦。比如，含糖食物和饮料会激活大脑里的奖励中枢，从神经生物学的角度看，我们可能变得依赖这些糖分的刺激。要打破这样的习惯，需要耐心和毅力。

1. 增强大脑执行计划的能力。

当大脑回路中负责分析性思考的部分被激活的时候，我们的自控力最强。当前额皮质部分的活动更强的时候，负责情绪的杏仁核区域的活动就会受抑制。锻炼、放松的冥想，以及摄入富含优质蛋白的食物都会有助于促进精神状态的改善（压力则会瓦解它）。

2. 身心俱疲时，不要尝试改变。

睡眠不足、血糖降低，或者情绪压力都会侵蚀你的意志力，不妨等到状态更好的时候再来改变。[6]

3. 从环境入手，减少诱惑。

如果你打算减少糖类摄入，那就不要在家里放糖、可乐或者其他甜点。饼干当然也不能有。如果不小心带到家里来了，放在眼睛看不到的地方，比如柜子里，而不是餐厅的桌子上。你也许能够抵制一次诱惑，但是多次拒绝可能也让人精疲力尽，人有限的意志力可能会耗尽。这些窍门叫作刺激控制——我们尽量控制外界，减少诱因。

4. 跟随身体的自然节律。

当你的能量状态更好的时候，你的意志力也会更强。如果你是夜猫子，你可能在晚上的自控力更强，而更容易在早晨妥协。因此，规划好你的时间。在你能量处于低谷的时候——往往也是你容易感到疲倦的时候——吃点健康的零食。这会补充你的能量，提升意志力。

最后，无论你是打算培养新习惯还是戒除旧习惯，有一个办法都会有效：社会支持。请求你的家人和朋友支持你的新目标，告诉他们怎样的帮助是有效的。把之前可能拖后腿的人变成推动你的人，如果不行，就避开他们！你可以找到志同道合的伙伴。如果没有一起跑步的伙伴，我（艾丽莎）可能不会像现在这样频繁地跑步。

为了帮助你每天进行微小的改变，我们在下一页制作了一则“端粒日记”供你参考。它按时间顺序列出了可能危害端粒的日常行为，我们也提出了一些有益端粒的建议。

端粒日记

每天，你都有机会阻止、维持或者加速细胞的衰老。你可以保持平衡，或者避免不必要的衰老，比如通过合理饮食、充足睡眠、积极锻炼，通过有意义的工作养活自己，帮助他人，加强社会联系。

或者，你也可能做相反的事情——摄入垃圾食物或者过量的甜食，睡眠不足，因久坐而身体走形。脆弱的身体如果每天都承受大量的压力，细胞也会受损，甚至可能丢失端粒里的几段碱基。我们并不清楚端粒每天的反应，但是我们知道长期的行为有严重的后果。我们可以努力使端粒的更新多过损耗。就从微小的改变开始吧！本书提出了不少有益端粒的行为改变的建议，也会告诉你如何把新习惯融合进日常生活。如果你对其中一些感兴趣，不妨一试。

我们也提供了一个空白的日程表，你可以根据自己的兴趣安排一些有益端粒的改变。你可以从我们的网站下载下来，贴在你的冰箱或镜子上，提醒你促进细胞再生。把你想尝试的做法填在日程表里。早上醒来的时候你想对自己说什么？起床之后做什么唤醒身心的锻炼？想一想一天里哪些碎片时间可以做一些运动，集中心念增进韧性来对抗压力，或者吃一点有益端粒的食物。

记住：千里之行，始于足下。

端粒日记

时间	不利于端粒的行为	有益于端粒的行为
起床	感到压力或倦怠 心里想一遍今天的日程表 马上查看手机	重新评估压力反应 带着欣喜起来：“啊，活着真好！” 为今天设置一个目标，积极期待
早晨	后悔没有时间锻炼	做一点伸展运动，或者气功（第131页）
早餐	腊肠和面包	水果和麦片，酸奶，蔬菜蛋饼
上班通勤	急急忙忙，担心迟到，可能还有一点路怒	进行3分钟呼吸练习（第130页）
抵达工作地点	马上开始工作 期待、担心这一天的工作	给自己10分钟的时间适应，然后开始工作。 见招拆招，应对工作中的状况
工作时	自我批评式地思考 多进程工作 超负荷工作	留心你的念头，进行自我慈悲练习，管理你焦虑的助手（第119页）。 每次集中于一件任务（尝试关闭e-mail和手机一小时）

续表

时间	不利于端粒的行为	有益于端粒的行为
午餐	吃快餐食品、午餐肉 吃得很快	享用新鲜的天然食品 练习正念饮食（第204页） 跟他人或伴侣一同午餐，以短信、电话或者邮件联系支持你的人
下午	屈服于渴望，摄入含糖饮料或其他甜点。	驾驭欲望（第202页） 吃有益端粒的零食 进行伸展运动
傍晚回家路上	不断反刍 负面思绪泛滥	进行自我心智梳理（第77页） 进行3分钟呼吸练习
晚餐	吃加工食品 看着电视或者刷手机	吃天然食品 把你宝贵的注意力转向与你共进晚餐的人
晚上	马不停蹄地进行各种活动或杂务。 忙忙碌碌了一天，头昏脑胀。	锻炼，或者尝试减压练习。 自问：“今天我实现自己的目标了吗？” 以挑战反应模式来评估这一天（第68页），回想令你开心的时刻。 进行睡前放松练习（第186页）

我的端粒日记计划表

起床	
早晨	
早餐	
上班通勤或抵达工作地点	
工作时	
午餐	
下午	
傍晚回家路上	
晚餐	
晚上	

第四部分

外部环境如何塑造了你的端粒？

第十一章　人际关系与社区环境对端粒的影响

除了我们的思想和饮食，外部的环境，包括人际关系和居住环境也会影响端粒。如果我们所在的社群彼此不信任，有暴力威胁，端粒会受伤害；如果人们居住环境安全、优美，绿树成荫，如在花园，无论收入、教育水平如何，端粒都会更长。

我（艾丽莎）在耶鲁读博士的时候，经常工作到晚上才从心理系大楼走回家。大约晚上 11 点，我走在漆黑的路上，必须穿过一个教堂。几年前这里曾发生过凶杀案，虽然这片区域很安静，但是在夜晚徒步经过的时候，我还是会心跳加速。拐过弯，前面的小区房租相对便宜，许多学生都住在这里。这条路很长，不时有人在这里被抢。每次路过的时候，我都很提神聆听背后有没有脚步声。我能感到心脏扑通扑通地跳。可以推测，我血压升高，肝脏的糖原分解出葡萄糖，以便让我在碰到坏人时有力气逃跑。每晚大约有 10 分钟，我都得绷紧神经，提防不测。试想，如果危险更加严重，状况更加糟糕，持续的时间更久，又没钱搬到更好的社区，这样的压力岂非更大？

我们的居住地会影响健康。社区环境塑造了我们的安全感和警觉心，进而影响我们的生理压力、情绪状态和端粒长度。除了暴力和不安全，社区对健康的影响还有另外一个层面，那就是“社会凝聚力”，即居住在同一个社群里的人结成的纽带。你的邻里彼此帮助吗？彼此信任吗？相处得好吗？有共同的价值观吗？如果你需要帮助，你的邻居会施以援手吗？

社会凝聚力水平不一定由收入或社会阶层决定。我们有朋友住在环境优美、有栅门的小区，房子依山而建，错落有致。他们的社会凝聚力看起来不错，包括节日户外聚餐，假日也会有舞会。但是居民互不信任，常有冲突，偶尔也有犯罪事件。这个社区里都是医生和律师，但是他们早上也可能被警用直升机盘旋的声音吵醒，因为昨晚发生了持枪入室抢劫。如果你家最近在装修，在出去丢垃圾的时候遇到邻居，他或她可能质问你何时才会完工。查了下电子邮箱，你发现你的邻居在为是否要雇保安巡逻以及谁来买单吵得不可开交。你可能压根不认识你的邻居。还有一些小区，虽然穷了点，但是邻居们彼此认识、彼此信任，有很强的社群感。虽然收入多寡会影响一个社区的生活品质，但社区的健康也受其他因素影响。

在社会凝聚力水平较低的社群里居住的人，或生活在有暴力犯罪威胁环境中的人，与住在安全、充满信任的社群的人相比，前者的细胞老化要更加严重。[1] 密歇根州底特律的一项研究发现，感觉困在自己的社群，想搬走但没有钱或没机会这么做，与端粒更短有关。[2]

荷兰忧郁与焦虑研究（NESDA study）显示，虽然 93% 的受访对象对他们的居住环境认可度较高，但是某些更细致的评估——例如恶意破坏的水平以及安全感——都与端粒长度有相关性。

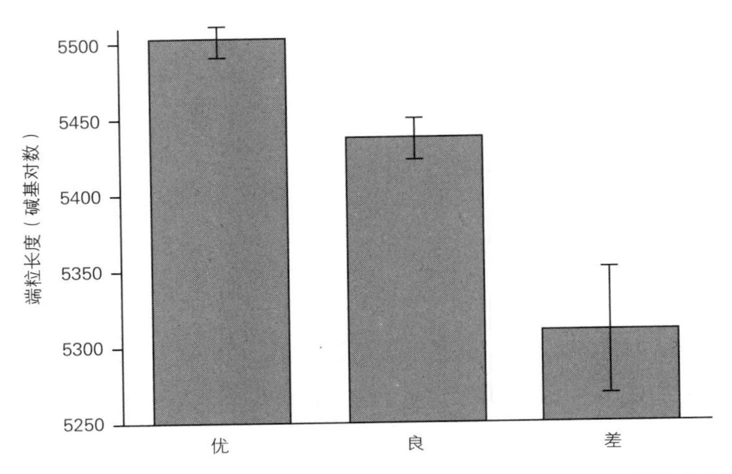

图 24　端粒与社区质量。在荷兰的这项研究中，居住环境更好的受试者，端粒也更长。[3] 即使排除掉年龄、性别、人口特征、社区、医疗及生活方式，这一点仍然成立

或许有人会想，是不是居住环境更差的人更容易抑郁？这听起来有点道理，居住环境差的人，心理压力也许更大。我们知道，抑郁患者的端粒更短。荷兰的研究者测试了这一点，发现社区环境更差的住户的情绪压力与他们的焦虑水平没有相关性。[4]

那么，社会凝聚力到底是如何影响了细胞和端粒？一个猜想是，这跟警觉心有关。一组德国科学家设计了一项别出心裁的实验，测试了乡村居民和城市居民的警觉心差异。两组志愿者受邀来做很伤脑筋的数学测试。在实验过程中，志愿者连接上功能性MRI（磁共振成像），他们通过耳机获得实验人员的实时反馈，比如："可以快点吗？""错啦！请从头开始。"当城市居民结束测试时，他们的杏仁核（前文提到，这是参与恐惧反应的区域）表现出了更大的威胁反应，乡村居民的反应相比更小。[5] 为什么会出现这

种区别？城市生活更不稳定，也更加危险。城市居民更加机警，他们的身体和大脑时刻准备应对强大的压力反应。这种“时刻准备着”的状态是对城市生活的适应，虽然不大健康，那些居住的社区威胁较多的人，可能正是因此而端粒变短的（有趣的是，噪声和拥挤与端粒变短没有相关性。对我们这些城市居民来说，这让人松了口气）。[6]

有些社区居民的端粒变短，是因为在那里很难维持良好的健康习惯。比如，如果社区脏乱差、不安全、社会凝聚力低，[7]居民的睡眠时间也偏少。没有足够的睡眠，端粒也会遭殃。

我（伊丽莎白）也在纽黑文（耶鲁大学的所在地）生活过一段时间，也体会过糟糕的居住环境对端粒的伤害。在来纽黑文之前，我在英国的剑桥做研究。剑桥地势平坦，是骑脚踏车的乐园，所以我每天骑车出门。当我来到耶鲁开始博士后研究的时候，我留意到这里的地形也很适合骑车，刚认识实验室的伙伴，我就问他们：“哪里能买到自行车呀？”

一阵短暂的沉默。最后有人答道：“呃，晚上骑车回家可能不是个好主意，这里的自行车经常被盗。”

我轻描淡写地说，“没问题呀，这在剑桥也会发生，我买一个便宜的二手车就是。”又一阵静默，然后有人好心地解释，刚刚说“自行车被盗”的时候，他的意思是“当着你的面自行车被盗”。所以，我在纽黑文就从没骑过自行车。

其他人若生活在犯罪率高、信任程度低的社区，可能会得出类似的结论。对许多人来说，每天忙得焦头烂额，抽出时间健身已非易事，能好好休息一下就不错了——对那些社区不安全的居民来说，有些运动过于危险，根本想都别想。首先是安全问题；其次，那里往往也没有公园或者运动场所。在更贫困的社区，社会环境及建筑环境都不利于人们去运动。缺乏运动，端粒就会更短。

垃圾遍地还是绿树成荫？

旧金山是世界上最棒的城市之一。对这里的居民来说，城市里各种博物馆、餐馆、剧院，步行可及；登高远望，山丘和海湾美景尽收眼底。但是像其他许多城市一样，旧金山也有些地区藏污纳垢，垃圾遍地。这对居民，特别是青少年来说，不是好事。那些住在脏乱差街区的孩子，端粒往往更短。房子外面有垃圾或者碎玻璃，则更强烈地预示着端粒也有问题。[8]

你去过香港吗？九龙和新界的区别何其之大！九龙位于城市中央，熙熙攘攘，车水马龙，好不嘈杂；新界位于城市外围，丘陵起伏、绿意盎然，随处是绿树、公园和河流。2009 年的一项研究调查了 900 多位老人，有些住在九龙，有些住在新界。你猜谁的端粒更短？答案是城市居民（此研究排除了社会阶层和生活方式的影响）。虽然可能也有其他因素的影响，但这项研究暗示，绿色空间可能对端粒也有益。[9]

当你漫步于森林，呼吸着清新的空气，不难相信接触大自然有益端粒。这种可能性也吸引着我们，因为我们知道大自然有助于心理康复。亲近大自然能带给人很大的转变，大自然的美与宁静，让人身心安顿，从自己琐碎的思考中抽离出来，从城市生活的拥挤、嘈杂、匆忙、不安中解放出来，免得体内的警醒系统过于活跃。徜徉在大自然里，大脑会从时刻待命，应对威胁的压力中获得短暂的休息。接触绿色空间，会减轻压力，使皮质醇的分泌和调节趋于健康。[10]

英国的一项研究发现，经济状况不佳的人早亡率达 93%，几乎是富人的两倍。然而如果他们居住在绿荫社区，就不会有这种后果。事实上，他们的相对早亡率只有 43%。[11] 显然，生活在大自然中，过早死亡的风险降低了一半。虽然贫困仍然是个坏消息，但是这项研究让我们相信，绿荫与端粒的关联值得进一步探索。

金钱可以延长端粒吗？

即使你不是大富翁，仍然有可能拥有长端粒。只要没有经济压力，能满足基本需求，就有助于端粒健康。在新奥尔良进行的一项研究调查了约 200 位非裔美国人，发现贫穷与端粒更短的确有相关性。[12]

不过，在基本需求满足之后，拥有更多的金钱就不会进一步帮助端粒了。换句话说，并非收入越高，端粒就越长。[13] 但是教育程度似乎表现出剂量效应——受教育水平越高，端粒就越长。不过，受教育水平越高，越容易提前发现疾病，所以这些结果并不意外。[14]

英国的一项研究发现，职业类型比社会阶层的其他指标更重要：与劳工相比，白领的端粒更长。这一点在那些从事着不同工作的双胞胎身上也是如此。[15]

有害端粒的工业化学物质

一氧化碳无臭、无色、无味，深埋在地下的煤矿井底，会在我们毫不知情的情况下逐渐累积起来，在爆炸或者火灾之后尤其明显。一旦达到了较高的浓度，它就会导致矿工窒息身亡。在 20 世纪初，矿工开始带着金丝雀下井。这些矿工待之如友，会一边工作一边唱歌给鸟儿听。如果矿井内一氧化碳浓度升高，金丝雀会表现得焦躁不安，甚至站不稳当，这时矿工就知道井下不安全了，需要戴上呼吸面罩或者尽快出去。[16]

端粒就是细胞内的金丝雀。类似这些笼养的鸟儿，端粒被关在我们的身体里，它们容易受到化学环境的伤害，而且它们的长度标记了我们一生中受毒害的程度。有些化学物质就像我们小区里的垃圾——它们都是物理环境的一部分，看似不起眼，却都有毒。

我们不妨从杀虫剂说起。迄今为止，人们发现有 7 种杀虫剂与农民的端粒显著变短相关，它们是甲草胺（alachlor）、异丙甲草胺（metolachlor）、氟乐灵（trifluralin）、2，4- 二氯苯氧乙酸（2，4-diclorophenoxyacetic acid）、百灭宁（permethrin）、毒杀芬（toxaphene）、滴滴涕（DDT）。[17] 一项研究发现，累计接触的杀虫剂越多，端粒就越短。我们无法断定哪一种杀虫剂对端粒的伤害更大，因此研究了这 7 种杀虫剂的总体效应。杀虫剂会导致氧化应激压力——当它积累起来的时候，端粒就会缩短。另一项研究也得出了类似的结论：在烟草地里工作的农民暴露在多种杀虫剂之下，他们的端粒也更短。[18]

好消息是，上述一部分化学物质在世界范围内已经被禁止使用，比如，全球都禁止了在农业中使用 DDT（印度除外）。不过，释放之后，这些化学物质不会凭空消失，它们会在食物链中积累（“生物富集”），因此，我们已经不可能生活在一个无毒无害的环境里。我们的每一个细胞里可能都有微量的有毒物质。它们也会被分泌到母乳里，只是母乳喂养的好处远远大于接触这些有毒物质的害处。不幸的是，一部分化学物质（甲草胺、异丙甲草胺、2，4- 二氯苯氧乙酸、百灭宁）仍然在种植业、园艺业广泛使用，而且这些农药的用量依然很大。

另一种化学物质——镉元素，对身体也有严重影响。镉是一种重金属，主要出现在烟草里。在我们的生活环境里，室内尘埃、泥巴、汽车尾气、城市垃圾的焚烧，都会产生镉，因此，我们体内也有微量但潜在有害的镉。研究表明，烟草与端粒更短有关——考虑到抽烟的其他害处，这并不奇怪。[19] 抽烟使端粒变短的一部分原因就是镉。[20] 与不抽烟的人相比，抽烟的人血液中的镉含量高了一倍。[21] 在有些地区和行业，工人在车间里会接触到镉。在中国广东汕头的贵屿镇——当地以电子废弃物回收闻名，镉与铅的含量严重超标。研究发现，孕妇血液中的镉含量很高，胎盘中的端粒也更短。[22] 美国一项针对成年人的研究表明，那些受镉严重影响的人，细胞老化会加速 7 年。[23]

另一个值得关注的重金属是铅，它出现在一些工厂、老房子以及还在使用含铅油漆、含铅汽油的发展中国家。铅是使端粒变短的另一个罪魁祸首。在前文提到的关于贵屿镇的研究中，研究人员发现，铅的含量和胎盘端粒长度之间没有相关性。但是，另外一项针对中国电池工厂工人的研究发现，接触铅造成了严重的后果。[24] 这项研究涉及 144 位工人，约 60% 的人体内铅含量足以引起慢性中毒，他们免疫细胞的端粒明显更短，而这些人的唯一特殊之处在于他们的工作时间更长。[25]

幸运的是，一旦发现铅中毒，受害者可以接受住院治疗。通过检测尿液中的铅含量，医生可以计算出身体的铅含量，据此推测长期累积接触的铅含量。整体的铅含量越大，端粒就越短，相关系数达到了 0.7（最大相关系数为 1）。它们的相关性是如此之强，以至于其他因素——包括年龄、性别、抽烟、肥胖——与端粒的关系变得微乎其微。接触铅的危害性远远超出其他因素。

虽然工作场所的危害是主因，一些家居的有害物质也同样值得警惕。老房子可能用的是含铅涂料，如果涂料正在脱落，就会带来问题。许多城市的供水管道仍然含有铅，它会进入饮用水。想一想美国密歇根州弗林特镇（Flint，MI）2015 年爆发的铅水危机，就是一个悲剧。市政府为了便宜行事，竟然抽取已遭污染的弗林特河水供应民生用水，让居民喝了一年半的铅水。饮用水是污染源，居民体内的铅浓度也居高不下。其实，还有许多城市由于铅管严重腐蚀，也有饮用水污染问题。尤为令人担心的是，儿童比成人对铅更敏感。一项研究发现，8 岁的儿童接触铅之后，端粒要比没接触铅的同龄人更短。[26]

还有一类化学物质叫作多环芳烃（Polycyclic Aromatic Hydrocarbons，PAHs），令人防不胜防。它们是燃烧的副产物，伴随着烟草、煤、焦油、煤气、沥青或其他有机物质的燃烧而产生，交通污染也会产生它们。受污染的土壤里长出的植物含有多环芳烃，烧烤食物的时候也会产生它。多项研究表明，频繁接触多环芳烃，也会使端粒更短。[27] 一项针对多环芳烃的研究为孕妇提了醒：孕妇住得离公路越近，周围的树木和植物越少（即空气污染越严重），她们胎盘的端粒就越短。[28]

哪些化学物质会使端粒更长，导致癌症？

有些化学物质与更长的端粒有相关性。这听起来不错，但是不要忘了，有时端粒变长是细胞生长失控造成的，换言之，就是癌症。因此，当对基因有害的化学物质进入身体之后，我们更可能产生突变和癌变的细胞，如果这些细胞的端粒较长，它们也就更可能分裂成癌细胞。这也是为什么我们对于那些宣称可以延长端粒的营养品持保留态度。

我们担心，接触这类化学物质或者激活端粒酶的营养品可能会有害细胞，它们改变端粒酶的方式或许过于极端，我们的身体不知如何应对。但是当你养成自然的健康习惯，比如进行压力管理、锻炼身体、摄入良好的营养、睡眠充足，你的端粒酶会缓慢增加。这种自然过程会保护并维持你的端粒，在某些情况下，生活方式的改变甚至会使端粒变长，但是它并不会引起不受控制的细胞生长。健康的生活方式与更长的端粒有相关性，而且目前还没人发现它们会诱发癌症。它们影响端粒的机制比较安全，与接触化学物质或者营养品完全不同。

哪些化学物质可能会使端粒不正常延长？接触二噁英和呋喃（不少化学生产工艺都会释放这些有毒副产物，它们也多见于动物制品）、砷（可能出现在饮用水和食物中）、空气中的某些颗粒、苯（通过接触烟草、石油以及石油制品）以及多氯联苯（出现于一些高脂肪的动物制品里），都与端粒更长有关。[29] 有趣的是，其中一些物质也会提高癌症风险，有些与动物中的癌症发病率提高有关联，另外一些，一旦过量摄入，就会引起细胞分泌出促癌症生长分子。有可能这些物质既可以帮助细胞突变与癌变，又可以增加端粒酶，使端粒变长，增加癌细胞分裂的可能性。我们推测，在化学物质和癌症的关系中，端粒是重要的一环。

为了给你一个合适的参照系来理解这一点，美国癌症研究学会在 2014 年发布的进展报告中声明，33% 的癌症诱因来自烟草，约 10% 的癌症诱因来自工作及环境中接触的污染物。[30] 不过，美国人接触化学物质的相对比例更低，至于世界上其他环境污染更严重、工作环境更糟糕的地区比例有多高，我们并不清楚。此外，虽然 10% 的比例听起来不大，但是考虑到每年仅美国就有 160 万例癌症，10% 的新增率意味着每年有 16 万例的癌症新患者。这不是一个小数字，而这还仅仅是在美国。世界卫生组织推测，全球每年癌症新增病例高达 1420 万，由此推算，其中 140 多万病例源于环境污染。[31]

有害端粒的毒素

可能会使端粒变短的化学品	可能会使端粒变长的化学品（端粒变长在这种情况下可能意味着细胞生长失控以及某些癌症）
重金属，比如镉和铅	二噁英、呋喃 砷 颗粒物 苯 多氯联苯
农业杀虫剂和草坪用品： 甲草胺 异丙甲草胺 三氟拉林 2，4–二氯苯氧乙酸 氯菊酯 大部分已停止使用，但环境中可能仍有残留： 毒杀芬 滴滴涕	
多环芳香烃类	

如何保护自己？

环境中有这么多的污染源，我们能做什么？要彻底了解这些化学物质与细胞受损的关系，我们还需要更多研究，但与此同时，我们只能尽量小心防范。我向来偏爱天然产物（当然，只有购买不太麻烦时，我才这么做）。自从意识到如此多的日常清洗剂和化妆品中含有如此多有害基因或端粒的化学物质，我现在开始积极地寻找天然制品。

你可能也想改变自己的饮食习惯。井水和地下水里有天然的砷，所以你可以选择考虑测试你的饮用水或者进行过滤处理。避免使用塑料饮水瓶和塑料厨具，即使是不含双酚 A 的塑料瓶，也可能含有其他有害的化学物质。双酚 A 的替代品可能也不安全，也许我们还没有进行充分的研究（此外，如果我们不减少塑料的使用量，海洋里的塑料很快就要比鱼多了）。尽量不要微波加热塑料制品，即使它们写着可以进行微波加热。当然，加热不会使它们变形，但是这并不意味着你的食物中不会渗入一点塑料。

如何减少接触到的空气污染？如果可能，尽量避免住在交通要道旁。不要抽烟，也避免吸二手烟。绿地——树木、绿荫，甚至是房子旁边的植物——都可以减少空气污染，包括挥发性有机物质。虽然没有直接证据表明家居环境中的绿地会导致端粒更长，但是它们之间的相关性暗示着接触绿荫会有保护作用。所以不妨在公园、绿地、城郊的森林里散散步。

关于更多自保之道，参考本书第 258 页的“逆龄实验室”。

友谊、婚姻与端粒长度的关系

远古时代，当人类还处于部落生活形态时，每个部落都会委派几个成员守夜。守夜人整晚提高警觉，看是不是发生火灾，是否有敌人或猛兽入侵，因为有他们的守夜，其他人才会安心入睡。在危险的年代，群体生活是确保安全的一种办法。如果你无法信任夜晚的守夜人，你就无法好好睡觉。这可能是我们祖先体验到的社会资本和信任的缺失！

让我们快进到当代。现在，当你每天晚上上床入睡的时候，你可能不会太担心黑豹跳上房顶，或者敌方的士兵在帐篷外搞什么阴谋。尽管如此，跟石器时代相比，人类的大脑并没有太大的改变。我们仍然需要别人的守护，让我们无后顾之忧。感到与他人建立联系是人类最基本的需求之一，建立社会联系仍然是缓解危险信号的最有效方式之一，而欠缺社会联系则会使人时刻觉得身处险境。这也是归属感让我们感到愉快的原因。[32]

与他人建立联系令我们感到愉快——无论是接受或给予建议，还是借出或借入东西，或团队合作，同喜同悲，感到共鸣。身处这种亲密关系中的人，能够获得这种类型互相帮助的人，往往更加健康，而缺少这样关系的人，压力就会更大，更抑郁，寿命可能也比较短。

动物实验表明，对于大鼠这样的社群动物来说，把它们单独圈养无异于一种惩罚。过去我们不知道对这种爱社交的动物来说，孤单会产生多大的压力。现在我们知道，单独圈养的时候，大鼠无法获得跟同伴相处时的安全信号，于是感到压力巨大。它们患乳腺癌的概率要提高 3 倍。[33] 实验人员没有测量它们的端粒长度，但是一个类似的研究发现，单独圈养的鹦鹉比成对喂养的鹦鹉的端粒缩减得更快。[34]

除了没办法骑自行车让我（伊丽莎白）颇为失望，我在耶鲁的博士后生活大抵还算愉快。但是到了找工作的时候，我又开始担心了。我时常半夜醒来，一身冷汗，怀疑自己是否真能找到工作。为了在学术界找到教职，一个重大挑战就是准备面试时的演讲。因为不安，我做过头了，我急于向世界说明研究结论是可信的，于是把每一丁点实验都罗列了出来。当我在同事面前进行演练的时候，他们的反应——往好里说——是反应平平。演讲的信息量如此之大，以至于听众不知道我在说什么。我们实验室的头儿乔·高尔（Joe Gall）在会议之后给了一些善意的鼓励，这让我感觉好了一些。然后黛安娜·尤里切克（Diane Juricek）［婚后冠夫姓，改名为黛安娜·拉韦特（Diane Lavett）］来到我的办公室。黛安娜是隔壁实验室的一位年轻的访问教授，我们共用会议室和午餐桌。黛安娜自告奋勇地帮我把报告内容理出了头绪，去除了过多的实验描述，让整体报告更加流畅连贯。然后她又帮我在另一个楼栋的报告厅里进行了排练。对于当时年轻、缺少经验的我来说，这些举动非常慷慨——要知道，黛安娜跟我并不熟。我倍感振奋。我才意识到，学术共同体意味着什么。

当时，我仅仅是感激黛安娜的帮助。我并不知道，我的细胞也会对这种支持做出反应。好朋友就像是信得过的守夜人，当他们在身边的时候，你的端粒会得到更好的保护，[35] 细胞会释放出更少的 C 反应蛋白（CRP）、更少的促炎症因子，降低心脏病发病的可能性。[36]

在你的生活里是否有这样一些人，他们跟你很亲密，但也会带来烦恼？大约一半的亲密关系都是爱恨交织，研究者伯特·内野（Bert Uchino）称之为“混合型关系”。不幸的是，这样的关系越多，端粒就越短 [37]（如果女性有这样的朋友，她们的端粒就更短。无论男女，如果他们跟父母的关系喜忧参半，他们的端粒也会更短）。在这些关系里，你无法总是得到所需的帮助。当你的朋友误会了你的问题，或者无法给你真正渴望的支持的时候，会令人气馁（比如，你需要的只是靠在朋友的肩膀哭泣，朋友却可能认为你需要一次倾心长谈）。

婚姻有各式各样的类型，婚姻质量越高，它所带来的健康效果就越好，虽然从统计意义上看，这种影响不大。[38] 婚姻美满的人经历困难的局面时，他们的韧性更强。[39] 婚姻美满的人，早亡的概率也更低。目前还没有人研究过婚姻质量与端粒长度的关系，但是我们知道，已婚的人或者有伴侣同居的人，他们的端粒更长[40]（这项意外的发现来自对两万多人的遗传学研究，而且这种关系在年长的夫妻身上体现得更明显）。[41]

婚姻中的性爱可能对端粒也很重要。在我们最近的一项研究中，我们询问了已婚配偶在过去一周是否有过性生活。那些给出肯定回答的配偶，端粒往往更长。这项发现对男女都适用，而且跟两性关系中的其他因素无关。老年人的性爱活动并不像刻板印象认为的那样稀少。在 30~40 岁的已婚人群里，大约 50% 的夫妻有性行为，在 60~70 岁的人群中，这个比例是 35%（频率从每周一次到每月数次不等），许多 80 多岁的老夫妻一样能享受鱼水之欢。[42]

反之，那些关系不大好的夫妻更容易感染彼此的压力和负面情绪。在争吵的时候，如果一方的皮质醇水平升高，另一方也会如此。[43] 如果一方早上醒来的时候有强烈的压力反应，另一方亦然。[44] 当双方的压力水平都很高的时候，就没有谁为紧张的关系踩刹车，没有谁会后退一步，说：“啊，等等。我看出来你现在很难受。来，让我们松口气，来好好聊聊，以免事情演变到失控的地步。”不难想象，这样的关系令人疲惫。我们的生理反应跟配偶的同步性很高，这可能超出我们的预料。比如，在一项研究中，让配偶在实验室里讨论轻松和沉重的话题，观察他们的状态，发现一方的心率紧随另一方而波动，仅有一点延时。[45]我们推测，未来关于亲密关系的研究将揭示出更多生理层面的关联。

种族歧视与端粒长度的关联

一个周日的清晨，13 岁的里奇决定去几英里外的小镇参加一个朋友的礼拜日聚会。他住在中西部的一个小城里。里奇是个非裔美国人。“我猜教堂里没有很多黑人，可能我们两个人的着装会显得另类。”里奇跟朋友在接待区安静地坐下来，等候礼拜开始。里奇的父亲是位牧师，他从小就在教堂里长大，他知道，在这里他会感到被接纳、被欢迎，在这里他感到安全。然而一个负责教会活动的女性走上前来。

“你俩在这里干什么？”她的语气颇为尖锐。他们解释说打算参加这里的礼拜日聚会。

“这不是你们该来的地方。”她说道，然后要他俩离开。

“我当时觉得很不舒服，”里奇事后回忆道，“她似乎说服了我，我其实不属于这里。我们最后还是离开了教堂，没有参加那次聚会。我真不敢相信会发生这样的事情，但是当我父亲给牧师发邮件咨询的时候，他们确认了这些细节，那位女负责人的确说了那些话。有人如此大费周章地把我们赶出教堂，似乎太不人道了。”

歧视是一种严重的社会压力。歧视有多种表现形式，无论是关于性取向、性别，还是种族、地域、年龄，歧视都是有害的。这里我们以种族歧视为例，因为有人做了这方面的端粒研究。在美国，如果你是黑人，尤其是男性黑人，你就可能有里奇的遭遇。他说："当我们说起种族主义的时候，人们认为我说的是什么极端情况。但是它可能是件很小的事，就像当一个非裔美国男孩子经过的时候，白人妈妈紧紧把她的孩子拉过来。这令人难受。”

不幸的是，极端的种族主义也很常见，非裔美国人更有可能受到犯罪指控，或被警察攻击。现在，有了行车记录仪和智能手机，我们经常有机会从电视上看到这些令人心惊的画面。警察也像其他人一样，会以貌取人，对不同社会族群有偏见。遇到陌生人的时候，在几毫秒之内，你的大脑就会判断，这个人是“同类”还是“异类”。这个人长得像我吗？是否看起来眼熟？如果回答是肯定的，我们本能的判断是这个人会更热情、更友好、更可信。如果对方跟我们明显不同，我们的大脑就会判定为可能对我们有敌意，是个威胁。[46]

如前所述，这是下意识的快速反应，是我们对肤色启动的自发判断，但是这不代表我们应根据这样的判断歧视他人。我们都要有意识地与这些内在偏见做斗争。蒂姆·派利许（Tim Parrish）是 20 世纪 60 年代成长于路易斯安那州的白人，现在 50 多岁。他说在他居住的社区，种族壁垒分明。他承认，尽管他讨厌种族偏见，也不相信它们是真的，但这些念头仍然会在脑海里萌生。他在《纽约每日新闻》里写过一篇评论文章，他提到“那些被灌输进我们脑海里的信念，并不都是我们自己的选择。我们能做的是，时刻保持警醒，解构我们默认的假设，抵制内心里的种族优越感”。[47]在相对不太紧张的情形下，保持这种思维定力不难，但在急剧变化、剑拔弩张的情形下，恐怕就不容易了，这也是为什么“黑人驾车者”更可能被警察勒令靠边停车。如果你是黑人，而且你的行为难以理喻或者看起来像是威胁，你更可能被枪击。我（艾丽莎）的丈夫杰克·格莱瑟（Jack Glaser）是加利福尼亚大学伯克利分校公共政策系的教授，曾负责培训警员，减少种族偏见。他帮助警局改进培训方案，让他们更少受自发判断的影响。虽然他和同事们把这归为政策研究，但是我认为他实际上是在为社会减轻压力，而且也能促进端粒的健康！

那些经受歧视之苦的人，心理阴影可能经久不散。非裔美国人更容易患上与衰老有关的慢性疾病，比如，他们比其他种族和族裔的人患中风的比例更高，部分原因可能是他们不关心健康、贫穷、缺乏良好的医疗卫生看护，但是长期承受压力可能也是原因之一。在一项针对老年人的研究里，那些饱受歧视的非裔美国人的端粒更短，而在白人身上就没有这种相关性，因为他们经历的歧视本来就更少。[48]但是，歧视的问题很可能不是那么简单直接，我们甚至不知道自己有种族歧视的心态，从而在不自觉的情况下，歧视其他族裔的人。

马里兰大学的蔡大卫（David Chae）开展了一项精彩的研究，他关注的是住在旧金山地区的低收入年轻黑人男性。他想知道，如果人们把通常的社会偏见内化，即他们自己在潜意识里也开始相信社会偏见的时候，端粒会发生什么变化。光是歧视，端粒的变化有限。不过，受歧视的黑人一旦把社会的歧视态度内化，端粒会更短。[49] 如果你想知道你对黑人的偏见是否已经内化，可利用哈佛大学建立的内隐联结测验网站（https://implicit.harvard.edu/implicit/）接受测试。对于自己身上的歧视，也不必过于苛责，我们大多数人都会有。我们预计，在接下来的几年里，会出现更多关于歧视和端粒的研究。

我们生活的地点与接触的人都会影响我们的端粒健康，知道了这一点或许令人感到心安，或许会令人不安。它完全取决于你的境遇——你在哪里生活，你的亲密关系质量如何，你内化了多少歧视(无论歧视的是你的种族、性别、性取向还是年龄、残疾程度)。无论如何，我们所有的人都可以采取措施，减少接触有害因素，提高我们社群的品质，敏于觉察到自己对其他族裔的偏见，创造更加积极的社会联系。本章末尾的“逆龄实验室”部分提供了一点可行的建议。

端粒健康窍门

- 人与人的许多联结是无形的，而端粒揭示出了这些关联。
- 歧视带来的压力会影响我们。
- 有毒的化学物质会危害健康。
- 我们还会被一些更微妙的方式影响，比如我们对所在社区的感受、绿荫的面积、周围人的情绪和生理状态等。
- 知道了环境如何影响我们，我们就可以开始在自己家里和社区里创造更健康、更有益的环境。

逆龄实验室

尽量远离有毒物质

我们已经描述了一些防止塑料与污染的基本方法，以免端粒缩短或是不正常延长。下面是一些更进一步的防范之道：

1. 少吃动物脂肪或奶酪。肉类的脂肪部分是生物化合物富集的地方。同样，在那些体形巨大、寿命较长的鱼里也是如此。不过，这一点也要平衡考虑。鱼类——比如三文鱼和金枪鱼——也含有omega-3脂肪酸，它们对端粒有好处，所以要适量食用。

2. 烧烤的时候要注意通风。如果你在烤架或者煤气灶上烤肉，请注意通风。尽量避免直接在明火上烤肉，也不要吃烤焦的部分，无论它们味道多好，都不能吃。

3. 避免吃有农药残留的农产品。尽可能吃不含农药的食物，最起码要在食用前充分清洗。购买有机水果、蔬菜和肉类，或者自己种点蔬菜。考虑在自家的阳台上种点生菜、西红柿、九层塔或其他香草植物。关于如何对付虫害，可以参考 http://www.pesticide.org/pests_and_alternatives。

4. 使用含有天然成分的清洁产品。许多产品可以自己做，关于这方面的配方，我们推荐 http://chemical-free-living.com。

5. 找到安全的个人护理产品。仔细阅读个人护理产品说明，比如香皂、洗发水和化妆品背后的标签。你可以访问 https://www.ewg.org，了解美容产品中的化学成分。如果不确定，请购买有机产品或纯天然产品。

6. 购买无毒的室内油漆或涂料，避免使用含有镉、铅或者苯的涂料。

7. 绿化环境，多买一点室内植物。每 100 平方米有两株植物就可以净化空气。推荐种植蔓绿绒、波士顿蕨、白鹤芋和常春藤。

8. 用金钱或行动支持城市绿化。绿色空间对身心都有益，也能使社区更健康。在人口密集的超大城市，仅靠种树已不足以清除空气中的毒物。如果你生活在城市，请考虑向你的城市管理者提议安装空气净化广告牌。这些广告牌的吞吐量相当于 1200 棵树，可以清除 10 万立方米空气里的尘土和金属粉尘。[50]

9. 无毒生活。从“寂静的春天”网站（https://silentspring.org）下载“为我解毒”（Detox Me）的应用程序，了解关于有害物质的最新知识。

促进社区的健康：众人拾柴火焰高

为了让你所在的社区一角更吸引人，不妨参考旧金山一些社区的做法。我们的邻居在一些本来只有水泥人行道的地方安置了一些长凳和桌子，并在桌上摆了些像样的小盆栽，于是那儿便成了一个令人惊艳的角落，左邻右舍纷纷前来，坐在这里休憩、聊天。或者可以考虑以下这些做法：

1. 用艺术品装点社区。一幅壁画或者一张漂亮的海报都会给本来单调的地方带来希望、信任和正能量。西雅图有一个社区的居民就跟艺术家合作，把空屋用木板钉起来，再画上他们希望看到的商店：一家冰激凌小店、一个舞蹈工作室、一家书店等。这些绘画帮助创业者看到了社区的潜力。店家多了，社区也就不再死气沉沉，变得欣欣向荣。[51]

2. 致力于绿化（尤其是城市居民，更当尽力）。社区里的绿色空间越多，居民的皮质醇的水平就越低，焦虑和抑郁的比例也更低。[52] 把一块闲置的空地改造成社区菜园或者果园，或者在小公园里种点树和花，对居民身心都有帮助。绿化空地也许可减少持枪犯罪及蓄意破坏行为，也能提升居民的安全感。[53]

3. 在社区营造温馨的气氛。社会资本可增进健康，因此是宝贵的资源。所谓社会资本（social captital）是指社群内的关系，以及社区内的正面活动与资源，其中最重要的一项是信任。因此不妨以身作则，敢为人先。做饭的时候多做一点，跟邻居分享。分享你菜园子的蔬菜或者花卉，帮助大伙儿铲雪，为年长者当驾驶员，或者开始做社区观察员，为新入住的居民留一条欢迎留言，或者计划一次街区派对。你也可以在家门口竖起一个小木屋，利用这个小小的免费图书馆，跟邻居分享图书（https://littlefreelibrary.org/）。最近有好多社区都开始流行这种分享书籍的做法。

4. 微笑的力量。在街上与人擦肩而过的时候点头致意。人是群居动物，我们对社会信号特别敏感，对于拒绝的信号尤其敏感。每天，我们都与陌生人或者熟人打交道，有时觉得格格不入，有时则能建立良好的关系。对人视若空气（穿过对方的脸，而没有目光接触），这会让他人觉得更疏远。如果报以微笑，并保持目光接触，他们会感到更强的联系。[54] 此外，这一刻你对人微笑，下一刻那人就更愿意帮助其他人。因此，开启这种善意的循环吧。[55]

强化你的亲密关系

然后是那些每天都会见到的人——我们的家人、同事。这些关系的质量对我们的健康大有影响。当然，因为熟悉，我们很容易把这些关系视为理所当然，因此熟视无睹。其实，亲密关系也需要小心呵护和培养。

1. 表达感谢。例如，对家人说“谢谢你帮我洗碗”，或者对同事说“谢谢你在会议上支持我”。

2. 多陪伴。这意味着不要只顾着看手机或者电视、电脑屏幕，给家人或朋友全部的、真诚的注意。你的关心就是最好的礼物，而且不花一分钱。

3. 多抱抱你爱的人。肌肤碰触（抚摸或者拥抱）可刺激大脑分泌催产素（译注：男女皆能分泌，俗称爱情激素或拥抱激素）。

第十二章　人之初：细胞老化始于子宫

当我（伊丽莎白）发现自己怀孕的时候，第一个念头就是要好好保护自己腹中尚未出世的胎儿。因此，一拿到怀孕测试的阳性结果，我就立即戒烟。还好，我之前抽得并不凶，最多一天几根。我发现这个改变不难完成，特别是因为我对孩子的健康如此挂念。从此我再也没抽过烟。与此同时，我开始研究该吃什么。听从了产科医生的建议，我开始关注更有营养的食物（比如鱼、鸡和青菜）。我也开始依照他们的建议，补充微量营养，比如铁和维生素。

现在，我们对孕妇的营养与健康状况如何影响胎儿的发育有了更深刻的理解，我们也知道，胎儿的端粒会发生什么变化。但我从未想到，多年以前，我的那些决定可能都保护了我胎儿的端粒。或者，更令人惊异的是，我做的选择以及在孩子出生之前发生的事情，可能都影响了我儿子端粒的初始状况。

端粒的发育一直持续到成年期。我们做的选择能让端粒更健康，也能使它缩短得更快。但是，在我们懂得做决定该吃什么、该如何锻炼之前，在慢性压力开始威胁端粒之前，我们的端粒有一个初始设定。有人生下来端粒就更短，而有些幸运儿的端粒则更长。

你也许猜到了，出生时的端粒长度受到了基因影响，但这不是故事的全部。我们逐渐开始了解到，在孩子出生之前，父母的身心状况就影响了孩子的端粒。这点很重要，因为我们可以根据出生时的端粒长度预测成年之后的健康状况。[1] 孕妇摄入的营养，以及她所经历的压力，都会影响胎儿的端粒长度。甚至有可能，父母的人生经历也会影响下一代的端粒长度。一言以蔽之，衰老始于子宫。

父母会把自身缩短的端粒传给子女

克罗伊今年 19 岁，两年前她怀孕了。因为父母不支持也不谅解，她就离家，跟一个朋友一起租房。为了付她的那部分房租，她只得从高中辍学，找了一份销售员的工作，领的是最低工资。虽然条件困难，但克罗伊决意让她的孩子有一个良好的开端。在她怀孕的时候，她尽最大努力注意孕期看护，服用孕期维生素，虽然这让她感到不大舒服。当儿子出生的时候，她下决心让他永远都在爱中长大。

克罗伊决意给她的孩子自己所没有的——更好的健康，更满意的生活。但是，有证据表明，父母的教育水平，会间接地影响孩子的端粒。那些高中没有毕业的母亲，与完成了高中学业的母亲相比，胎儿脐带血中的端粒更短——这意味着孩子们从出生伊始就落在了后面。[2] 研究对象如果是较大的儿童，结果也发现：父母受教育程度较低，儿童的端粒也比较短。[3] 这项发现已经排除了其他可能影响结果的因素，比如婴儿出生时的体重。

如果后续研究也证实如此，可真是革命性的发现。我们不得不好好想想，为何父母的教育水平会影响孩子的端粒？

因为端粒会代代相传。当然，父母传给孩子的基因会影响端粒的长度。但是，更重要的是，父母还有第二种影响孩子端粒长度的方式，即直接传递。通过直接传递，父母的端粒——在精子和卵子结合的那一刻——会传给受精卵，以及未来由此发育而来的孩子。这也是表观遗传（epigenetic）的一种形式。

端粒的长度会直接传递，这是研究人员在探索端粒综合征的时候发现的。端粒综合征是一种会引起衰老加速的遗传疾病。患者的端粒特别短。本书前面提到的罗宾从青少年阶段头发就开始花白，骨骼变得脆弱，肺部功能也开始失调，甚至会患上一些癌症。换言之，患者们提前进入了疾病年限。端粒综合征是一种遗传疾病，只要父母任何一方传给了孩子一个相关的突变基因，它就会发生。

奇怪的是，在一些带有突变基因的家庭中，有些孩子却很幸运，没有继承引起这种病的基因。你也许会想，这些孩子不会发生细胞早衰吧？但是，即使他们不携带这些突变基因，他们仍然会表现出一定程度的细胞早衰——虽然不像端粒综合征患者那么严重，但是比起普通人来也是相当明显。研究人员决定测量这些孩子的端粒，发现他们的端粒果然更短。这些孩子没有携带导致端粒综合征的基因，但他们的端粒天生就更短。虽然这些孩子的端粒维护基因是正常的，但由于端粒从他们一出生就特别短，以后再也无法达到正常人的水平。[4]

怎么会这样？如果不是通过基因，孩子是怎么从父母那里继承更短的端粒的？答案其实很简单：父母的确可以直接影响子宫里的婴儿。情况是这样的，胎儿从受精卵发育而来，而受精卵由母亲的卵子与父亲的精子相结合而产生。卵子里有染色体，染色体上携带着遗传物质。卵子里的染色体也有端粒，这些端粒会直接传递给孩子。如果母亲的端粒本来就短（自然，她的卵细胞里的端粒也短），那么孩子的端粒一出生就短。这解释了为什么孩子即使没有突变基因，端粒也会更短。这意味着，如果母亲的生活经历使得她的端粒更短，那么她就会把变短的端粒直接传递给孩子。反之，如果母亲的端粒足够健康，她也会把健康的端粒传给孩子。

那么父亲的贡献呢？在精卵结合的那一刻，来自父亲的染色体通过精子与母亲卵子里的染色体结合。与卵子类似，精子里也有染色体，它的染色体上的端粒也会直接传给下一代。不过，在最近一项针对 490 位新生儿与其父母的研究中，科研人员发现，虽然孩子的端粒同时受双亲的影响，但母亲的影响要更大。[5]

到目前为止，有关人类端粒直接遗传的研究屈指可数。要区分开遗传因素与后天经历的因素，需要同时测量端粒的遗传学信息，以及端粒本身。[6]上述研究都是集中于有端粒综合征的家庭，但是我们和其他研究人员推测，这种情况在正常人群中也会出现。[7]在接下来的篇章，你会看到，不只是端粒会直接遗传，贫穷和不利的社会条件可能也会在代际延续。

社会条件不利，也会代代相传吗？

在你出生之前，你的父母是否经历过长时间的严重压力？他们是否穷困或是生活在危险丛生的社区？我们知道，父母在生你之前的生活方式可能会影响他们的端粒，这可能会影响你的端粒。如果他们的端粒因为慢性压力、贫困、不安全的社区环境、接触有毒化学物质或其他因素变短了，他们也会把短端粒直接传给你。同样，你也可能把短端粒传给你的后代。

对每一个关心下一代的人来说，端粒直接遗传的意义重大，令人警醒。它也引发了争论。在我们看来，来自端粒综合征家庭的证据暗示，不利的社会条件产生的后果可能会在代际积累。在大规模的流行病学研究中，我们已经看到了这个趋势：社会劣势与贫困、疾病和端粒变短有关联。那些因社会劣势而端粒变短的父母，可能会把这些端粒直接传给胎儿。于是，下一代就继承了上一代已经变短的端粒，从而落后了一步。

现在，设想一下这些孩子长大之后会发生什么，他们也会经受贫困和压力，他们本来就短的端粒会进一步衰退。在这个恶性循环中，每一代传给下一代的端粒只会越来越短，每个新生儿的细胞都更容易早衰，提前进入疾病年限。在端粒综合征的家族遗传中出现的正是这种模式：从祖辈到孙辈，端粒越来越短，导致后代越来越早患上老年疾病。

从出生伊始，端粒就记载了社会及健康的不平等，这可能解释了美国不同区域之间的差异。在特定邮编区号里的人明显更富裕，比起更贫穷区域的人，他们的寿命要长 10 年。这种差异通常被归因于后者的危险行为，或者接触暴力。但是，这些孩子也许从一出生就带着更短的端粒了。不幸的是，一个社区的健康问题可能也会在代际传播。但是，生物学理论并非宿命论，在有生之年，我们还有很多办法维护端粒。

图 25　一出生就变老？“妈妈，不是说机会均等吗？”有的婴儿因为母亲的关系，端粒天生就比较短。此外，母亲的健康程度、压力水平以及受教育水平对宝宝也有影响

孕期营养：如何照顾胎儿的端粒？

“你现在是一个人吃两个人的饭喽。”孕妇们常常听到这样的话。没错，发育中的胎儿从母亲摄入的食物那里获取能量和营养（但这并不代表母亲的食量会增加一倍）。现在我们发现，孕妇的食物可能也会影响胎儿的端粒。这里，我们要探讨的是营养如何影响了胎儿的端粒长度。

蛋白质

动物研究暗示，如果孕期蛋白供应稍有不足，后代多个组织中的端粒会加速缩短，包括生殖道中的端粒，这可能会导致夭折。[8]在大鼠实验中，如果怀孕的雌鼠蛋白质摄入量过低，雌性幼鼠中卵巢的端粒就会更短，它们的氧化应激水平以及线粒体拷贝数量也会更大，暗示着这些细胞承受着较大的压力。[9]

这种伤害甚至会传到第三代。当研究人员观察第三代大鼠的时候，他们发现，它们卵巢的衰老同样加速了，它们具有更高的氧化应激水平、更多的线粒体拷贝，端粒也更短。当祖辈的蛋白质摄入不足，孙辈也是细胞早衰的受害者。[10]

辅酶 Q

目前，关于人体和动物模型的研究得出了强有力的证据，它们表明，孕期母亲的营养不良会导致后代心脏疾病增多。如果母亲缺少食物，或者营养不良，孩子可能就会体重偏低。这往往还会有反弹效应（rebound effect），体重不足的婴儿在后天弥补的过程中过度进食，导致肥胖。出生时体重不足的婴儿，日后患上心血管疾病的风险更高，对体重反弹的婴儿来说，风险更为突出。

如前所述，这种情形把母亲的营养不良与心血管疾病联系了起来——其中一环可能是端粒缩短。大鼠实验发现，如果母亲蛋白质摄入不足，生下的幼鼠体重较轻，就像人类，它们的体重也会出现反弹。剑桥大学的苏珊·欧赞恩（Susan Ozanne）发现，在这样的大鼠后代里，多个器官的端粒都变得更短，包括主动脉。幼鼠体内的另一种酶——辅酶Q（又名泛醌，ubiquinone）——的含量也更低。辅酶Q是一种天然的抗氧化物，多见于线粒体，在能量传递链里发挥了重要作用。辅酶Q不足与心血管系统加速衰老有关。欧赞恩发现，如果在幼鼠的食物中添加入辅酶Q，营养不良的负面效果就会消失，端粒的功能也会恢复正常。[11] 她和同事总结道："用辅酶Q来预防正在全球蔓延的心血管疾病，也许不失为一种廉价又安全的对策。"

当然，这只是动物实验的结果。辅酶Q在人类身上的效果如何，我们还不得而知。即使在大鼠身上，我们也不知道这种效果是否仅限于那些母亲缺乏蛋白质的幼鼠。无论如何，我们应该进一步研究辅酶Q是否有益端粒。如果它真有这些好处，营养不良的孕妇生下的宝宝，以及患有心脏疾病的成人，都可能因此受益。鉴于目前我们并不知道辅酶Q是否适用于孕期，也不知道它的安全性，因此，我们并不推荐孕妇特地摄入辅酶Q。

叶酸

叶酸——即维生素B_9——是孕期的另一种关键营养物。你可能知道，叶酸会降低脊柱裂的风险，但它也可以保护染色体上的中心粒以及亚端粒，从而预防DNA的损伤。如果叶酸水平过低，DNA变得超甲基化（失去它们的表观遗传印记），端粒也会变得过短，或者，在少数情况下，变得过长。[12] 叶酸浓度太低，也会引起不稳定的尿嘧啶嵌入 DNA（正常情况下，尿嘧啶嵌入 RNA），甚至可能进入端粒本身，这或许会导致端粒的暂时延长。

孕妇孕期叶酸摄入不足，孩子的端粒往往更短，这进一步支持了叶酸对于端粒修复有重要作用这一观点。[13] 一项研究发现，那些导致人体难以利用叶酸的基因突变与端粒更短有关联。[14]

美国健康与人力服务部建议，孕妇每天应摄入 400~800 毫克叶酸。[15] 但是，叶酸也不是越多越好。至少有一项研究暗示，孕妇若过度摄入叶酸补品，孩子的端粒反而会更短。[16] 再次重申本书的一个主题——过犹不及，适度和均衡至关重要！

胎儿的端粒受母亲压力水平的影响

母亲的心理压力可能会影响胎儿的端粒长度。加利福尼亚大学尔湾分校的同事帕迪克·韦德华（Pathik Wadhwa）和索妮娅·安崔杰（Sonja Entringer）向我们提议合作研究孕期压力与端粒的关系，我们欣然应允，于是一起研究生命的初始状态。虽然这只是小型研究，但它表明，如果孕妇经受严重压力和焦虑，孩子脐带血中的端粒会更短。[17] 因此，母亲的压力会影响宝宝的端粒。最近的研究又拓展了这个发现，研究人员统计了孕妇分娩之前的各种压力事件，结果发现，压力最大的母亲生的孩子，比压力最小的母亲生的孩子，端粒平均要短 20%。[18]

韦德华和安崔杰想知道，孕期压力对孩子端粒的影响会持续多久。他们招募了一组成年人，男女都有，询问了他们的母亲在怀孕的时候是否经历过严重的压力事件（比如失去亲人或者离异这样的重大事件）。那些在孕期经受过压力的母亲，她们生的孩子长大之后依然与其他孩子有所不同——即便我们排除了其他可能影响健康的因素。他们更常患有胰岛素耐受，更可能体重超标或者肥胖；在实验室接受压力测试时，他们分泌出更多的皮质醇；当免疫细胞受刺激时，他们会释放出更多的促炎症细胞因子；[19] 最后，他们的端粒也更短。[20] 这表明，孕妇在孕期经受的心理压力在后代会有回响，对孩子端粒的影响会延续数十年。

我们这里讨论的是非常严重的压力，几乎所有的孕妇都有压力，程度多半是轻微或中度，这也不一定是因为怀孕，也可能是人之常情。如果是轻度压力，应该不至于让孩子的端粒受损。

在目前关于孕期压力的研究中，一个主要对象是皮质醇。这种激素由母亲的肾上腺分泌，可以穿过胎盘影响胎儿。[21] 在鸟类中，怀孕的雌性分泌的皮质醇也会进入鸟蛋，进而影响后代。在鸟蛋中注入皮质醇，或者让雌鸟经受压力，都会导致幼鸟的端粒更短。这些研究暗示，母亲的压力可能会传递给后代，使其端粒更短。我们再次申明，在鸟身上发生的情况在人类身上未必也发生，但基于我们对慢性压力和端粒的了解，孕妇最好避免这些严重压力的来源，包括各种情绪或身体的虐待、暴力、战争、有毒化学品、不安全的食物以及贫穷。最起码，我们应当保护孕妇免受饥饿和暴力等生存威胁。

很显然，父母——特别是母亲——对孩子的端粒健康影响很大。接下来，你会看到父母抚养孩子的方式也会影响端粒健康。

虽然后代的健康事关社会的方方面面，但事实上，这个问题并没得到社会充分的关注。脆弱的年轻世代需要我们的帮助，帮助他们，就是帮助我们的未来。

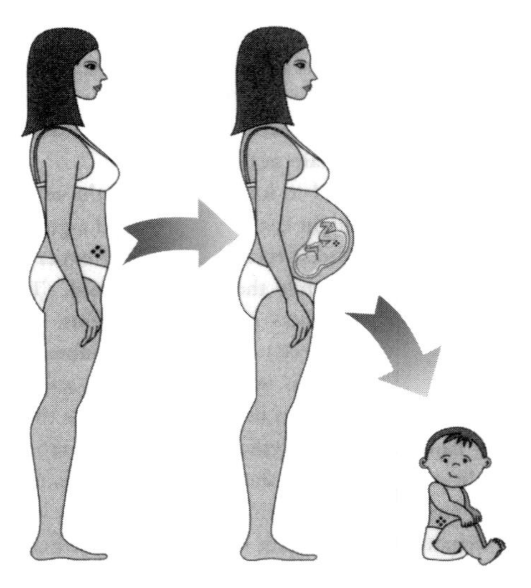

图 26　端粒的母婴传递。端粒从母亲到后代的传递起码有三条途径。如果母亲卵巢中的端粒较短，这些短端粒可能直接传递给孩子（这称为生殖系传递），孩子体内所有的端粒都会更短，包括他或她的生殖系细胞（精子或卵子）。在胚胎的发育过程中，母亲经受的压力或者不良的健康状况，都会通过过高的皮质醇水平或其他的生物化学因素导致孩子的端粒损伤。在出生之后，孩子的生活经历也可能使端粒变短，他们的生殖系细胞中变短的端粒有可能会进一步传递给后代。马克·豪思曼（Mark Haussman）和布里特·海丁格（Britt Heidinger）描述了端粒在动物及人体中的传递途径[22]

端粒健康窍门

- 端粒的某些遗传方式是我们无法掌控的，这包括来自精子和卵子的直接基因遗传。如果父亲或母亲的端粒较短，这可能会导致孩子端粒变短。先天的不平等的健康状况可能通过端粒直接遗传给下一代。

- 端粒的另外一些遗传方式却在我们的掌握之中。母亲孕期遭受的严重压力、抽烟、摄入特定的营养品（比如叶酸）都与孩子端粒的长度有关。

- 不利的社会条件产生的影响也会通过端粒代代相传，但这是可以预防的。比如，我们可以保护适龄女性的健康，特别是孕妇的健康，让她们免于遭受有害的压力或吃到有害的食物。

逆龄实验室

子宫也需要绿化

旧金山的儿科医生朱莉娅·葛瑟曼（Julia Getzelman）建议孕妇不只要绿化房子，也要考虑“绿化子宫”。如果你正在待产，请回顾前一章里关于减少接触有害化学物质的建议（第 258 页）。下面几点特别值得注意：

1. 避免负面压力，比如有害的人际关系、冲突，不切实际的截止日期，或者其他影响你睡眠、进食的情况。如果你在孕期遭遇了重大的人生挫折，试着控制你所能做的，并积极寻求亲友的支援。

2. 增加舒适时间。上孕妇瑜伽班，或者通过视频自学瑜伽，与其他孕妇互动。多散步，特别是在树木和绿地多的地方散步。

3. 多吃色彩缤纷的食品，确保有足够的营养，比如摄入膳食纤维、蛋白质、各种维生素、鱼或者高质量的 omega-3 脂肪酸补品，以及益生菌。

4. 选择有机食品，避免有农药残留或其他化学品的食物。少吃人工喂养的大型鱼类，因为它们往往富集了重金属及其他化学品。少吃糖精及其他人工增甜剂，因为它们可以通过胎盘进入胎儿体内（新型的增甜剂同样如此，我们预计，未来将会有更多令人警醒的报道出现）。罐装食品含有双酚 A，这是一种内分泌阻断剂。鉴于此，我们建议选择天然食品，避免食用那些含有许多可疑添加剂的包装食品。

5. 避免在家里接触有害化学品。经常拖地，使用醋和水擦拭家具表面，关注更安全的清洁用品（https://www.ewg.org）。此外，塑料浴帘、香水以及其他含有香味的产品（如香氛蜡烛）也可能含有有害物质，必须慎选。

第十三章　童年影响一生：幼年生活如何塑造了端粒？

童年经受的压力、暴力和营养不良都会影响端粒。但是我们仍有办法保护脆弱的儿童免受伤害，包括更细致的抚养方式以及适度的“有益压力”。

2000年，哈佛心理学家和神经科学家卡尔斯·尼尔森（Charles Nelson）走进了罗马尼亚一所臭名昭著的孤儿院。从20世纪60年代开始，罗马尼亚的领导人尼古拉·齐奥塞斯库（Nicolae Ceausescu）为了增加人口资本，用高压政策禁止堕胎和节育，结果许多人无力养育后代，就把孩子送到孤儿院，造成了严重的孤儿问题。尼尔森参观的这家孤儿院收容了约400名儿童，根据年龄及残疾程度不同分开看护。有一间屋子里的孩子都患有脑积水和脊柱裂，另一间屋子里的孩子都患有艾滋病或梅毒，而且病得很重，病毒已入侵脑部。那天，尼尔森进入了一间都是健康儿童的屋子，孩子只有两三岁，发型和衣着都类似，因此难以区分性别，其中一位孩子尿湿了裤子，站在屋子中间哭泣。尼尔森问工作人员，这孩子为什么哭。

“他妈妈今天早上刚刚把他丢到这儿，他哭了一整天了。”

因为需要看护的孩子太多，工作人员根本来不及安慰哭泣的孩子。对新来的孩子置之不理，爱哭的就让他们哭个够。婴儿有时被丢在婴儿床上好几天，他们无事可做，看着天花板发呆。若有陌生人经过，这些孩子会从婴儿车的栅栏缝隙里伸出小手，乞求拥抱。虽然这些孩子三餐温饱不成问题，也有地方住，但他们没有得到任何关爱，也没有获得任何良性激励。尼尔森和他的研究团队在孤儿院建立了实验室，研究婴幼儿时期被忽视会对大脑产生什么影响。他们也必须建立起一套行为规范，避免让这里的孩子更遭罪，例如不能在其他孩子面前哭泣。

尼尔森和同事斯泰西·杜鲁瑞（Stacy Drury）博士从孤儿院的研究中学到的东西既令人心碎，也给人鼓舞。早年被忽视虽会缩短端粒，但是某些干预措施也会帮助这些不幸的儿童，特别是在幼年阶段的帮助。虽然罗马尼亚孤儿院里的状况目前已有所改善，但那里仍有 7 万名孤儿，而营救他们的国际收养组织显得力不从心。[1] 孤儿看护是一项全球问题 。战争，以及艾滋病和埃博拉病毒这样的疾病夺走了无数人的生命，使得许多儿童变成孤儿。据估计，全球有 800 万的儿童生活在孤儿院，这些孩子令我们久久惦念。[2]

这个问题可能跟我们自己家里的生活有关。有关端粒的知识可以指导我们如何做父母，培养出端粒健康的孩子。那些经历过童年创伤的成人，理解过去所造成的长期影响，就会知道现在应该如何更好地照顾端粒。

端粒记录了童年的伤痕

在你的成长过程中，父亲或母亲是否酗酒？家庭成员里是否有人抑郁？你是否经常担心你的父母会羞辱你，甚至打你？

美国的一项研究为我们描绘了一幅令人不安的图景。这项研究调查了 17000 人，问了他们 10 个类似上面的问题。几乎一半的人在童年有过至少一种上述经历，1/4 的人有过两种甚至更多的类似经历，6% 的人经历过 4 种甚至更多。最常见的问题是父母吸毒，其次是性虐待和精神疾病。无论收入高低、父母受教育程度如何，孩子都可能经历创伤事件。更糟的是，遭遇的创伤事件越多，他们成年之后就越容易出现健康问题，如肥胖、哮喘、心脏疾病、抑郁等。[3] 那些有过 4 种及更多逆境经历的人，企图自杀的概率比其他人高出了 12 倍。

早年的经历会影响人体生理，这种现象被称为“生物嵌入”（biological embedding）。研究人员发现，成人的端粒长度与童年的创伤经历往往存在剂量效应。童年经历的事件越是严重，成人的端粒就越短。[4] 换言之，端粒更短是幼年逆境嵌入细胞的一种表现。

短端粒对孩子影响深远。如果你持续追踪这些端粒更短的儿童，几年之后你会发现，他们的动脉壁可能更厚。没错，他们还是孩子，但短端粒使得他们更可能提前患上心血管疾病。[5]

这种伤害可能很早就开始了，虽然该过程可能被终止，甚至被逆转（如果这些孩子有幸脱离逆境）。尼尔森和他的研究团队比较了生活在罗马尼亚孤儿院的孩子，和那些离开了孤儿院在寄养家庭得到良好看护的孩子，发现孩子在孤儿院的时间越长，他们的端粒就越短。[6]脑电图扫描发现，许多孤儿的大脑活动水平更低。“如果说正常儿童是 100 瓦的灯泡，那么他们只有 40 瓦。”尼尔森说道。[7]他们的脑容量更小，平均智商是 74，几乎接近心智迟钝。

大多数生活在孤儿院的儿童语言发育延迟了，一些情况下甚至有语言障碍。他们的发育也遇到了挫折——脑袋更小、依恋行为（attachment）异常，这也影响了日后维系长期亲密关系的能力。不过，尼尔森说：“寄养家庭里的孩子表现出惊人的恢复力。”这些孩子恢复得极其明显，尽管无法彻底达到普通孩子的水平。比如，他们的智商测试仍然比从未去过孤儿院的孩子略低，但是比那些孤儿院的儿童要高 10 分或更多。[8]这似乎表明了大脑发育存在关键期：“2 岁之前就被收养的孩子，要比 2 岁之后被收养的孩子进步更大。”[9]杜鲁瑞和尼尔森带领的研究团队还在继续追踪这些孩子的成长状况，有些孤儿已经是青少年了，但他们端粒缩减的速度仍然比其他人更快。

那么，那些有过轻度创伤经历的儿童又会怎么样？他们的端粒是什么情况？杜克大学研究人员伊丹·夏雷夫（Idan Shalev）、阿夫沙洛姆·卡斯皮（Avshalom Caspi）和特里·莫菲特（Terri Moffitt）在 5 岁大的英国儿童身上做了实验，从他们的口腔腮部取得了细胞样品。5 年之后，这些孩子 10 岁了，研究人员们进行了第二次取样。研究人员询问了孩子们的妈妈，在这 5 年里，这些孩子是否被欺凌、遭家人伤害，或是否目睹过家暴事件？结果表明，那些暴露在最严重暴力之下的孩子，端粒缩短得最厉害。[10]

这种影响可能是暂时的，如果日后的生活环境改善，就能好转。我们当然希望如此。不过，针对成人的调查显示，那些童年有过逆境经历的人，端粒往往也更短。[11] 荷兰的一项大规模研究显示，早年经历过多次创伤事件的儿童，长大后端粒缩短得更严重。[12] 此外，童年创伤，特别是受虐待，也与炎症反应以及前额叶皮质较小有关联。[13]

早年的创伤经历可能会改变你思考、感受和行为的方式。那些童年经历过逆境的人，长大后对生活经验的反应不大灵活。他们时常觉得倒霉，不愉快，压力更大。一旦碰到好事，他们会特别欣喜。[14] 这种模式本身并非不健康，只是情绪波动较大，而且由于情绪来得强烈，情绪的转换也更为困难。童年受过创伤的人，在亲密关系中会遇到更多困难，他们更容易受情绪影响，暴饮暴食或者出现其他成瘾行为。[15] 他们也不大会照顾自己，创伤的心理阴影可能会影响一生的身心健康。这样，早年的逆境会造成端粒缩短得更快，除非他们有幸及时走出来。

童年创伤经验调查

该问卷旨在测量你的童年逆境水平，试回答下列问题。[16]

你在 18 岁之前，是否经历过下列事件？

1. 你的父母或其他家庭成员是否有人经常出言不逊，侮辱你、打击你，故意让你难堪，或者以其他方式让你觉得受到了心理伤害？否，0分；是，1分。

2. 你的父母或其他家庭成员是否对你进行过体罚（包括打你、踢你、捏你或者用东西扔你）？否，0分；是，1分。

3. 是否被成人或者其他大你5岁以上的人碰触过你的性器官，或是要你碰触他或她的性器官？这样的人是否要你跟他或她口交、肛交或性交？他或她是否得逞？否，0分；是，1分。

4. 你是否时常或经常感到家里没有人爱你、关心你？你的家人有没有彼此照顾、相互支持？否，0分；是，1分。

5. 你是否时常或经常感到家里没有足够的食物，不得不穿脏兮兮的衣服，而且没人保护你？或者你的父母因酗酒或"嗑药"而无暇照顾你，无法在你生病时带你去看医生？否，0分；是，1分。

6. 你的亲生父母是否曾离异，或者抛弃过你？否，0分；是，1分。

7. 你是否从母亲或者继母那里经受过家庭暴力？否，0分；是，1分。

8. 你的家庭成员中是否有人有酒精或者药物成瘾问题？否，0分；是，1分。

9. 你的家庭成员中是否有人有抑郁或者其他精神问题？是否有人尝试过自杀？否，0分；是，1分。

10. 你的家庭成员里是否有人曾入狱？否，0分；是，1分。

总分：_____

一般而言，得分为1不大会影响健康，但是得分超过

3分可能就会了。如果你的得分在5分或以上，而且你感觉这影响了你现在的心态或生活方式，也不必惊慌，你的童年并不能决定未来。比如，如果你患有情绪性进食障碍，作为成人，你可以想办法解决。这包括理解这种模式为何发生，想一想有没有可能以别的方式来应对压力。打破旧习惯的第一步就是认识到还有其他的替代方案。

有许多方法可以缓解童年创伤的负面影响。如果你时常回想痛苦的过去，不妨寻求专业人士的帮助。记住：你并非无能为力，你也并不孤单。专业的心理医生可以帮助你从过去那些无力解决的问题中走出来。再说，你身上仍然有正面特质，比如，严重的逆境经历会让人更富同情心和同理心。[17]

别踩了我的爪子！“恶魔母亲”效应

科学怪人还是靠边站吧。今天的研究人员知道如何把温驯的实验室大鼠变成“恶魔母亲”，在实验室里，它们会虐待自己的孩子。爱动物的人大概很难接受这样的事，但这个实验倒是有助于我们理解童年创伤。

如果哺乳期的母鼠不能筑巢，就会觉得压力很大。母鼠不需要高级床垫才感到舒服，只要面巾纸或者碎纸条，就能打造一个舒服的小窝。如果突然把母鼠迁移到陌生的地方，她也会觉得有压力。因此，如果不给母鼠筑巢的材料，甚至突然给她们换笼子，母鼠就会觉得压力很大。试想，你若刚生产完，带着新生儿回家，房东却告诉你:“好，你终于回来了！你先别着急把孩子放下来，我们刚刚给你换了一个地方。对了，我们把你所有的衣服和家具都丢掉了。拜拜！”你大概就能体会到母鼠的感受了。

压力大的母鼠会虐待自己生的幼鼠，会摔伤幼崽，或者踩到它们，母鼠看护、舔舐、理毛等疼爱幼鼠的行为也减少了。幼崽由于神经压力反应得不到母亲的安抚，就会出现长期的负面影响。可怜的幼崽号啕大哭，抒发不满。这种受虐待的早期环境在幼崽的神经发育回路中留下了阴影，与在正常环境下长大的幼鼠相比，这些受虐待的幼鼠大脑中杏仁核区域的端粒更长——因为该区域负责警报反应。[18] 显然，这个部分持续被激活，以至于它的端粒变得强韧。不过，这样的发展并非正常。

杏仁核和前额叶皮质之间的紧密联结对情绪调节很重要，因为前额叶皮质可以弱化警报反应。不幸的是，受虐幼鼠前额叶皮质细胞的端粒更短。我们知道，严重的压力会使杏仁核区域的神经细胞向外伸展、延长，并与大脑其余部分的神经细胞相连。前额叶皮质的情况则相反，因此这两者之间的连接变得更弱，大鼠无法轻易地缓解压力反应。[19]

缺乏母爱

父母的忽视也可能会伤害端粒。美国国立健康研究院的史蒂夫·索米（Steve Suomi）在过去 40 年里一直用恒河猴研究亲子关系。他发现，如果幼猴一生下来就被送到人工饲养中心，缺乏母爱，只有其他同伴，它们长大之后会有很多问题。它们不爱玩耍，更冲动，更富进攻性，对压力的反应也更强烈（而且大脑里血清素的水平更低）。[20] 索米也想知道这些小猴子的端粒衰减是否比较严重。最近，他和同事进行了一个小规模的实验。他们把刚出生的恒河猴随机分成两组，一组由母猴抚养，另一组在人工饲养中心抚养。7 个月之后，它们再回到同样的环境里长大。4 年之后，研究人员测量了这些猴子的端粒，发现与人工饲养过的幼猴相比，母猴喂养的幼猴的端粒长了 12.5%，即大约 2000 个碱基对。[21]

虽然某些端粒衰减可能是因为天生的劣势，但这个实验中使用的是随机分配的幼猴，因此差异完全来自早期生活经历。幸运的是，通过日后的矫正，比如被祖父母照顾，有些问题可以得到改善。

如何培养出端粒更健康、情绪更稳定的孩子？

尽管被虐待的幼鼠和被剥夺母爱的幼猴看了令人难过，我们仍可从这些动物实验中得到启发：那些受母亲照顾的幼鼠，端粒更健康，幼猴也是。当然，育儿对人类同样至关重要。育儿可以帮助孩子培养良好的情绪调控能力，这意味着他们经历负面情绪时不会感到无所适从。[22]稍微想一下，身边有没有这样的成人？一丁点小事就能把他们惹毛，或是开车的时候容易路怒。

也许你认识的人属于另一个极端，他们如此恐惧自己的情绪，以至于出现了问题，他们宁愿选择结束友谊也不愿意想办法化解矛盾。无论是职业、友谊，还是邻里之间，只要出现问题，他们就倾向于退缩。

大多数人都希望孩子能学会更有效处理矛盾的方式。这其实是可以学习的。从幼年起，孩子已经从父母或者保姆那里开始学习调控情绪。当孩子哭的时候，父母就扮演了情绪导航员的角色，对孩子的关心可引导孩子逐渐理解自己的情绪。通过抚慰孩子并照顾他们的需要，父母可以教给孩子这样的观念：情绪是可以照顾的，他人也是可以信任的。孩子会知道，痛苦是一时的，过了就好了。

我们大多数人偶尔会在路上开车时发火，或者气冲冲地跳下床，幸运的是，不见得要当完美的父母才能帮助孩子调节情绪。用伟大的英国小儿科医生温尼考特（D.W.Winnicott）的话说，我们只需要“还行”就够了。父母需要有爱心、同情心，情绪稳定，心理健康，但是他们不必完美。事实上，孤儿院的孩子连这样“还行”的抚养都没有。在成长过程中，他们根本没有得到足够的关注来培养正常的情绪表达与调控。他们的情绪表达往往更粗鲁，这可能会影响他们一生。

温柔拥抱孩子，给他们温暖和照顾，让他们觉得舒适，这会给孩子带来神奇的生理影响。科学家相信，得到良好照顾的孩子会学着使用他们的前额叶皮质——这是大脑的判断中枢——来缓解杏仁核的恐惧反应，他们的皮质醇水平调控得也更好。带这些孩子去游乐园，玩高速旋转的小飞机，或者要他们参加重要考试，他们会感到紧张、兴奋，也有一点担心。这些感觉都是正常的——压力激素会让我们兴奋。当坐完了小飞机，或是考试完，皮质醇浓度就开始下降。人总不能老是活在高涨的压力激素之下。

受到妥善照顾的孩子也会感受到催产素的作用。催产素是大脑下视丘的神经元分泌的，顾名思义，就是能使女性子宫收缩的激素。无论男女都会分泌催产素，而且它与情绪反应的控制息息相关。这种激素能帮助我们抵抗压力、降低血压，给我们舒适愉悦的感受，和亲爱的人亲近、拥抱，都会使人分泌催产素（那些母乳喂养孩子的妈妈，会强烈感受到催产素的作用）。[23] 可惜，一旦孩子进入青春期，就算父母在身边关爱呵护，催产素对孩子似乎就没多大作用了。[24]

适度的逆境有助孩子成长

童年若经历严重逆境，不但痛苦，日后患抑郁症或焦虑症的风险也比较高，端粒也会更短。不过，适度的逆境却是健康的。那些有过少数——但只是少数——逆境经历的孩子，会对压力培养出健康的心血管反应，他们的心脏泵血功能更强，让他们准备好应对状况。换言之，他们有较强的挑战反应。他们感到兴奋、充满活力——或许这样的早期经历会让他们更有信心克服困难。那些毫无逆境经历的人表现就没这么好，他们更容易感到受威胁，周边动脉血管会收缩得更厉害。那些经历过严重逆境的孩子则有过度的威胁反应。[25]

当然，我们并不是说每个孩子都应该故意经历创伤，只是想指出，逆境是常见的现象。只要逆境来得不那么严重，而且孩子有足够的社会支持来应对，这可能是有益的，关键是教导孩子如何应对压力。不遗余力地保护他们，让他们不受一点挫折，不见得是好事。如海伦·凯勒所言："安逸和舒适无法培养品格。只有经过试炼和苦痛，才能心灵强健、视野开阔、雄心振奋，进而到达成功的境地。"

如何教养脆弱的孩子？

对于那些早年有过创伤经历的孩子，更好的教养可能会弥补端粒已经受到的伤害。德拉瓦大学的玛丽·窦丽儿（Mary Dozier）对这样的孩子进行了研究。受过创伤的儿童有些居住环境太差，有些被父母忽视，曾目睹或经历过家庭暴力，有些儿童的父母吸毒或彼此伤害。窦丽儿和同事发现，这些孩子的端粒都更短——除非父母敏于觉察他们的感受，给予好的回应。[26]对脆弱儿童而言，什么样的教养比较好呢？请看下面两个简短的练习。

1. 你的宝宝学走路，一个不小心，头撞到了茶几。宝宝看着你，好像快哭了。你该说什么？

a.“噢，宝贝，你还好吗？要不要抱抱？”

b.“没事儿。自己站起来吧。”

c.“你不应该离茶几这么近的。离远一点。”

d. 你什么也没说，希望宝宝能把注意力转移到别的地方。

2. 你的孩子放学回来，跟你说，她最好的朋友要跟她绝交。你怎么说？

a.“宝贝，怎么会这样呢？你想好好聊聊吗？”

b.“没关系，你以后会有更多朋友的。别担心。”

c.“她怎么会想跟你绝交？你到底做了什么？”

d.“要不你骑上脚踏车去散散心？”

所有这些回答听起来都蛮合理的，但是对于经历过创伤的孩子，只有一个是正确答案，也就是第一个回答。在正常情况下，有时候我们会教孩子坚强，别在意小小的挫折。但是对受过创伤的孩子则需要不同的应对方式，因为他们更难调控自己的情绪，仍然需要父母扮演情绪引导员的角色，这意味着父母需要留意到他们的困境，而且愿意帮助他们解决问题。父母常常需要不断安抚孩子，这需要时间和耐心，但孩子最终会学着调试并应对问题。长大成人之后，如果遇到烦心事，他们也更愿意跟父母谈。

窦丽儿开发了一套培训项目，叫作“依恋与行为改善法”(attachment and biobehavioral catch-up，简称 ABC)，旨在向有需要的家长传授这种体贴的育儿技巧。有一组美国家长收养了外国孩子。他们并不缺乏做父母的技巧，他们很有爱心，也愿意为孩子付出。但是这些被收养的孩子往往在孤儿院生活过，情绪调控比较差，端粒也受过损伤——他们往往有一切跟童年逆境有关的问题。在这个培训项目里，窦丽儿教这些父母先顺应孩子的需求，了解他们，再设法解决问题。

比如，当孩子开始玩敲勺子的游戏的时候，父母可能会说："勺子是用来吃果冻的，不能这样敲。"或者说："让我们来数一数，你敲了几次。"但是这样的回应反映的是父母自己的想法。窦丽儿建议父母跟着孩子一起做，或是评论孩子在做的事情："你听，你用勺子和碗发出了动静呢！"这种更温柔的亲子互动会帮助孩子学习调控自己的情绪。

对父母来说，这是一种简单的干预，结果却令人惊异。对那些忽视过儿童的家长，窦丽儿也传授了依恋与行为改善法。在父母接受培训之前，孩子的皮质醇水平呈现出骤变的模式，这是皮质醇调控失常的典型标志。在父母接受培训之后，孩子的皮质醇反应就更为正常，他们的皮质醇水平在早上高（这是健康的标志，意味着他们准备开始一天的生活了），然后逐渐消退。这种效果不是暂时的，而是持续多年。[27]

端粒与压力敏感型儿童

小玫是难带的宝宝吗？她的父母苦笑道："这孩子号啕大哭了三年！"他们的夸张并非毫无事实根据。这种号啕大哭，就是所谓的肠绞痛。其实，婴幼儿这样哭个不停，不一定和消化系统异常有关，原因依旧不明，主要表现为一天至少 3 小时，一周至少 3 天大哭。这种情况往往出现在婴儿 2 周大的时候，在第 6 周时达到顶峰。小玫的确爱大哭。每次吃完奶，会小睡一会儿，让爸妈有 5 分钟的平静时光，接着就哇哇大哭。虽然名字叫小玫，意思是“可爱的小玫瑰”，但她实在难缠。她爸妈为了安抚大哭的孩子，抱着她在小区里散步。结果，那些年长的阿姨都围过来，关切地说道：“这宝宝一定有问题！健康的宝宝不会哭成这样！”

没问题啊。小玫的爸妈把她喂饱，帮她洗得香喷喷，也很爱她。这宝宝只是太敏感了。她很容易哭，而且哭完难以平静或入睡，因此她的父母开玩笑说她大哭了 3 年。轻微的噪声，比如冰箱引擎的嗡嗡声，也令她不安。当陌生人抱她的时候，小玫会尖叫，拼命挣脱。小玫长大之后，也不愿意穿带商标的衣服，因为她觉得会痒。当他们家请了专业摄影师来拍照的时候，她不愿直视镜头，因为觉得闪光灯光线太强了。任何日常生活的变化都会令她不安。

小玫如此敏感，是因为她父母太宠爱她了吗？他们是否应当坚持让她穿他们买的衣服，而不在乎她是否会痒？小玫的问题其实和气质（temperament）有关。气质是我们与生俱来的人格特质，就像一栋建筑的地基。它可以提供一个稳固的“地基”，否则我们就会倾斜或者震荡，特别是在发生“地震”的时候。我们可以识别出人的气质，并学着适应它，但是我们无法改变它。气质是天生的，不是后天造成的。

气质的一个方面是对压力的敏感程度。对压力敏感的孩子很容易受到“感染”，这意味着无论外部环境是好是坏，他们都会受它的影响。这些孩子对光、噪声、身体不适都会表现出更大的压力反应，环境的变化也会让他们不安，比如周末假日结束，返回学校的时候（即“周一效应”），或者进入一个新环境，比如在祖父母家里过夜。他们对环境变化会表现出更强烈、更显著的反应，即使这些是其他孩子难以觉察的微小变化。有些孩子可能会表现出愤怒或者攻击性，有些孩子则会内化这些感情，用隐忍或者郁郁寡欢的方式来表达。那些内化感情的孩子，端粒往往更短。[28] 但是如果孩子的感情强烈外化，表现为行动型发泄，比如多动症，他们的端粒也会更短。[29]

关注儿童发育的儿科医生汤姆·柏义思（Tom Boyce）曾追踪研究了一组儿童从幼儿园升入小学一年级的转变。对压力敏感型儿童来说，这是一段很难适应的过渡时期。柏义思和同事在这些孩子身上装上了感受器，然后测量他们在不同压力情境下的生理反应，这些压力情境包括看恐怖电影，在舌尖上挤几滴柠檬汁，以及进行压力记忆测试。大多数孩子都表现出某种程度的压力，但是在少数几个孩子身上，无论是激素反应还是自主神经系统，压力反应都冲到了最大值，就好像他们的身体和大脑认为屋子着火了。压力反应越大，他们的端粒就越短。[30]

你的孩子是“兰花型”人吗？

这可能听起来是个悲剧，那些天生对压力更敏感的人似乎抽到了倒霉签，即他们的端粒更短。事实上，柏义思等人发现，在某些环境下，对压力敏感的人表现得更好，甚至比不大敏感的同辈还好。

柏义思根据多项研究发现，那些对压力更为敏感的孩子在人多、嘈杂、混乱的课堂或者严酷的家庭环境中表现更差，但是当他们所在的课堂或家庭更温暖、更充满仁爱时，他们实际上比普通儿童表现得更好。他们对感冒或流感的抵抗力更强，更少有抑郁或焦虑的症状，也更少受伤。[31]

柏义思把这些压力敏感型孩子叫作“兰花”。没有精心的照顾和呵护，兰花不会盛开。不过，一旦放在合适的温室里，它就会绽放出令人惊艳的花朵。约 20% 的孩子具有类似的“兰花气质”。再次申明，这不是父母培养出来的，“兰花”的种子早在出生之前就种下了。

要理解“兰花型”人，就得分析这些孩子的遗传基因。如果对神经递质进行编码的基因里有更多变异（神经递质可以调节情绪，包括多巴胺、血清素），这样的人往往对压力更敏感，他们是“兰花型”人。由于基因的关系，对压力最敏感的人，如能得到支持与呵护，依然能成长得很好。[32]

一项小规模的初步研究招募了 40 个男孩为受试者，看孩子的端粒对挫折的反应是否会受遗传印记的影响。这些男孩有半数来自稳定的家庭，另一半则来自更严酷的社会环境，如家庭贫穷、缺少父母关爱、家庭结构不断变化。那些在更严酷环境中长大的孩子，端粒更短——当他们同时携带更多压力敏感基因时，这一点更为明显。如果孩子本来就很易感，恶劣的情境当然会加重伤害。然而，这项研究同时揭示了易感性的优势：当他们生活在稳定的环境中时，他们的端粒不但没有变短，反而更长、更健康。这项初步研究暗示，如果能在良好的环境下长大，敏感而且容易受到环境感染反而是一种优势。[33]

这是人格研究里发人深省的一个故事，也是压力领域里最热门的课题之一。敏感既不是优点，也不是缺点，只是我们摊到的一张牌。如果我们能早一点知道自己有这张牌，好好运用，当然最好。“兰花型”孩子会获益于热情的鼓励、温柔的矫正以及稳定的支持，当进入一个新环境的时候，他们需要更多的协助和耐心。由于“兰花型”孩子对压力反应更大，了解挑战反应对他们会有好处——你可以教他们进行意念觉察和正念呼吸，这会帮助他们使自己的念头与压力反应之间保持必要的疏离，从而获得平静。

如何促进青少年的端粒健康？

父母:“看看你桌子底下乱成什么样子了。这是啥？是不是历史作业？”

少年:“我不知道。”

父母:“明天就要交了。你开始写了吗？”

少年:“我不知道。”

父母:“认真回答我的问题！我再问一遍，这是不是明天就要交的历史作业？”

少年:“我不想听你说这说那！你就是嫉妒我，因为你像我这么大的时候根本不知道过得快活，你根本不知道！”

父母:“你别再想出去玩了。这周五你待在家里学习吧！”

少年（吼起来）:“见鬼去吧！”

父母（也吼起来）：“周六也别想出去！”

目前，我们讨论的孩子基本上是儿童。但是青少年呢？父母与青春期孩子的冲突正如这段对话里所描述的，一点小事（比如家庭作业）都可能引起一场争吵，无法收场。这并不罕见。这些没有结果的争吵让青少年倍感愤怒——心理学家知道，愤怒对生理的影响就像一口压力锅，愤怒会使锅沸腾。而且压力会使端粒缩短，但通过改变亲子互动方式，这种情形也可以逆转。

佐治亚大学的研究人员吉恩·布罗迪（Gene Brody）让我们看到，父母如果在孩子青春期时给予支持，对孩子有何影响。布罗迪追踪了美国南部一群贫困黑人家庭的青少年，这个地区的年轻人高中毕业后很难找到工作，更谈不上找到满意的工作，也没人帮助他们步入成年生活，因此，许多青少年都有酗酒的问题。布罗迪招募了一组青少年参与他的“成年养成”研究计划（Adults in the Making Program），给予这些青少年情感支持和就业指导，也教他们如何应对种族歧视。这些孩子的父母也参与了该计划，比如，他们学到了如何用清晰、严厉的方式告诉孩子远离毒品和酒精。研究者们安排了 6 次课，对父母和青少年单独进行技能培训，最后再统一练习（干预组）；半数青少年没有上这些培训课程，他们是对照组。5 年之后，布罗迪测量了他们的端粒。他发现，如果父母常和孩子争吵，也不给孩子情感支持，孩子的端粒更短，也更容易有吸毒的问题。不过，在这个脆弱的群体里，如果在“成年养成”计划中得到情感支持和协助（干预组），青少年的端粒则会更长。之所以有这种效果，部分原因是他们情绪更稳定，更少愤怒。[34]

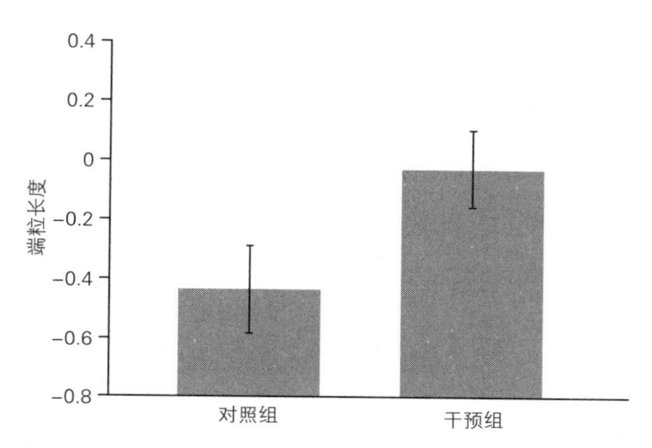

图 27　家庭韧性分类与端粒。有些青少年虽然得不到父母的支持，但是在“成年养成”计划中接受了支持性干预，5 年之后，他们的端粒更长（该研究结论考虑到了社会阶层、压力事件、抽烟、饮酒及身高体重指数的影响）[35]

虽然布罗迪针对的是特殊背景、特定收入水平的青少年，但是他的发现值得所有人深思。无论在哪里生活，无论贫富，青春期孩子的大脑和身体都在经历巨大的改变。青少年阶段经历一些坎坷是正常的，特别是因为青少年的大脑对风险的感受不同于成人，他们会把威胁视为刺激，他们喜欢冒险。[36] 当然，在饱经沧桑的成人看来，某些行为非常危险。于是，父母忧心忡忡，半夜也辗转反侧，跟孩子一言不合就大吵一架。少数冲突可能是不可避免的，但是当冲突成了常态，或者当冲突的压力如此严重，以至于破坏了家庭气氛时，青少年可能变得愤怒、叛逆。如果他们是感情内敛的类型，他们可能会抑郁、焦虑。当青少年变得难以沟通、反应过度的时候，父母该怎么办？本章末尾的“逆龄实验室”提供了一些建议。

我们已经讨论过如何帮助儿童治愈因逆境而受伤的端粒，早期干预、支持和情绪性协调（emotional attunement，指父母对孩子的情绪做出相应反应，让孩子增加正确表达情绪的信心）都有帮助。

如果你在危险的社区或有家暴问题的家庭中长大，或者你的家庭生活贫困，常为了吃住发愁，从小到大，生活压力一直很大，你的端粒可能受到了严重的破坏。即便如此，你也可以从现在开始好好呵护你的端粒。你要先找出自己的老毛病，比如在压力之下暴饮暴食。现在，你既然已经是成人，对自己的生活应该有更大的掌控力了。你也知道如何保护端粒，你也许想要学习那些缓解压力反应的办法。如果你能缓解压力反应，你就会保护端粒。更棒的是，你也能变得更坚强、更平和，更能照顾你的孩子以及其他你关爱的人。

端粒健康窍门

- 严重的童年创伤与更短的端粒有关联。创伤的影响会延续到成年阶段，表现为健康问题或者无法与人建立亲密关系，后者又会进一步缩短端粒。如果你经历过严重的童年逆境，从现在起，你可以采取办法抵消它们对你的端粒和健康造成的影响。
- 虽然严重的童年逆境很有破坏力，但适度的童年压力事实上是健康的，只要孩子在经历压力时能够获得足够的支持。
- 父母热情的关爱会有益孩子的端粒健康。对于那些经受过创伤的孩子和那些天生敏感的“兰花型”人，热情的关爱尤为重要。

逆龄实验室

大规模分心武器

窦丽儿的依恋与行为改善法教导父母不可对孩子不理不睬，或是跟孩子说话时心不在焉。无论孩子的情况和气质如何，当我们盯着手机、电脑或电视屏幕的时候，我们就无法与孩子建立良好的互动。

其实，人非常容易分心。如果我们把手机摆在桌上，人们的注意力会更加分散，也就难以与他人深入交谈。[37] 在网上，我们也无法以完全的同理心和关注度进行对话。难怪作家皮克·艾尔（Pico Iyer）把智能手机称为“大规模分心武器”。

因此，我们建议你在没有屏幕的干扰下跟孩子互动。看看你能否拿出 20 分钟的时间，远离手机和电脑，来跟孩子聊天、打游戏，或者单纯地彼此陪伴。同时也限制孩子在屏幕前的时间，不妨和孩子约法三章——有时把规则讲清楚比较有成效。虽然你的孩子可能会抵触，坐车或吃饭的时候忍不住想看手机，但他们或许觉得这个主意不错。你应当规定几个不准使用手机的时间段，比如吃饭、上学或放学通勤时，或者回到家后的半小时（以便和家人好好相处）。一旦规则建立好，你就不必每天费尽口舌，劝孩子不要一天到晚黏着手机。

至于如何做到“比智能手机更有智慧”，以及如何限制孩子使用手机的时间，哈佛预防研究中心为父母提供了免费的指导：https://www.hsph.harvard.edu/prc/2015/01/07/outsmarting-the-smart-screens/。

你和家人也可以参与非营利组织“无广告童年”每年春天开展的“远离屏幕周”的活动。网址是 http://www.screenfree.org/。

与你的孩子同调

娇弱的孩子需要父母无微不至的照料，你要有同理心来理解和认同他们的感觉。比如，家庭作业是一个常见的压力来源，作业本身往往已经让孩子感到不愉快，如果父母再来帮倒忙，只会让他们更加厌恶。作家丹尼尔·席格（Daniel Siegel）（曾出版有《全脑儿童》，与人合作有《脑风暴》）提出过几个应对孩子情绪的建议，他说，除非父母能了解孩子的感受并有同理心，否则他们还是帮不上忙。

所以，下一次你的孩子遇到压力的时候，试着先认同他或她的感觉，比如说“你看起来很烦恼”。你可以帮助孩子理解自己的情绪，只要厘清情绪，了解问题的来龙去脉，就能缓解情绪的冲击力。席格把这种策略称为“通过重述达到平抚的目的”。你不妨说：“这次的作业好像很难，是不是？你觉得如何？”如果你想激发孩子的理性思考，你必须首先带着同理心，跟孩子同调，[38] 席格称之为“联结并重新引导”。

不要对青少年过度反应

青春期的孩子多半情绪化、渴望刺激，父母千万不要轻易和他们发生冲突。如果你的孩子和你顶嘴，你不必以更强烈的方式顶回去。毕竟，一个巴掌拍不响。有时，你可以叫停，说你现在需要静一静。过一段时间，或是换一个地方，也许事情就比较好解决。情绪通常来得快，去得也快，等双方都平静下来，才能理性地好好交谈。

在争吵最激烈的时刻，你可以提醒自己，虽然你的孩子人高马大，看起来像个大人，其实内心仍然是个孩子。他们需要的是头脑冷静、情绪稳定的你，而不是被拖下水的你。

请记住，在房间里，唯独你具有成人的脑，也只有你有能力设法平静下来，避免冲突愈演愈烈。再者，心平气和的时候，可以问孩子问题，了解孩子为什么会如此，而不是告诉他们要做什么。

做孩子的榜样

你与另一半的关系融洽、亲密，不仅本身弥足珍贵，而且还是教育孩子的良好渠道。一项研究连续追踪孩子对于父母日常互动的反应长达 3 个月，看孩子有多少情绪上的共鸣或者模仿。当父母对彼此展示出爱意时，孩子会感到更多正面影响，端粒往往更长。相反，一旦父母有冲突，孩子就会表现出负面情绪，端粒也更短。[39]请记住，情绪是会传染的，敏感的孩子特别容易受到感染。设法展示出你的爱意，让家庭气氛更温暖吧。你散发的爱，能促进孩子（及其端粒）的健康。

结论

休戚相关：我们的细胞遗产

每一个人都是宇宙整体的一部分，生活在特定的时空之中。他或她有自己的经历、思考和感受，似乎是与外界分开的——但这是自我意识的幻觉。这种幻觉就像监狱，把我们束缚在个人的欲望里，而且只对身边少数最亲近的人怀有感情。我们需要从这种束缚中解放出来，扩大同情的范围，拥抱所有的生物和整个大自然之美。没人可以彻底做到这一点，但是为着这样一个目标努力本身就是解放的一部分，也足以给内心带来安宁。

——阿尔伯特·爱因斯坦，引自《纽约时报》，1972 年 3 月 29 日

我们希望你一生健康、幸福。对身体健康而言，生活方式、心理健康、生活环境都很重要——这是老生常谈了。大家不知道的是，端粒受所有这些因素的影响，而且受影响的程度是可以清楚量化的。一个更严峻的事实是：端粒受到的影响会在代际传播。人体的基因组就像电脑硬件，是无法改变的。我们的表观基因组（端粒也是其中一部分）就像软件，它需要程序编码。我们自己就是表观基因组的程序员。在某种程度上，我们控制着化学信号，进而指挥着可能发生的改变。我们的端粒随时都竖起耳朵，记录所有的情境，并做出反应。我们一起改变了程序的内容。

在本书里，我们从数以百计的研究中去粗取精，就如何保护端粒遴选出了最佳建议。你已经知道，端粒受我们精神状态的影响；你也知道，我们的生活习惯、睡眠时间和治疗、我们的饮食都会影响端粒。此外，端粒也受到大环境的影响，比如我们的居住环境、我们的人际关系。

端粒和人不同，不会判断。端粒是客观公正的，对环境的反应是可以量化的，甚至可以精确到碱基对。因而端粒是衡量内外环境影响健康的理想指标。如果我们愿意倾听端粒告诉我们什么，就会知道如何预防细胞早衰，延长健康年限。事实证明，端粒与我们的生活以及外部世界都是息息相关的，健康年限的故事，也代表了美好的一生和理想的世界。有益于端粒的，也有益于我们的孩子、我们的社区，以及全世界的人。

端粒拉响了警报:贫富不均

端粒告诉我们，自出生伊始，严重的压力和逆境对我们就有影响，而且它会持续到成年时期，甚至下一代也更容易患上慢性疾病。尤其是我们了解到，童年时期经受的压力，诸如暴力、创伤、虐待和社会经济压力，会使成年时期的端粒更短。这种损伤也许在孩子出生之前就开始了，母亲孕期的压力会传递给发育中的胎儿，使后者的端粒更短。

压力留给端粒的这种早期印记是一个警报。因此，我们提议公共健康领域的决策者了解一个新词汇：缓解社会压力（societal stress reduction)。这不是指体育锻炼或者瑜伽课，虽然这对许多人都有帮助。我们说的是更大范围的社会政策，以此来缓解许多人面临的社会环境压力以及经济压力。

最严重的压力来源——暴力、创伤、虐待以及精神疾病——背后都有一个共通的因素：收入不平等。比如，社会贫富差距最大的国家，同时也是健康最差、暴力最多的国家。如图 28 所示，这些国家同时也是抑郁症、焦虑症和精神分裂症最频发的国家。[1]

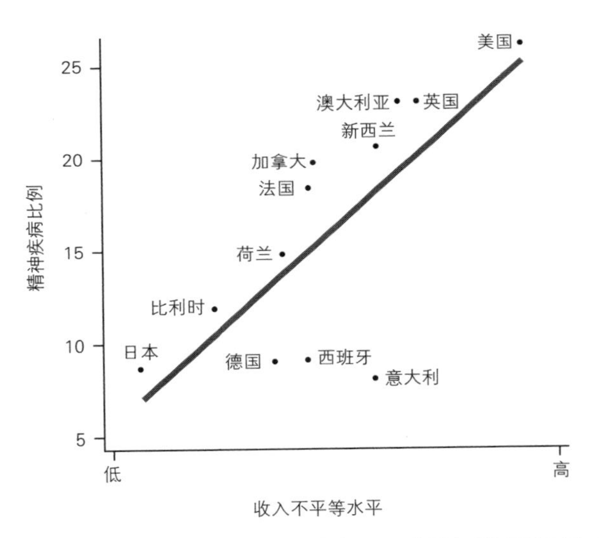

图 28 收入不平等与精神健康。许多研究表明，一个国家或地区的人民，收入不平等与社会整体的健康水平更差以及恶性事件（更少信任、更多暴力、滥用毒品）有关。凯特·皮克特（Kate Pickett）和理查德·威尔金森（Richard Wilkinson）总结了这些研究，这里展示的是收入不平等与精神健康的关系。[2] 日本的不平等指数最低，精神疾病发病率也最低，而美国在这两方面都最高

许多研究已经证明了这种关系。在阶层分化的社会里，不只是穷人因为贫富差距遭殃，每个人患身心疾病的概率都更高——社会

的不平等越严重，孩子的幸福感就越低。在美国各州，无论贫穷或富有，都可以看到这一点。在美国，金字塔最顶层的 3% 的人拥有全国 50% 的财富[3]（难怪美国是世界上富裕国家里社会贫富差距最大的国家）。值得注意的是，瑞典是所有国家里社会贫富差距最小的国家，同时幸福程度也最高（当然，孩子也最幸福）。遗憾的是，瑞典近年因为减税，也减掉了福利，社会贫富差距急剧增加，儿童福利也缩水了。[4]

我们相信，收入差距会造成两种不同的老人：一种是老当益壮，拥有健康、稳定、较长的端粒；另一种则细胞衰老、端粒极短，犹如风中残烛。这种差距代表了过度的社会压力、竞争压力以及各种社会问题，人们无论贫富，都无法幸免。因此，要缓解社会压力，一个关键因素就是缩小社会阶层贫富差距。如果我们能够认识到社会里的每一个人的命运是如何联系起来的，就更有动力去推动这项工作。

联系，无处不在

小至细胞，大到社会，我们所有人是彼此联系的，我们与所有的生物也是彼此联系的。你走你的阳关道，我过我的独木桥，这种孤立只是一种幻觉。其实，不管是身体还是心灵，我们彼此分享的要比我们意识到的多得多。人与人、人与自然及其他生物都密切相关。

我们的身体由真核细胞组成。有一种理论认为，在 15 亿年前，远在人类演化之前，一个原始真核细胞吞下了一个细菌细胞，两者共生，于是成了现代真核细胞。这个细胞也就变成了今天的线粒体，我们都是共生生物。

我们体内有一大部分物质来自外部世界。我们身体里 1~1.5 千克的物质是微生物。微生物是复杂的群体，在我们的肠道、皮肤以及身体各处生存着。它们不是我们的宿敌，实际上，它们是我们的伙伴，帮我们保持着平衡。没有这些微生物朋友，我们的免疫系统就会虚弱、发育不良；当微生物失衡的时候，它们会向大脑释放信号，我们会感到抑郁。相反的过程也会发生——当我们感到抑郁或压力重重的时候，我们也会影响微生物朋友，扰乱它们的稳定状态，甚至干扰我们的线粒体。[5]

人与人之间的联系也日益加强——从科技到金融市场，从媒体到社交网络小组。我们已在某种社会文化中生根，我们的思想和感情都是在社会环境中塑造出来的，[6] 因此，彼此的依赖和支持对健康至关重要。更何况，现在这种联系越来越广，越来越密切。不久，全世界都将通过互联网彼此联系起来，而且联系的成本越来越低，各个地区都负担得起。在 2015 年，无论哪一天，全世界每 7 个人里就有 1 个曾登录过脸书网站。[7] 这种日益加强的联系意味着新的机遇，我们可以在最关切的议题上联合起来。

地球是我们共同的家园。世界一端的污染，会通过风或者水传播到另一端。我们都是全球变暖的肇因，也将深受其害。这是另一个我们彼此联系的证明，也提醒我们，我们的日常行为可能会带来严重的后果。

最后，我们与下一代也发生着联系。我们现在知道，端粒可以在代际传播。社会劣势群体在不经意间也传播着他们的劣势——通过经济和社会问题，但是也可能通过更短的端粒以及其他的表观遗传途径来传播。因此，端粒也是我们留给未来社会的信息。更糟糕的是，如果我们的孩子一开始就接触了有害的压力，他们的端粒就会更短，细胞提前衰老。正如美国前总统肯尼迪提醒我们的："孩子是我们向未来留下的活生生的信息。"我们不希望这个信息里包括早期慢性疾病。这也是为什么我们必须培养内在的同情心，我们必须重新书写这条信息。

活生生的信息

端粒科学已经吹响了嘹亮的号角，它告诉我们，社会压力通过影响孩子，会在未来造成更大的损失——对个人、对身体、对社会、对经济都是如此。我们所能做的，首先是照顾好自己。

但是这并不是终点。现在你知道了如何保护端粒，我们希望你能接受这么一个挑战：如果你还有几十年的健康岁月，你会做什么？长久的健康年限能使你生气勃勃、精力旺盛，如此一来，你就有更多的时间增进他人的健康和福祉。

自然，我们无法消除压力和逆境，但是我们有办法帮助最脆弱的人，采取措施，缓解极端的压力。我们在书里提到过一些人经受的痛苦，但是这只是他们生活的一个侧面。尽管女孩罗宾是患有遗传性端粒综合征的患者，但她帮助招募了端粒研究领域里的一流人才来撰写治疗端粒综合征的临床手册，帮助更多病友缓解痛苦。彼得，那位研究暴饮暴食患者的医学研究者，带着医生的使命感在全世界旅行，帮助那些缺少照顾的患者，这赋予了他的人生以目的，也是他为社会做出的贡献。派利许，那位在路易斯安那州充满种族歧视的社区里长大的人，就这个主题笔耕不辍、四处讲演，舍弃了自己的一点舒适，帮助我们更有效地直面偏见。

你希望给后世留下什么？我们每个人都有机会留下遗产，但是时间有限。我们的身体由彼此独立但又相互依赖的细胞组成，世界也是由彼此依赖的我们组成。无论你是否知道，在这个世界上，我们每个人都有影响力。有些大范围的改变（比如实行减少社会压力的政策）固然重要，小范围的改变同样不容忽视。我们与他人的互动方式也会影响他人的情绪以及信任感，每一天，我们都有机会带给别人正面影响。

端粒的故事鼓舞我们，要为了整体的健康水平而努力，帮助我们的社区改善我们共同的环境，可为人生赋予使命感，而清晰的人生目标也会促进端粒的健康。

一个健康社会的基石不是“我”，而是“我们”。被重新定义的健康衰老，不只是接受白发和关注内在健康，也要关注我们与他人的联系，建设安全、彼此信赖的社区。端粒科学已从分子层面证明：社会健康对个体幸福非常重要。要促进个人健康和社会健康，我们现在已经有了量化的方法。让我们开始吧！

端粒宣言

你的细胞健康与否会反映在你的身体、心智和所在社群中。我们相信，自身的端粒健康能促进世界的健康。下面列出了维护端粒健康的要素：

留意你的端粒

评估那些持久且严重的压力从何而来。你能做什么改变？

把威胁反应转化为挑战反应。

对自己和他人修习慈悲心。

进行修复身心的活动。

练习觉察意念以及正念。觉察是通往欢喜之门。

维护你的端粒

积极生活。

养成良好的睡眠习惯，睡够睡好。

正念饮食，避免暴饮暴食。

选择有益端粒的食物——天然食物、富含 omega-3 脂肪酸的食物，不吃熏肉。

连接你的端粒

抽出时间来照顾端粒，不要整天盯着屏幕。

培养少数而优质的亲密关系。

为孩子提供有质量的关注，给孩子适当的“良好压力”。

敦亲睦邻，积累社会资本，对陌生人伸出援手。

多花一点时间在自然环境里。

只要你关心别人，就会产生好的链接。注意力是你给他人的礼物。

为你的社区和这个世界创造健康端粒

提高孕期看护水平。

保护孩子免于经受暴力或者经历其他伤害端粒的事件。

减少社会不公。

减少环境污染物。

改进食品政策，使每个人都能买得起新鲜、健康的食物。

未来社会的健康是现在塑造的，我们可以通过端粒的长度来探寻未来的一个侧面。

致谢

如果没有众多科学家数十年来关于端粒、人类衰老与行为的研究，我们无法写出这本书。因为他们，我们才得以了解端粒、老化和行为。虽然我们无法一一列出这些同事，但是我们对他们心怀感激。我们想感谢数十年来共事过的合作者与学生，我们对每一个人的感激之情都溢于言表。没有你们，我们的研究工作就无从谈起。我们想特别感谢林珏博士，10 多年来，她一直为我们关于人类端粒的研究努力不懈。她细心测量过的端粒及端粒酶的总量已有数万例。把科学发现转化为临床价值，她是一位典范，从实验台到社区，她在许多场合都游刃有余。

我们想对下列人士表达感谢，他们以各种方式对本书的内容做出了贡献，通过有益的讨论、新的视角为我们的工作提供了启发。不过，如果书中有任何错误，都得归咎于我们。谨向他们献上最深的感谢：Nancy Adler，Mary Armanios，Ozlum Ayduk，Albert Bandura，James Baraz，Roger Barnett，Susan Bauer-Wu，Peter and Allison Baumann，Petra Boukamp，Gene Brody，Kelly Brownell，Judy Campisi，Laura Carstensen，Steve Cole，Mark Coleman，David Creswell，Alexandra Croswell，Susan Czaikowski，James Doty，Mary Dozier，Rita Effros，Sharon Epel，Michael Fenech，Howard Friedman，Susan

Folkman, Julia Getzelman, Roshi Joan Halifax, Rick Hecht, Jeannette Ickovics, Michael Irwin, Roger Janke, Oliver John, Jon Kabat-Zinn, Will and Teresa Kabat-Zinn, Noa Kageyama, Erik Kahn, Alan Kazdin, Lynn Kutler, Barbara Laraia, Cindy Leung, Becca Levy, Andrea Lieberstein, Robert Lustig, Frank Mars, Pamela Mars, Ashley Mason, Thea Mauro, Wendy Mendes, Bruce McEwen, Synthia Mellon, Rachel Morello-Frosch, Judy Moskowitz, Belinda Needham, Kristen Neff, Charles Nelson, Lisbeth Nielsen, Jason Ong, Dean Ornish, Bernard and Barbro Osher, Alexsis de Raadt St. James, Judith Rodin, Brenda Penninx, Ruben Perczek, Kate Pickett, Stephen Porges, Aric Prather, Eli Puterman, Robert Sapolsky, Cliff Saron, Michael Scheier, Zindel Segal, Daichi Shimbo, Dan Siegel, Felipe Sierra, the late Richard Suzman, Shanon Squires, Matthew State, Janet Tomiyama, Bert Uchino, Pathik Wadhwa, Mike Weiner, Christian Werner, Darrah Westrup, Mary Whooley, Jay Williams, Redford Williams, Janet Wojcicki, Owen Wolkowitz, Phil Zimbardo, 和 Ami Zota. 我们还想感谢衰老、代谢与情绪实验室的所有人，特别是艾莉森·哈特曼（Alison Hartman），阿曼达·吉尔伯特（ Amanda Gilbert）和迈克尔·科西亚（Michael Coccia），他们为本书的许多工作提供了支持。我们要感谢科林·帕特森（Coleeen Patterson）为本书做的精美插图，感谢她把我们的构想转化为生动的图案。

我们要感谢 Thea Singer 在《减压》（*Stress Less*, *Hudson Street Press*, 2010）一书中讲述了端粒与压力的关系。我们也要感谢每个周日下午参加本书焦点座谈的读者，以及他们回馈的宝贵建议：Michael

Acree, Diane Ashcroft, Elizabeth Brancato, Miles Braun, Amanda Burrowes, Cheryl Church, Larry Cowan, Joanne Delmonico, Tru Dunham, Ndifreke Ekaette, Emele Faifua, Jeff Fellows, Ann Harvie, Kim Jackson, Kristina Jones, Carole Katz, Jacob Kuyser, Visa Lakshi, Larissa Lodzinski, Alisa Mallari, Chloe Martin, Heather McCausland, Marla Morgan, Debbie Mueller, Michelle Nanton, Erica "Blissa" Nizzoli, Sharon Nolan, Lance Odland, Beth Peterson, Pamela Porter, Fernanda Raiti, Karin Sharma, Cori Smithen, Sister Rosemarie Stevens, Jennifer Taggart, Roslyn Thomas, Julie Uhernik 和 Michael Worden。感谢理念建筑师工作室（Idea Architects）Andrew Mumm 提供的技术支持。

我们还要感谢那些跟我们慷慨分享私人经历的人，他们当中有些选择了匿名，有些选择了实名。我们无法把听来的每一个精彩故事都写进书里，但是在写书的过程中，他们的故事都鼓舞、启发了我们。我们要感谢 Cory Brundage, Robin Huiras, Sean Johnston, Lisa Louis, Siobhan Mark, Leigh Anne Naas, Chris Nagel, Siobhan O' Brien, Tim Parrish, Abby McQueeney Penamonte, Rene Hicks Schleicher, Maria Lang Slocum, Rod E. Smith，以及 Thulani Smith。

我们还想特别感谢 Hirschman 文学服务公司的 Leigh Ann Hirschman——我们的一位合作作者。她的写作水平以及丰富的编辑经验使得本书的可读性大大提高。跟她合作也很快乐，她可以进入我们端粒研究的世界，甚至耐心地对待写作过程中源源不断的新发现，在我们不知如何从浩繁的科学文献中自拔的时候，她总是以不偏不倚的见解带我们走出来。

我们还要感谢 Grand Central 出版公司的编辑 Karen Murgolo，感谢她对本书的信任，以及在本书出版的各个环节贡献的经验、时间与关爱。受益于她的智慧与耐心，我们感到如此幸运。

我们要感谢理念建筑师工作室的 Doug Abrams。Doug 是第一个认为这本书非写出来不可的人。我们感谢他作为策划编辑做出的不懈努力，以及精彩睿智的编校。有了他的协助和友谊，我们的端粒碱基才不至于减损。

最后，我们要感谢家人和亲友，谢谢他们长久以来的支持与鼓舞。毕竟光是写书就不知耗费了多少寒暑，更别提之前为此书打下科学根基的研究岁月了。

我们很幸运有机会跟你——我们的读者——分享本书，衷心希望本书能带给你幸福，并延长健康年限。

关于商业端粒测试的说明

如果你想测试自己的端粒健康程度，可以参考本书第 142 页的自测。你也可以找一些生物科技公司来测量端粒长度。但是你应该这么做吗？你不必亲自去做肺样切片才知道要停止抽烟！对大多数人来说，无论你是否做端粒测试，你可能都需要进行那些修复身心的活动。

我们好奇的是，一般人拿到端粒测试结果之后会有什么反应。比如，如果一个人知道了自己的端粒较短，这是否会让人陷入沮丧？所以我们招募了志愿者，为他们进行了测试，并告诉了他们结果，然后追踪了他们的反应。一般而言，如果端粒长度正常，大多数人不是平常以对，就是感到欣喜；如果端粒较短，则难免在接下来几个月经历一定程度的不愉快。

要不要做端粒测试，完全由个人决定。只有你能决定知道你的端粒长度是否对你有益。试想一下，如果你知道了自己的端粒较短，这会激发你更好地去保护它呢？还是会让你更忧虑？知道端粒较短，就像看到行车仪表盘上的“检测引擎”的警示灯。它可能只是提醒你需要更注意自己的健康、生活习惯，并加紧努力。

经常有人问我们：你是否做了端粒检测？

我（伊丽莎白）做过，纯粹是出于好奇。结果不错，颇令人欣慰。但是我也很清楚，端粒长度只是关于健康的一个统计指标，不是对未来的精准预测。

我（艾丽莎）至今没有测试过我的端粒。如果我的端粒较短的话，我更愿意选择不知道。尽管我每天忙得不可开交，但我会尽全力多做一些有益端粒的事情。端粒长度的长期变化比单次检测更有价值。只有长期观察才可以告诉我们一点关于细胞分裂潜力的信息。无论如何，端粒只是一个指标。如果有一种算法可以综合考虑多种生物标记分子，那么结果会更有助益。如果测量结果的预测性更强，而且可重复性更好，我会考虑去做测试。

在本书起草的时刻，只有少数生物公司提供端粒测试的服务。

我们不知道这些公司进行的端粒长度测试是否准确、可靠，更谈不上控制或指导这种测试，因为这方面的研究发展迅速。我们在本书的网站上列出了更详细的信息，在写作本书期间，端粒测试费在 100~500 美元。

然而，还有几点要请读者注意。端粒测试目前不受政府法规监管，因此没有人可以保证那些公司所用的方法是否准确，预测结果是否合理。知道端粒测试的结果也许蛮有趣，但是我们还想小心地提醒每一个人，端粒并不决定你的未来。再次说明，这就像抽烟。

抽烟并不意味着你一定会得肺癌，不抽烟也未必能保证一定不得肺癌。但是统计数据清晰表明：抽的烟越多，患上肺气肿、肺症等严重肺部疾病的风险就越大。我们有充足的理由戒烟，或者最好一开始就不抽。同样，无数关于端粒长度与人体健康的研究告诉我们，我们需要主动维护端粒的健康（最终也是你的健康）。你大可知道自己的端粒长度，但是要维护端粒的健康，这一点不是必需的。你不必等到亡羊之后，才开始补牢。

注释

缘起

1. “Oldest Person Ever,” Guinness World Records, http: //www.guin nessworldrecords.com/world-records/oldest-person, accessed March 3, 2016.
2. Whitney, C. R., “Jeanne Calment, World's Elder, Dies at 122,” *New York Times*, August 5, 1997, http: //www.nytimes.com/1997/08/05/world/jeanne-calment-world-s-elder-dies-at-122.html, accessed March 3, 2016.
3. Blackburn, E., E. Epel, and J. Lin, “Human Telomere Biology: A Contributory and Interactive Factor in Aging, Disease Risks, and Protec- tion,” *Science* 350, no. 6265 (December 4, 2015): 1193–1198.

引言：开始逆生长吧！

1. Bray, G. A.“From Farm to Fat Cell: Why Aren't We All Fat?”*Metabolism* 64, no. 3 (March 2015): 349–353, doi: 10.1016/j.metabol.2014.09.012, Epub 2014 Oct 22, PMID: 25554523, p. 350.
2. Christensen, K., G. Doblhammer, R. Rau, and J. W. Vaupel, “Ageing Populations: The Challenges Ahead,” *Lancet* 374, no. 9696 (October 3, 2009): 1196–1208, doi: 10.1016/S0140-6736(09)61460-4.
3. United Kingdom, Office for National Statistics,“One Third of Babies Born in 2013 Are Expected to Live to 100,” December 11, 2013, The National Archive, http: //www.ons.gov.uk/ons/rel/lifetables/historic-and-projected-data-from-the-period-and-cohort-life-tables/2012-based/sty-babies-living-to-100.html, accessed November 30, 2015.
4. Bateson, M., “Cumulative Stress in Research Animals: Telomere Attrition as a Biomarker in a Welfare Context?” *BioEssays* 38, no. 2 (February 2016): 201–212, doi: 10.1002/bies.201500127.
5. Epel, E., E. Puterman, J. Lin, E. Blackburn, A. Lazaro, and W. Mendes, “Wandering Minds and Aging Cells,” *Clinical Psychological Science* 1, no. 1 (January 2013): 75–83, doi: 10.1177/2167702612460234.

6. Carlson, L. E., et al., "Mindfulness-Based Cancer Recovery and Supportive- Expressive Therapy Maintain Telomere Length Relative to Controls in Distressed Breast Cancer Survivors." *Cancer* 121, no. 3 (February 1, 2015): 476–484, doi: 10.1002/cncr.29063.

第一章　细胞早衰，让你身心都衰老

1. Epel, E. S., and G. J. Lithgow, "Stress Biology and Aging Mechanisms: Toward Understanding the Deep Connection Between Adaptation to Stress and Longevity," *Journals of Gerontology, Series A: Biological Sciences and Medical Sciences* 69 Suppl. 1 (June 2014): S10–16, doi: 10.1093/gerona/glu055.
2. Baker, D. J., et al., "Clearance of p16Ink4a-positive Senescent Cells Delays Ageing-Associated Disorders," *Nature* 479, no. 7372 (November 2, 2011): 232–236, doi: 10.1038/nature10600.
3. Krunic, D., et al., "Tissue Context-Activated Telomerase in Human Epidermis Correlates with Little Age-Dependent Telomere Loss," *Biochimica et Biophysica Acta* 1792, no. 4 (April 2009): 297–308, doi: 10.1016/j.bbadis.2009.02.005.
4. Rinnerthaler, M., M. K. Streubel, J. Bischof, and K. Richter, "Skin Aging, Gene Expression and Calcium," *Experimental Gerontology* 68 (August 2015): 59–65, doi: 10.1016/j.exger.2014.09.015.
5. Dekker, P., et al., "Stress-Induced Responses of Human Skin Fibroblasts in Vitro Reflect Human Longevity," *Aging Cell* 8, no. 5 (September 2009): 595–603, doi: 10.1111/j.1474-9726.2009.00506.x; and Dekker, P., et al., "Relation between Maximum Replicative Capacity and Oxidative Stress-Induced Responses in Human Skin Fibroblasts in Vitro," *Journals of Gerontology, Series A: Biological Sciences and Medical Sciences* 66, no. 1 (January 2011): 45–50, doi: 10.1093/gerona/glq159.
6. Gilchrest, B. A., M. S. Eller, and M. Yaar, "Telomere-Mediated Effects on Melanogenesis and Skin Aging," *Journal of Investigative Dermatology Symposium Proceedings* 14, no. 1 (August 2009): 25–31, doi: 10.1038/jidsymp.2009.9.
7. Kassem, M., and P. J. Marie, "Senescence-Associated Intrinsic Mech- anisms of Osteoblast Dysfunctions," *Aging Cell* 10, no. 2 (April 2011): 191–197, doi: 10.1111/j.1474-9726.2011.00669.x.
8. Brennan, T. A., et al., "Mouse Models of Telomere Dysfunction Phenocopy Skeletal Changes Found in Human Age-Related Osteoporosis," *Disease Models and Mechanisms* 7, no. 5 (May 2014): 583–592, doi: 10.1242/dmm.014928.
9. Inomata, K., et al., "Genotoxic Stress Abrogates Renewal of Melanocyte Stem Cells by Triggering Their Differentiation," *Aging Cell* 137, no. 6 (June 12, 2009): 1088–1099, doi: 10.1016/j.cell.2009.03.037.
10. Jaskelioff, M., et al., "Telomerase Reactivation Reverses Tissue Degeneration in Aged Telomerase-Deficient Mice," *Nature* 469, no. 7328 (January 6, 2011): 102–106, doi: 10.1038/nature09603.
11. Panhard, S., I. Lozano, and G. Loussouam, "Greying of the Human Hair: A Worldwide Survey,

Revisiting the '50' Rule of Thumb," *British Journal of Dermatology* 167, no. 4 (October 2012): 865–873, doi: 10.1111/j.1365-2133.2012.11095.x.

12. Christensen, K., et al., "Perceived Age as Clinically Useful Biomarker of Ageing: Cohort Study," *BMJ* 339 (December 2009): b5262.
13. Noordam, R., et al., "Cortisol Serum Levels in Familial Longevity and Perceived Age: The Leiden Longevity Study," *Psychoneuroendocrinology* 37, no. 10 (October 2012): 1669–1675; Noordam, R., et al., "High Serum Glucose Levels Are Associated with a Higher Perceived Age," *Age (Dordrecht, Netherlands)* 35, no. 1 (February 2013): 189–195, doi: 10.1007/s11357-011-9339-9; and Kido, M., et al., "Perceived Age of Facial Features Is a Significant Diagnosis Criterion for Age-Related Carotid Atherosclerosis in Japanese Subjects: J-SHIPP Study," *Geriatrics and Gerontology International* 12, no. 4 (October 2012): 733–740, doi: 10.1111/j.1447-0594.2011.00824.x.
14. Codd, V., et al., "Identification of Seven Loci Affecting Mean Telomere Length and Their Association with Disease," *Nature Genetics* 45, no. 4 (April 2013): 422–427, doi: 10.1038/ng.2528.
15. Haycock, P. C., et al., "Leucocyte Telomere Length and Risk of Cardiovascular Disease: Systematic Review and Meta-analysis," *BMJ* 349 (July 8, 2014): g4227, doi: 10.1136/bmj.g4227.
16. Yaffe, K., et al., "Telomere Length and Cognitive Function in Community- Dwelling Elders: Findings from the Health ABC Study," *Neurobiology of Aging* 32, no. 11 (November 2011): 2055–2060, doi: 10.1016/j.neuro biolaging.2009.12.006.
17. Cohen-Manheim, I., et al., "Increased Attrition of Leukocyte Telomere Length in Young Adults Is Associated with Poorer Cognitive Function in Midlife," *European Journal of Epidemiology* 31, no. 2 (February 2016), doi: 10.1007/s10654-015-0051-4.
18. King, K. S., et al., "Effect of Leukocyte Telomere Length on Total and Regional Brain Volumes in a Large Population-Based Cohort," *JAMA Neurology* 71, no. 10 (October 2014): 1247–1254, doi: 10.1001/ jamaneurol.2014.1926.
19. Honig, L. S., et al., "Shorter Telomeres Are Associated with Mortality in Those with APOE Epsilon4 and Dementia," *Annals of Neurology* 60, no. 2 (August 2006): 181–187, doi: 10.1002/ana.20894.
20. Zhan, Y., et al., "Telomere Length Shortening and Alzheimer Disease— A Mendelian Randomization Study," *JAMA Neurology* 72, no. 10 (October 2015): 1202–1203, doi: 10.1001/jamaneurol.2015.1513.
21. If you would like, you can contribute to studies on brain aging and disease without having to get your brain scanned, or even show up in person. Dr. Mike Weiner, a noted researcher at UCSF who leads the largest cohort study of Alzheimer's disease worldwide, developed the online Brain Health Registry. By joining the Brain Health Registry you answer questionnaires and take online cognitive tests. We are helping him study the effects of stress on brain aging. You can find the registry at http: //www.brainhealthregistry.org/
22. Ward, R. A., "How Old Am I? Perceived Age in Middle and Later Life," *International Journal of Aging and Human Development* 71, no. 3 (2010): 167–184.
23. Ibid.
24. Levy, B., "Stereotype Embodiment: A Psychosocial Approach to Aging," *Current Directions in*

Psychological Science 18, vol. 6 (December 1, 2009): 332–336.
25. Levy, B. R., et al., “Association Between Positive Age Stereotypes and Recovery from Disability in Older Persons,” *JAMA* 308, no. 19 (November 21, 2012): 1972–1973, doi: 10.1001/jama.2012.14541; Levy, B. R., A. B. Zonderman, M. D. Slade, and L. Ferrucci, “Age Stereotypes Held Earlier in Life Predict Cardiovascular Events in Later Life,” *Psychological Science* 20, no. 3 (March 2009): 296–298, doi: 10.1111/ j.1467-9280.2009.02298.x.
26. Haslam, C., et al., “ ‘When the Age Is In, the Wit Is Out’: Age-Related Self-Categorization and Deficit Expectations Reduce Performance on Clinical Tests Used in Dementia Assessment,” *Psychology and Aging* 27, no. 3 (April 2012): 778784, doi: 10.1037/a0027754.
27. Levy, B. R., S. V. Kasl, and T. M. Gill, “Image of Aging Scale,” *Percep-tual and Motor Skills 99*, no. 1 (August 2004): 208–210.
28. Ersner-Hershfield, H., J. A. Mikels, S. J. Sullivan, and L. L. Carstensen, “Poignancy: Mixed Emotional Experience in the Face of Meaningful Endings,” *Journal of Personality and Social Psychology* 94, no. 1 (January 2008): 158–167.
29. Hershfield, H. E., S. Scheibe, T. L. Sims, and L. L. Carstensen, “When Feeling Bad Can Be Good: Mixed Emotions Benefit Physical Health Across Adulthood,” *Social Psychological and Personality Science* 4, no.1 (January 2013): 54-61.
30. Levy, B. R., J. M. Hausdorff, R. Hencke, and J. Y. Wei, “Reducing Cardiovascular Stress with Positive Self-Stereotypes of Aging,” *Journals of Gerontology, Series B: Psychological Sciences and Social Sciences* 55, no. 4 (July 2000): 205–213.
31. Levy, B. R., M. D. Slade, S. R. Kunkel, and S. V. Kasl, “Longevity Increased by Positive Self-Perceptions of Aging,” *Journal of Personal and Social Psychology* 83, no. 2 (August 2002): 261–270.

第二章　长端粒之力

1. Lapham, K. et al., “Automated Assay of Telomere Length Measurement and Informatics for 100,000 Subjects in the Genetic Epidemiology Research on Adult Health and Aging (GERA) Cohort,” *Genetics* 200, no. 4 (August 2015): 1061–1072, doi: 10.1534/genetics.115.178624.
2. Rode, L., B. G. Nordestgaard, and S. E. Bojesen, “Peripheral Blood Leukocyte Telomere Length and Mortality Among 64,637 Individuals from the General Population,” *Journal of the National Cancer Institute* 107, no. 6 (May 2015): djv074, doi: 10.1093/jnci/djv074.
3. Lapham et al., “Automated Assay of Telomere Length Measurement and Informatics for 100,000 Subjects in the Genetic Epidemiology Research on Adult Health and Aging (GERA) Cohort.” (See #1 above.)
4. Ibid.
5. Willeit, P., et al., “Leucocyte Telomere Length and Risk of Type 2 Diabetes Mellitus: New Prospective Cohort Study and Literature-Based Meta-analysis,” *PLOS ONE* 9, no. 11 (2014): e112483, doi: 10.1371/journal.pone.0112483; D’Mello, M. J., et al., “Association Between Shortened Leukocyte Telomere Length and Cardiometabolic Outcomes: Systematic Review

and Meta-analysis," *Circulation: Cardiovascular Genetics* 8, no. 1 (February 2015): 82–90, doi: 10.1161/CIRCGENET ICS.113.000485; Haycock, P. C., et al., "Leucocyte Telomere Length and Risk of Cardiovascular Disease: Systematic Review and Meta-Analysis," *BMJ* 349 (2014): g4227, doi: 10.1136/bmj.g4227; Zhang, C., et al., "The Association Between Telomere Length and Cancer Prognosis: Evidence from a Meta-Analysis," *PLOS ONE* 10, no. 7 (2015): e0133174, doi: 10.1371/journal.pone.0133174; and Adnot, S., et al., "Telomere Dysfunction and Cell Senescence in Chronic Lung Diseases: Therapeutic Potential," *Pharmacology & Therapeutics* 153 (September 2015): 125–134, doi: 10.1016/j.pharmthera.2015.06.007.

6. Njajou, O. T., et al., "Association Between Telomere Length, Specific Causes of Death, and Years of Healthy Life in Health, Aging, and Body Composition, a Population-Based Cohort Study," *Journals of Gerontology, Series A: Biological Sciences and Medical Sciences* 64, no. 8 (August 2009): 860–864, doi: 10.1093/gerona/glp061.

第三章　端粒酶：修补端粒的酶

1. Vulliamy, T., A. Marrone, F. Goldman, A. Dearlove, M. Bessler, P. J. Mason, and I. Dokal, "The RNA Component of Telomerase Is Mutated in Autosomal Dominant Dyskeratosis Congenita." *Nature* 413, no. 6854 (September 27, 2001): 432–435, doi: 10.1038/35096585.
2. Epel, Elissa S., Elizabeth H. Blackburn, Jue Lin, Firdaus S. Dhabhar, Nancy E. Adler, Jason D. Morrow, and Richard M. Cawthon, "Accelerated Telomere Shortening in Response to Life Stress," *Proceedings of the National Academy of Sciences of the United States of America* 101, no. 49 (December 7, 2004): 17312–17315, doi: 10.1073/pnas.0407162101.

第四章　解惑：压力如何潜入细胞

1. Evercare by United Healthcare and the National Alliance for Caregiving, "Evercare Survey of the Economic Downtown and Its Impact on Family Caregiving" (March 2009),
2. Epel, E. S., et al., "Cell Aging in Relation to Stress Arousal and Cardiovascular Disease Risk Factors," *Psychoneuroendocrinology* 31, no. 3 (April 2006): 277–287, doi: 10.1016/j.psyneuen.2005.08.011.
3. Gotlib, I. H., et al., "Telomere Length and Cortisol Reactivity in Children of Depressed Mothers," *Molecular Psychiatry* 20, no. 5 (May 2015): 615–620, doi: 10.1038/mp.2014.119.
4. Oliveira, B. S., et al., "Systematic Review of the Association between Chronic Social Stress and Telomere Length: A Life Course Perspective," *Ageing Research Reviews* 26 (March 2016): 37–52, doi: 10.1016/j.arr.2015.12.006; and Price, L. H., et al., "Telomeres and Early-Life Stress: An Overview." *Biological Psychiatry* 73, no. 1 (January 2013): 15–23, doi: 10.1016/j.biopsych.2012.06.025.
5. Mathur, M. B., et al., "Perceived Stress and Telomere Length: A Systematic Review, Meta-anal-

ysis, and Methodologic Considerations for Advancing the Field," *Brain, Behavior, and Immunity* 54 (May 2016): 158–169, doi: 10.1016/j.bbi.2016.02.002.

6. O'Donovan, A. J., et al., "Stress Appraisals and Cellular Aging: A Key Role for Anticipatory Threat in the Relationship Between Psychological Stress and Telomere Length," *Brain, Behavior, and Immunity* 26, no. 4 (May 2012): 573–579, doi: 10.1016/j.bbi.2012.01.007.
7. Ibid.
8. Jefferson, A. L., et al., "Cardiac Index Is Associated with Brain Aging: The Framingham Heart Study," *Circulation* 122, no. 7 (August 17, 2010): 690–697, doi: 10.1161/CIRCULATIONAHA.109.905091; and Jefferson, A.L., et al., "Low Cardiac Index Is Associated with Incident Dementia and Alzheimer Disease: The Framingham Heart Study," *Circulation* 131, no. 15 (April 14, 2015): 1333–1339, doi: 10.1161/CIRCULATIONAHA.114.012438.
9. Sarkar, M., D. Fletcher, D. J. Brown, "What doesn't kill me...: Adversity-Related Experiences Are Vital in the Development of Superior Olympic Performance," *Journal of Science in Medicine and Sport* 18, no. 4 (July 2015): 475–479. doi: 10.1016/j.jsams.2014.06.010.
10. Epel, E., et al., "Can Meditation Slow Rate of Cellular Aging? Cognitive Stress, Mindfulness, and Telomeres," *Annals of the New York Academy of Sciences* 1172 (August 2009): 34–53, doi: 10.1111/j.1749-6632.2009.04414.x.
11. McLaughlin, K. A., M. A. Sheridan, S. Alves, and W. B. Mendes, "Child Maltreatment and Autonomic Nervous System Reactivity: Identifying Dysregulated Stress Reactivity Patterns by Using the Biopsychosocial Model of Challenge and Threat," *Psychosomatic Medicine* 76, no. 7 (September 2014): 538–546, doi: 10.1097/PSY.0000000000000098.
12. O'Donovan, et al., "Stress Appraisals and Cellular Aging: A Key Role for Anticipatory Threat in the Relationship Between Psychological Stress and Telomere Length." (See #6 above.)
13. Barrett, L., *How Emotions Are Made* (New York: Houghton Mifflin Harcourt, in press).
14. Ibid.
15. Jamieson, J. P., W. B. Mendes, E. Blackstock, and T. Schmader, "Turning the Knots in Your Stomach into Bows: Reappraising Arousal Improves Performance on the GRE," *Journal of Experimental Social Psychology* 46, no. 1 (January 2010): 208–212.
16. Beltzer, M. L, M. K. Nock, B. J. Peters, and J. P. Jamieson, "Rethinking Butterflies: The Affective, Physiological, and Performance Effects of Reappraising Arousal During Social Evaluation," *Emotion* 14, no. 4 (August 2014): 761–768, doi: 10.1037/a0036326.
17. Waugh, C. E., S. Panage, W. B. Mendes, and I. H. Gotlib, "Cardiovascular and Affective Recovery from Anticipatory Threat," *Biological Psychology* 84, no. 2 (May 2010): 169–175, doi: 10.1016/j.biopsycho .2010.01.010; and Lutz, A., et al., "Altered Anterior Insula Activation During Anticipation and Experience of Painful Stimuli in Expert Meditators," *NeuroImage* 64 (January 1, 2013): 538–546, doi: 10.1016/ j.neuroimage.2012.09.030.
18. Herborn, K.A., et al., "Stress Exposure in Early Post-Natal Life Reduces Telomere Length: An Experimental Demonstration in a Long-Lived Seabird," *Proceedings of the Royal Society B: Biological Sciences* 281, no. 1782 (March 19, 2014): 20133151, doi: 10.1098/rspb.2013.3151.
19. Aydinonat, D., et al., "Social Isolation Shortens Telomeres in African Grey Parrots (*Psittacus*

erithacus erithacus)," *PLOS ONE* 9, no. 4 (2014): e93839, doi: 10.1371/journal.pone.0093839.

20. Gouin, J. P., L. Hantsoo, and J. K. Kiecolt-Glaser, "Immune Dysregulation and Chronic Stress Among Older Adults: A Review," *Neuroimmunomodulation* 15, no. 46 (2008): 251–259, doi: 10.1159/000156468.
21. Cao, W., et al., "Premature Aging of T-Cells Is Associated with Faster HIV-1 Disease Progression," *Journal of Acquired Immune Deficiency Syndromes* (1999) 50, no. 2 (February 1, 2009): 137–147, doi: 10.1097/QAI.0b013e3181926c28.
22. Cohen, S., et al., "Association Between Telomere Length and Experimentally Induced Upper Respiratory Viral Infection in Healthy Adults," *JAMA* 309, no. 7 (February 20, 2013): 699–705, doi: 10.1001/jama.2013.613.
23. Choi, J., S. R. Fauce, and R. B. Effros, "Reduced Telomerase Activity in Human T Lymphocytes Exposed to Cortisol," *Brain, Behavior, and Immunity* 22, no. 4 (May 2008): 600–605, doi: 10.1016/j.bbi.2007.12.004.
24. Cohen, G. L., and D. K. Sherman, "The Psychology of Change: Self-Affirmation and Social Psychological Intervention," *Annual Review of Psychology* 65 (2014): 333–371, doi: 10.1146/annurev-psych-010213- 115137.
25. Miyake, A., et al., "Reducing the Gender Achievement Gap in College Science: A Classroom Study of Values Affirmation," *Science* 330, no. 6008 (November 26, 2010): 1234–1237, doi: 10.1126/science.1195996.
26. Dutcher, J. M., et al., "Self-Affirmation Activates the Ventral Striatum: A Possible Reward-Related Mechanism for Self-Affirmation," *Psychological Science* 27, no. 4 (April 2016): 455–466, doi: 10.1177/ 0956797615625989.
27. Kross, E., et al., "Self-Talk as a Regulatory Mechanism: How You Do It Matters," *Journal of Personality and Social Psychology* 106, no. 2 (February 2014): 304–324, doi: 10.1037/a0035173; and Bruehlman-Senecal, E., and O. Ayduk, "This Too Shall Pass: Temporal Distance and the Regulation of Emotional Distress," *Journal of Personality and Social Psychology* 108, no. 2 (February 2015): 356–375, doi: 10.1037/a0038324.
28. Lebois, L. A. M., et al., "A Shift in Perspective: Decentering Through Mindful Attention to Imagined Stressful Events," *Neuropsychologia* 75 (August 2015): 505–524, doi: 10.1016/j.neuropsychologia.2015.05.030.
29. Kross, E., et al., " 'Asking Why' from a Distance: Its Cognitive and Emotional Consequences for People with Major Depressive Disorder," *Journal of Abnormal Psychology* 121, no. 3 (August 2012): 559–569, doi: 10.1037/a0028808.

第五章 负面思考、弹性思维，如何影响了端粒？

1. Meyer Friedman and Ray H. Roseman, *Type A Behavior and Your Heart* (New York: Knopf, 1974).
2. Chida, Y., and A. Steptoe, "The Association of Anger and Hostility with Future Coronary Heart

Disease: A Meta-analytic Review of Prospective Evidence," *Journal of the American College of Cardiology* 53, no. 11 (March 17, 2009): 936–946, doi: 10.1016/j.jacc.2008.11.044.

3. Miller, T.Q, et al., "A Meta-analytic Review of Research on Hostility and Physical Health," *Psychological Bulletin* 119, no. 2 (March 1996): 322–348.
4. Brydon, L., et al., "Hostility and Cellular Aging in Men from the Whitehall II Cohort," *Biological Psychiatry* 71, no. 9 (May 2012): 767–773, doi: 10.1016/j.biopsych.2011.08.020.
5. Zalli, A., et al., "Shorter Telomeres with High Telomerase Activity Are Associated with Raised Allostatic Load and Impoverished Psychosocial Resources," *Proceedings of the National Academy of Sciences of the United States of America* 111, no. 12 (March 25, 2014): 4519–4524, doi: 10.1073/pnas.1322145111.
6. Low, C. A., R. C. Thurston, and K. A. Matthews, "Psychosocial Factors in the Development of Heart Disease in Women: Current Research and Future Directions," *Psychosomatic Medicine* 72, no. 9 (November 2010): 842–854, doi: 10.1097/PSY.0b013e3181f6934f.
7. O'Donovan, A., et al., "Pessimism Correlates with Leukocyte Telomere Shortness and Elevated Interleukin-6 in Post-menopausal Women," *Brain, Behavior, and Immunity* 23, no. 4 (May 2009): 446–449, doi: 10.1016/j.bbi.2008.11.006.
8. Ikeda, A., et al., "Pessimistic Orientation in Relation to Telomere Length in Older Men: The VA Normative Aging Study," *Psychoneuroendocrinology* 42 (April 2014): 68–76, doi: 10.1016/j.psyneuen.2014.01.001;and Schutte, N. S., K. A. Suresh, and J. R. McFarlane, "The Relationship Between Optimism and Longer Telomeres," 2016, under review.
9. Killingsworth, M. A., and D. T. Gilbert, "A Wandering Mind Is an Unhappy Mind," *Science* 330, no. 6006 (November 12, 2010): 932, doi: 10.1126/science.1192439.
10. Epel, E. S., et al., "Wandering Minds and Aging Cells," *Clinical Psychological Science* 1, no. 1 (January 2013): 75–83.
11. Kabat-Zinn, J., *Wherever You Go, There You Are: Mindfulness Meditation in Everyday Life* (New York: Hyperion, 1995): 15.
12. Engert, V., J. Smallwood, and T. Singer, "Mind Your Thoughts: Associations Between Self-Generated Thoughts and Stress-Induced and Baseline Levels of Cortisol and Alpha-Amylase," *Biological Psychology* 103 (December 2014): 283–291, doi: 10.1016/j.biopsycho.2014.10.004.
13. Nolen-Hoeksema, S., "The Role of Rumination in Depressive Disorders and Mixed Anxiety/Depressive Symptoms," *Journal of Abnormal Psychology* 109, no. 3 (August 2000): 504–511.
14. Lea Winerman, "Suppressing the 'White Bears,'" *Monitor on Psychology* 42, no. 9 (October 2011): 44.
15. Alda, M., et al., "Zen Meditation, Length of Telomeres, and the Role of Experiential Avoidance and Compassion," *Mindfulness* 7, no. 3 (June 2016): 651–659.
16. Querstret, D., and M. Cropley, "Assessing Treatments Used to Reduce Rumination and/or Worry: A Systematic Review," *Clinical Psychology Review* 33, no. 8 (December 2013): 996–1009, doi: 10.1016/j.cpr.2013.08.004.
17. Wallace, B. Alan, *The Attention Revolution: Unlocking the Power of the Focused Mind* (Boston: Wisdom, 2006).

18. Saron, Clifford, "Training the Mind: The Shamatha Project," in *The Healing Power of Meditation: Leading Experts on Buddhism, Psychology, and Medicine Explore the Health Benefits of Contemplative Practice*, ed. Andy Fraser (Boston: Shambhala, 2013): 45–65.
19. Sahdra, B. K., et al., "Enhanced Response Inhibition During Intensive Meditation Training Predicts Improvements in Self-Reported Adaptive Socioemotional Functioning," *Emotion* 11, no. 2 (April 2011): 299–312, doi: 10.1037/a0022764.
20. Schaefer, S. M., et al., "Purpose in Life Predicts Better Emotional Recovery from Negative Stimuli," *PLOS ONE* 8, no. 11 (2013): e80329, doi: 10.1371/journal.pone.0080329.
21. Kim, E. S., et al., "Purpose in Life and Reduced Incidence of Stroke in Older Adults: The Health and Retirement Study," *Journal of Psychosomatic Research* 74, no.5 (May 2013): 427–432, doi: 10.1016/j.jpsychores.2013.01.013.
22. Boylan, J.M., and C. D. Ryff, "Psychological Wellbeing and Metabolic Syndrome: Findings from the Midlife in the United States National Sample," *Psychosomatic Medicine* 77, no. 5 (June 2015): 548–558, doi: 10.1097/PSY.0000000000000192.
23. Kim, E. S., V. J. Strecher, and C. D. Ryff, "Purpose in Life and Use of Preventive Health Care Services," *Proceedings of the National Academy of Sciences of the United States of America* 111, no. 46 (November 18, 2014): 16331–16336, doi: 10.1073/pnas.1414826111.
24. Jacobs, T.L., et al., "Intensive Meditation Training, Immune Cell Telomerase Activity, and Psychological Mediators," *Psychoneuroendocrinology* 36, no. 5 (June 2011): 664–681, doi: 10.1016/j.psyneuen.2010.09.010.
25. Varma, V. R., et al., "Experience Corps Baltimore: Exploring the Stressors and Rewards of High-Intensity Civic Engagement," *Gerontologist* 55, no. 6 (December 2015): 1038–1049, doi: 10.1093/geront/gnu011.
26. Gruenewald, T. L., et al., "The Baltimore Experience Corps Trial: Enhancing Generativity via Intergenerational Activity Engagement in Later Life," *Journals of Gerontology, Series B: Psychological Sciences and Social Sciences*, February 25, 2015, doi: 10.1093/geronb/gbv005.
27. Carlson, M. C., et al., "Impact of the Baltimore Experience Corps Trial on Cortical and Hippocampal Volumes," *Alzheimer's & Dementia: The Journal of the Alzheimer's Association* 11, no. 11 (November 2015): 1340–1348, doi: 10.1016/j.jalz.2014.12.005.
28. Sadahiro, R., et al., "Relationship Between Leukocyte Telomere Length and Personality Traits in Healthy Subjects," *European Psychiatry: The Journal of the Association of European Psychiatrists* 30, no. 2 (February 2015): 291–295, doi: 10.1016/j.eurpsy.2014.03.003.
29. Edmonds, G. W., H. C. Côté, and S. E. Hampson, "Childhood Conscientiousness and Leukocyte Telomere Length 40 Years Later in Adult Women—Preliminary Findings of a Prospective Association," *PLOS ONE* 10, no. 7 (2015): e0134077, doi: 10.1371/journal.pone.0134077.
30. Friedman, H. S., and M. L. Kern, "Personality, Wellbeing, and Health," *Annual Review of Psychology* 65 (2014): 719–742.
31. Costa, D. de S., et al., "Telomere Length Is Highly Inherited and Associated with Hyperactivity-Impulsivity in Children with Attention Deficit/ Hyperactivity Disorder," *Frontiers in Molecular Neuroscience* 8 (2015): 28, doi: 10.3389/fnmol.2015.00028; and Yim, O. S., et al., "Delay

Discounting, Genetic Sensitivity, and Leukocyte Telomere Length," *Proceedings of the National Academy of Sciences of the United States of America* 113, no. 10 (March 8, 2016): 2780–2785, doi: 10.1073/pnas.1514351113.

32. Martin, L.R., H. S. Friedman, and J. E. Schwartz, "Personality and Mortality Risk Across the Life Span: The Importance of Conscientiousness as a Biopsychosocial Attribute," *Health Psychology* 26, no. 4 (July 2007): 428–436; and Costa, P. T., Jr., et al., "Personality Facets and All-Cause Mortality Among Medicare Patients Aged 66 to 102 Years: A Follow-On Study of Weiss and Costa (2005)," *Psychosomatic Medicine* 76, no. 5 (June 2014): 370–378, doi: 10.1097/PSY.0000000000000070.
33. Shanahan, M. J., et al., "Conscientiousness, Health, and Aging: The Life Course of Personality Model," *Developmental Psychology* 50, no. 5 (May 2014): 1407–1425, doi: 10.1037/a0031130.
34. Raes, F., E. Pommier, K. D. Neff, and D.Van Gucht, "Construction and Factorial Validation of a Short Form of the Self-Compassion Scale," *Clinical Psychology & Psychotherapy* 18, no. 3 (May–June 2011): 250–255, doi: 10.1002/cpp.702.
35. Breines, J. G., et al., "Self-Compassionate Young Adults Show Lower Salivary Alpha-Amylase Responses to Repeated Psychosocial Stress," *Self Identity* 14, no. 4 (October 1, 2015): 390–402.
36. Finlay-Jones, A. L., C. S. Rees, and R. T. Kane, "Self-Compassion, Emotion Regulation and Stress Among Australian Psychologists: Testing an Emotion Regulation Model of Self-Compassion Using Structural Equation Modeling," *PLOS ONE* 10, no. 7 (2015): e0133481, doi: 10.1371/journal.pone.0133481.
37. Alda et al., "Zen Meditation, Length of Telomeres, and the Role of Experiential Avoidance and Compassion." (See #15 above.)
38. Hoge, E. A., et al., "Loving-Kindness Meditation Practice Associated with Longer Telomeres in Women," *Brain, Behavior, and Immunity* 32 (August 2013): 159–163, doi: 10.1016/j.bbi.2013.04.005.
39. Smeets, E., K. Neff, H. Alberts, and M. Peters, "Meeting Suffering with Kindness: Effects of a Brief Self-Compassion Intervention for Female College Students," *Journal of Clinical Psychology* 70, no. 9 (September 2014): 794–807, doi: 10.1002/jclp.22076; and Neff, K. D., and C. K. Germer, "A Pilot Study and Randomized Controlled Trial of the Mindful Self-Compassion Program," *Journal Of Clinical Psychology* 69, no. 1 (January 2013): 28–44, doi: 10.1002/jclp.21923.
40. This exercise is adapted from Dr. Neff's website: http: //self-compassion.org/exercise-2-self-compassion-break/. For more information on developing self-compassion, see K. Neff, *Self-Compassion: The Proven Power of Being Kind to Yourself* (New York: HarperCollins, 2011).
41. Valenzuela, M., and P. Sachdev, "Can cognitive exercise prevent the onset of dementia? Systematic review of randomized clinical trials with longitudinal follow-up." *Am J Geriatr Psychiatry*, 2009.17(3): 179–187.

测试：性格是如何影响压力反应的？

1. Scheier, M. F., C. S. Carver, and M. W. Bridges, "Distinguishing Optimism from Neuroticism (and Trait Anxiety, Self-Mastery, and Self-Esteem): A Reevaluation of the Life Orientation Test," *Journal of Personality and Social Psychology* 67, no. 6 (December 1994): 1063–1078.
2. Marshall, Grant N., et al.,"Distinguishing Optimism from Pessimism: Relations to Fundamental Dimensions of Mood and Personality," *Journal of Personality and Social Psychology* 62.6 (1992): 1067.
3. O'Donovan, et al., "Pessimism Correlates with Leukocyte Telomere Shortness and Elevated Interleukin-6 in Post-Menopausal Women" (see#7 above); and Ikeda, et al., "Pessimistic Orientation in Relation to Telomere Length in Older Men: The VA Normative Aging Study" (see #8 above).
4. Glaesmer, H., et al., "Psychometric Properties and Population-Based Norms of the Life Orientation Test Revised (LOT-R)," *British Journal of Health Psychology* 17, no. 2 (May 2012): 432–445, doi: 10.1111/j.2044-8287.2011.02046.x.
5. Eckhardt, Christopher, Bradley Norlander, and Jerry Deffenbacher, "The Assessment of Anger and Hostility: A Critical Review," *Aggression and Violent Behavior* 9, no. 1 (January 2004): 17–43, doi: 10.1016/S1359-1789(02)00116-7.
6. Brydon, et al., "Hostility and Cellular Aging in Men from the Whitehall II Cohort." (See #4 above.)
7. Trapnell, P. D., and J. D.Campbell, "Private Self-Consciousness and the Five-Factor Model of Personality: Distinguishing Rumination from Reflection," *Journal of Personality and Social Psychology* 76, no. 2 (February 1999): 284–304.
8. Ibid; and Trapnell, P.D., "Rumination-Reflection Questionnaire (RRQ) Shortforms," *unpublished data, University of British Columbia* (1997).
9. Ibid.
10. John, O. P., E. M. Donahue, and R. L. Kentle, *The Big Five Inventory-Versions 4a and 54* (Berkeley: University of California, Berkeley, Institute of Personality and Social Research, 1991). We thank Dr. Oliver John of UC Berkeley for permission to use this scale. John, O. P., and S.Srivastava, "The Big-Five Trait Taxonomy: History, Measurement, and Theoretical Perspectives," in *Handbook of Personality: Theory and Research*, ed. L. A. Pervin and O. P. John, 2nd ed. (New York: Guilford Press, 1999): 102–138.
11. Sadahiro, R., et al., "Relationship Between Leukocyte Telomere Length and Personality Traits in Healthy Subjects," *European Psychiatry* 30, no.2 (February 2015): 291–295, doi: 10.1016/j.eurpsy.2014.03.003, pmid: 24768472.
12. Srivastava, S., et al., "Development of Personality in Early and Middle Adulthood: Set Like Plaster or Persistent Change?" *Journal of Personality and Social Psychology* 84, no. 5 (May 2003): 1041–1053, doi: 10.1037/0022-3514.84.5.1041.
13. Ryff, C. D., and C. L. Keyes, "The Structure of Psychological Wellbeing Revisited," *Journal of Personality and Social Psychology* 69, no. 4 (October 1995): 719–727.

14. Scheier, M. F., et al., "The Life Engagement Test: Assessing Purpose in Life," *Journal of Behavioral Medicine* 29, no. 3 (June 2006): 291–298, doi: 10.1007/s10865-005-9044-1.
15. Pearson, E. L., et al., "Normative Data and Longitudinal Invariance of the Life Engagement Test (LET) in a Community Sample of Older Adults," *Quality of Life Research* 22, no. 2 (March 2013): 327–331, doi: 10.1007/s11136-012-0146-2.

第六章　远离抑郁和焦虑

1. Whiteford, H. A., et al., "Global Burden of Disease Attributable to Mental and Substance Use Disorders: Findings from the Global Burden of Disease Study 2010," *Lancet* 382, no. 9904 (November 9, 2013): 1575–1586, doi: 10.1016/S0140-6736(13)61611-6.
2. Verhoeven, J. E., et al., "Anxiety Disorders and Accelerated Cellular Ageing," *British Journal of Psychiatry* 206, no. 5 (May 2015): 371–378.
3. Cai, N., et al., "Molecular Signatures of Major Depression," *Current Biology* 25, no. 9 (May 4, 2015): 1146–1156, doi: 10.1016/j.cub.2015.03.008.
4. Verhoeven, J. E., et al., "Major Depressive Disorder and Accelerated Cellular Aging: Results from a Large Psychiatric Cohort Study," *Molecular Psychiatry* 19, no. 8 (August 2014): 895–901, doi: 10.1038/mp.2013.151.
5. Mamdani, F., et al., "Variable Telomere Length Across Post-Mortem Human Brain Regions and Specific Reduction in the Hippocampus of Major Depressive Disorder," *Translational Psychiatry* 5 (September 15, 2015): e636, doi: 10.1038/tp.2015.134.
6. Zhou, Q. G., et al., "Hippocampal Telomerase Is Involved in the Modulation of Depressive Behaviors," *Journal of Neuroscience* 31, no. 34 (August 24, 2011): 12258–12269, doi: 10.1523/JNEUROSCI.0805-11.2011.
7. Wolkowitz, O. M., et al., "PBMC Telomerase Activity, but Not Leukocyte Telomere Length, Correlates with Hippocampal Volume in Major Depression," *Psychiatry Research* 232, no. 1 (April 30, 2015): 58–64, doi: 10.1016/j.pscychresns.2015.01.007.
8. Darrow, S. M., et al., "The Association between Psychiatric Disorders and Telomere Length: A Meta-analysis Involving 14,827 Persons," *Psychosomatic Medicine* 78, no. 7 (September 2016): 776–787, doi: 10.1097/PSY.0000000000000356.
9. Cai, et al., "Molecular Signatures of Major Depression." (See #3 above.)
10. Verhoeven, J. E., et al., "The Association of Early and Recent Psychosocial Life Stress with Leukocyte Telomere Length," *Psychosomatic Medicine* 77, no. 8 (October 2015): 882–891, doi: 10.1097/PSY.0000000000000226.
11. Verhoeven, J. E., et al., "Major Depressive Disorder and Accelerated Cellular Aging: Results from a Large Psychiatric Cohort Study," *Molecular Psychiatry* 19, no. 8 (August 2014): 895–901, doi: 10.1038/mp.2013.151.
12. Ibid.
13. Cai, et al., "Molecular Signatures of Major Depression." (See #3 above.)

14. Eisendrath, S. J., et al., "A Preliminary Study: Efficacy of Mindfulness- Based Cognitive Therapy Versus Sertraline as First-Line Treatments for Major Depressive Disorder," *Mindfulness* 6, no. 3 (June 1, 2015): 475–482, doi: 10.1007/s12671-014-0280-8; and Kuyken, W., et al., "The Effectiveness and Cost-Effectiveness of Mindfulness-Based Cognitive Therapy Compared with Maintenance Antidepressant Treatment in the Prevention of Depressive Relapse/Recurrence: Results of a Randomised Controlled Trial (the PREVENT Study)," *Health Technology Assessment* 19, no. 73 (September 2015): 1–124, doi: 10.3310/hta19730.
15. Teasdale, J.D., et al., "Prevention of Relapse/Recurrence in Major Depression by Mindfulness-Based Cognitive Therapy," *Journal of Consulting and Clinical Psychology* 68, no. 4 (August 2000): 615–623.
16. Teasdale, J., M. Williams, and Z. Segal, *The Mindful Way Workbook: An 8-Week Program to Free Yourself from Depression and Emotional Distress* (New York: Guilford Press, 2014).
17. Wolfson, W., and Epel, E. (2006), "Stress, Post-traumatic Growth, and Leukocyte Aging," poster presentation at the American Psychosomatic Society 64th Annual Meeting, Denver, Colorado, Abstract 1476.
18. Segal, Z., J. M. G. Williams, and J. Teasdale, *Mindfulness-Based Cognitive Therapy for Depression*, 2nd ed. (New York: Guilford Press, 2013): 74–75.(The three-minute breathing space is part of the MBCT program. Our breathing break is a modified version).
19. Bai, Z., et al., "Investigating the Effect of Transcendental Meditation on Blood Pressure: A Systematic Review and Meta-analysis," *Journal of Human Hypertension* 29, no. 11 (November 2015): 653–662. doi: 10.1038/jhh.2015.6; and Cernes, R., and R. Zimlichman, "RESPeRATE: The Role of Paced Breathing in Hypertension Treatment," *Journal of the American Society of Hypertension* 9, no. 1 (January 2015): 38–47, doi: 10.1016/j.jash.2014.10.002.

逆龄实验室：减压，让端粒更健康

20. Morgan, N., M. R. Irwin, M. Chung, and C. Wang, "The Effects of Mind-Body Therapies on the Immune System: Meta-analysis," *PLOS ONE* 9, no. 7 (2014): e100903, doi: 10.1371/journal.pone.0100903.
21. Conklin, Q., et al., "Telomere Lengthening After Three Weeks of an Intensive Insight Meditation Retreat," *Psychoneuroendocrinology* 61 (November 2015): 26–27, doi: 10.1016/j.psyneuen.2015.07.462.
22. Epel, E., et al., "Meditation and Vacation Effects Impact Disease-Associated Molecular Phenotypes," *Translational Psychiatry* (August 2016): 6, e880, doi: 10.1038/tp.2016.164.
23. Kabat-Zinn, J., *Full Catastrophe Living: Using the Wisdom of Your Body and Mind to Face Stress, Pain, and Illness*, rev. ed. (New York: Bantam Books, 2013).
24. Lengacher, C. A., et al., "Influence of Mindfulness-Based Stress Reduction (MBSR) on Telomerase Activity in Women with Breast Cancer (BC)," *Biological Research for Nursing* 16, no. 4 (October 2014): 438–447, doi: 10.1177/1099800413519495.

25. Carlson, L. E., et al., "Mindfulness-Based Cancer Recovery and Supportive- Expressive Therapy Maintain Telomere Length Relative to Controls in Distressed Breast Cancer Survivors," *Cancer* 121, no. 3 (February 1, 2015): 476–484, doi: 10.1002/cncr.29063.
26. Black, D. S., et al., "Yogic Meditation Reverses NF-êB- and IRF-Related Transcriptome Dynamics in Leukocytes of Family Dementia Caregivers in a Randomized Controlled Trial," *Psychoneuroendocrinology* 38, no. 3 (March 2013): 348–355, doi: 10.1016/j.psyneuen.2012.06.011.
27. Lavretsky, H., et al., "A Pilot Study of Yogic Meditation for Family Dementia Caregivers with Depressive Symptoms: Effects on Mental Health, Cognition, and Telomerase Activity," *International Journal of Geriatric Psychiatry* 28, no. 1 (January 2013): 57–65, doi: 10.1002/gps.3790.
28. Desveaux, L., A.Lee, R.Goldstein, and D.Brooks, "Yoga in the Management of Chronic Disease: A Systematic Review and Meta-analysis," *Medical Care* 53, no. 7 (July 2015): 653–661, doi: 10.1097/ MLR.0000000000000372.
29. Hartley, L., et al., "Yoga for the Primary Prevention of Cardiovascular Disease," *Cochrane Database of Systematic Reviews* 5 (May 13, 2014): CD010072, doi: 10.1002/14651858.CD010072.pub2.
30. Lu, Y. H., B. Rosner, G. Chang, and L. M. Fishman, "Twelve-Minute Daily Yoga Regimen Reverses Osteoporotic Bone Loss," *Topics in Geriatric Rehabilitation* 32, no. 2 (April 2016): 81–87.
31. Liu, X., et al., "A Systematic Review and Meta-analysis of the Effects of Qigong and Tai Chi for Depressive Symptoms," *Complementary Therapies in Medicine* 23, no. 4 (August 2015): 516–534, doi: 10.1016/j.ctim.2015.05.001.
32. Freire, M. D., and C. Alves, "Therapeutic Chinese Exercises (Qigong) in the Treatment of Type 2 Diabetes Mellitus: A Systematic Review," *Diabetes & Metabolic Syndrome: Clinical Research & Reviews* 7, no. 1 (March 2013): 56–59, doi: 10.1016/j.dsx.2013.02.009.
33. Ho, R. T. H., et al., "A Randomized Controlled Trial of Qigong Exercise on Fatigue Symptoms, Functioning, and Telomerase Activity in Persons with Chronic Fatigue or Chronic Fatigue Syndrome," *Annals of Behavioral Medicine* 44, no. 2 (October 2012): 160–170, doi: 10.1007/s12160-012-9381-6.
34. Ornish D., et al., "Effect of Comprehensive Lifestyle Changes on Telomerase Activity and Telomere Length in Men with Biopsy-Proven Low-Risk Prostate Cancer: 5-Year Follow-Up of a Descriptive Pilot Study," *Lancet Oncology* 14, no. 11 (October 2013): 1112–1120, doi: 10.1016/S1470-2045(13)70366-8.

测试：你的端粒轨迹如何？评估端粒的风险及防护

1. Ahola, K., et al., "Work-Related Exhaustion and Telomere Length: A Population-Based Study," *PLOS ONE* 7, no. 7 (2012): e40186, doi: 10.1371/journal.pone.0040186.
2. Damjanovic, A. K., et al., "Accelerated Telomere Erosion Is Associated with a Declining Immune Function of Caregivers of Alzheimer's Disease Patients," *Journal of Immunology* 179, no. 6 (September 15, 2007): 4249–4254.

3. Geronimus, A. T., et al., "Race-Ethnicity, Poverty, Urban Stressors, and Telomere Length in a Detroit Community-Based Sample," *Journal of Health and Social Behavior* 56, no. 2 (June 2015): 199–224, doi: 10.1177/0022146515582100.
4. Darrow, S. M., et al., "The Association between Psychiatric Disorders and Telomere Length: A Meta-analysis Involving 14,827 Persons," *Psychosomatic Medicine* 78, no. 7 (September 2016): 776–787, doi: 10.1097/PSY.0000000000000356; and Lindqvist, et al., "Psychiatric Disorders and Leukocyte Telomere Length: Underlying Mechanisms Linking Mental Illness with Cellular Aging," *Neuroscience & Biobehavioral Reviews* 55 (August 2015): 333–364, doi: 10.1016/j.neubiorev.2015.05.007.
5. Mitchell, P. H., et al., "A Short Social Support Measure for Patients Recovering from Myocardial Infarction: The ENRICHD Social Support Inventory," *Journal of Cardiopulmonary Rehabilitation* 23, no. 6 (November–December 2003): 398–403.
6. Zalli, A., et al., "Shorter Telomeres with High Telomerase Activity Are Associated with Raised Allostatic Load and Impoverished Psychosocial Resources," *Proceedings of the National Academy of Sciences of the United States of America* 111, no. 12 (March 25, 2014): 4519–4524, doi: 10.1073/pnas.1322145111; and Carroll, J.E., A.V.Diez Roux, A.L.Fitzpatrick, and T. Seeman, "Low Social Support Is Associated with Shorter Leukocyte Telomere Length in Late Life: Multi-Ethnic Study of Atherosclerosis," *Psychosomatic Medicine* 75, no. 2 (February 2013): 171–177, doi: 10.1097/PSY.0b013e31828233bf.
7. Carroll, et al., "Low Social Support Is Associated with Shorter Leukocyte Telomere Length in Late Life: Multi-ethnic Study of Atherosclerosis." (See #6 above.)
8. Kiernan, M., et al., "The Stanford Leisure-Time Activity Categorical Item (L-Cat): A Single Categorical Item Sensitive to Physical Activity Changes in Overweight/Obese Women," *International Journal of Obesity* (2005) 37, no. 12 (December 2013): 1597–1602, doi: 10.1038/ijo.2013.36.
9. Puterman, E., et al., "The Power of Exercise: Buffering the Effect of Chronic Stress on Telomere Length," *PLOS ONE* 5, no. 5 (2010): e10837, doi: 10.1371/journal.pone.0010837; and Puterman, E., et al., "Determinants of Telomere Attrition over One Year in Healthy Older Women: Stress and Health Behaviors Matter," *Molecular Psychiatry* 20, no. 4 (April 2015): 529–535, doi: 10.1038/mp.2014.70.
10. Werner, C., A. Hecksteden, J. Zundler, M. Boehm, T. Meyer, and U. Laufs, "Differential Effects of Aerobic Endurance, Interval and Strength Endurance Training on Telomerase Activity and Senescence Marker Expression in Circulating Mononuclear Cells," *European Heart Journal* 36 (2015) (Abstract Supplement): 2370. Manuscript in progress.
11. Buysse D. J., et al., "The Pittsburgh Sleep Quality Index: A New Instrument for Psychiatric Practice and Research," *Psychiatry Research* 28, no. 2 (May 1989): 193–213.
12. Prather, A. A., et al., "Tired Telomeres: Poor Global Sleep Quality, Perceived Stress, and Telomere Length in Immune Cell Subsets in Obese Men and Women," *Brain, Behavior, and Immunity* 47 (July 2015): 155– 162, doi: 10.1016/j.bbi.2014.12.011.
13. Farzaneh-Far, R., et al., "Association of Marine Omega–3 Fatty Acid Levels with Telomeric

Aging in Patients with Coronary Heart Disease," *JAMA* 303, no. 3 (January 20, 2010): 250–257, doi: 10.1001/jama.2009.2008.

14. Lee, J. Y., et al., "Association Between Dietary Patterns in the Remote Past and Telomere Length," *European Journal of Clinical Nutrition* 69, no. 9 (September 2015): 1048–1052, doi: 10.1038/ejcn.2015.58.
15. Kiecolt-Glaser, J. K., et al., "Omega-3 Fatty Acids, Oxidative Stress, and Leukocyte Telomere Length: A Randomized Controlled Trial," *Brain, Behavior, and Immunity* 28 (February 2013): 16–24, doi: 10.1016/j.bbi.2012.09.004.
16. Lee, "Association between Dietary Patterns in the Remote Past and Telomere Length" (see #14 above); Leung, C. W., et al., "Soda and Cell Aging: Associations Between Sugar-Sweetened Beverage Consumption and Leukocyte Telomere Length in Healthy Adults from the National Health and Nutrition Examination Surveys," *American Journal of Public Health* 104, no. 12 (December 2014): 2425–2431, doi: 10.2105/AJPH.2014.302151; and Leung, C., et al., "Sugary Beverage and Food Consumption and Leukocyte Telomere Length Maintenance in Pregnant Women," *European Journal of Clinical Nutrition* (June 2016), doi: 10.1038/ejcn.2016.v93.
17. Nettleton, J. A., et al., "Dietary Patterns, Food Groups, and Telomere Length in the Multi-ethnic Study of Atherosclerosis (MESA)," *American Journal of Clinical Nutrition* 88, no. 5 (November 2008): 1405–1412.
18. Valdes, A. M., et al., "Obesity, Cigarette Smoking, and Telomere Length in Women," *Lancet* 366, no. 9486. (August 20–26, 2005): 662–664; and McGrath, M., et al., "Telomere Length, Cigarette Smoking, and Bladder Cancer Risk in Men and Women," *Cancer Epidemiology, Biomarkers, and Prevention* 16, no. 4 (April 2007): 815–819.
19. Kahl, V. F., et al., "Telomere Measurement in Individuals Occupationally Exposed to Pesticide Mixtures in Tobacco Fields," *Environmental and Molecular Mutagenesis* 57, no. 1 (January 2016): 74–84, doi: 10.1002/em.21984.
20. Pavanello, S., et al., "Shorter Telomere Length in Peripheral Blood Lymphocytes of Workers Exposed to Polycyclic Aromatic Hydrocarbons," *Carcinogenesis* 31, no. 2 (February 2010): 216–221, doi: 10.1093/carcin/bgp278.
21. Hou, L., et al., "Air Pollution Exposure and Telomere Length in Highly Exposed Subjects in Beijing, China: A Repeated-Measure Study," *Environment International* 48 (November 1, 2012): 71–77, doi: 10.1016/j.envint.2012.06.020; and Hoxha, M., et al., "Association between Leukocyte Telomere Shortening and Exposure to Traffic Pollution: A Cross-Sectional Study on Traffic Officers and Indoor Office Workers," *Environmental Health* 8 (September 21, 2009): 41, doi: 10.1186/1476- 069X-8-41.
22. Wu, Y., et al., "High Lead Exposure Is Associated with Telomere Length Shortening in Chinese Battery Manufacturing Plant Workers," *Occupational and Environmental Medicine* 69, no. 8 (August 2012): 557–563, doi: 10.1136/oemed-2011-100478.
23. Pavanello, et al., "Shorter Telomere Length in Peripheral Blood Lymphocytes of Workers Exposed to Polycyclic Aromatic Hydrocarbons" (see#20 above); and Bin, P., et al., "Association Between Telomere Length and Occupational Polycyclic Aromatic Hydrocarbons Exposure,"

Zhonghua Yu Fang Yi Xue Za Zhi 44, no. 6 (June 2010): 535–538. (The article is in Chinese.)

第七章 训练你的端粒：多少运动才足够？

1. Najarro, K., et al., “Telomere Length as an Indicator of the Robustness of B- and T-Cell Response to Influenza in Older Adults,” *Journal of Infectious Diseases* 212, no. 8 (October 15, 2015): 1261–1269, doi: 10.1093/infdis/jiv202.
2. Simpson, R. J., et al., “Exercise and the Aging Immune System,” *Ageing Research Reviews* 11, no. 3 (July 2012): 404–420, doi: 10.1016/j.arr.2012.03.003.
3. Cherkas, L. F., et al., “The Association between Physical Activity in Leisure Time and Leukocyte Telomere Length,” *Archives of Internal Medicine* 168, no. 2 (January 28, 2008): 154–158, doi: 10.1001/archinternmed.2007.39.
4. Loprinzi, P. D., “Leisure-Time Screen-Based Sedentary Behavior and Leukocyte Telomere Length: Implications for a New Leisure-Time Screen-Based Sedentary Behavior Mechanism,” *Mayo Clinic Proceedings* 90, no. 6 (June 2015): 786–790, doi: 10.1016/j.mayocp.2015.02.018; and Sjögren, P., et al., “Stand Up for Health—Avoiding Sedentary Behaviour Might Lengthen Your Telomeres: Secondary Outcomes from a Physical Activity RCT in Older People,” *British Journal of Sports Medicine* 48, no. 19 (October 2014): 1407–1409, doi: 10.1136/bjsports-2013-093342.
5. Werner, C., et al., “Differential Effects of Aerobic Endurance, Interval and Strength Endurance Training on Telomerase Activity and Senescence Marker Expression in Circulating Mononuclear Cells,” *European Heart Journal* 36 (abstract supplement) (August 2015): 2370, http: //eurheartj.oxfordjournals.org/content/ehj/36/suppl_1/163.full.pdf.
6. Loprinzi, P. D., J. P. Loenneke, and E. H. Blackburn, “Movement-Based Behaviors and Leukocyte Telomere Length among US Adults,” *Medicine and Science in Sports and Exercise* 47, no. 11 (November 2015): 2347–2352, doi: 10.1249/MSS.0000000000000695.
7. Chilton, W. L., et al., “Acute Exercise Leads to Regulation of Telomere- Associated Genes and MicroRNA Expression in Immune Cells,” *PLOS ONE* 9, no. 4 (2014): e92088, doi: 10.1371/journal.pone.0092088.
8. Denham, J., et al., “Increased Expression of Telomere-Regulating Genes in Endurance Athletes with Long Leukocyte Telomeres,” *Journal of Applied Physiology* (1985) 120, no. 2 (January 15, 2016): 148–158, doi: 10.1152/japplphysiol.00587.2015.
9. Rana, K. S., et al., “Plasma Irisin Levels Predict Telomere Length in Healthy Adults,” *Age* 36, no. 2 (April 2014): 995–1001, doi: 10.1007/s11357-014-9620-9.
10. Mooren, F. C., and K. Krüger, “Exercise, Autophagy, and Apoptosis,” *Progress in Molecular Biology and Translational Science* 135 (2015): 407–422, doi: 10.1016/bs.pmbts.2015.07.023.
11. Hood, D. A., et al., “Exercise and the Regulation of Mitochondrial Turnover,” *Progress in Molecular Biology and Translational Science* 135 (2015): 99–127, doi: 10.1016/bs.pmbts.2015.07.007.
12. Loprinzi, P. D., “Cardiorespiratory Capacity and Leukocyte Telomere Length Among Adults

in the United States," *American Journal of Epidemiology* 182, no. 3 (August 1, 2015): 198–201, doi: 10.1093/aje/kwv056.

13. Krauss, J., et al., "Physical Fitness and Telomere Length in Patients with Coronary Heart Disease: Findings from the Heart and Soul Study," *PLOS ONE* 6, no. 11 (2011): e26983, doi: 10.1371/journal.pone.0026983.
14. Denham, J., et al., "Longer Leukocyte Telomeres Are Associated with Ultra-Endurance Exercise Independent of Cardiovascular Risk Factors," *PLOS ONE* 8, no. 7 (2013): e69377, doi: 10.1371/journal.pone.0069377.
15. Denham, et al., "Increased Expression of Telomere-Regulating Genes in Endurance Athletes with Long Leukocyte Telomeres." (See #8 above.)
16. Laine, M. K., et al., "Effect of Intensive Exercise in Early Adult Life on Telomere Length in Later Life in Men," *Journal of Sports Science and Medicine* 14, no. 2 (June 2015): 239–245.
17. Werner, C., et al., "Physical Exercise Prevents Cellular Senescence in Circulating Leukocytes and in the Vessel Wall," *Circulation* 120, no. 24 (December 15, 2009): 2438–2447, doi: 10.1161/CIRCULATIONAHA.109.861005.
18. Saßenroth, D., et al., "Sports and Exercise at Different Ages and Leukocyte Telomere Length in Later Life—Data from the Berlin Aging Study II (BASE-II)," *PLOS ONE* 10, no. 12 (2015): e0142131, doi: 10.1371/journal.pone.0142131.
19. Collins, M., et al., "Athletes with Exercise-Associated Fatigue Have Abnormally Short Muscle DNA Telomeres," *Medicine and Science in Sports and Exercise* 35, no. 9 (September 2003): 1524–1528.
20. Wichers, M., et al., "A Time-Lagged Momentary Assessment Study on Daily Life Physical Activity and Affect," *Health Psychology* 31, no. 2 (March 2012): 135–144, doi: 10.1037/a0025688.
21. Von Haaren, B., et al., "Does a 20-Week Aerobic Exercise Training Programme Increase Our Capabilities to Buffer Real-Life Stressors? A Randomized, Controlled Trial Using Ambulatory Assessment," *European Journal of Applied Physiology* 116, no. 2 (February 2016): 383–394, doi: 10.1007/s00421-015-3284-8.
22. Puterman, E., et al., "The Power of Exercise: Buffering the Effect of Chronic Stress on Telomere Length," *PLOS ONE* 5, no. 5 (2010): e10837, doi: 10.1371/journal.pone.0010837.
23. Puterman, E., et al., "Multisystem Resiliency Moderates the Major Depression–Telomere Length Association: Findings from the Heart and Soul Study," *Brain, Behavior, and Immunity* 33 (October 2013): 65–73, doi: 10.1016/j.bbi.2013.05.008.
24. Werner, et al., "Differential Effects of Aerobic Endurance, Interval and Strength Endurance Training on Telomerase Activity and Senescence Marker Expression in Circulating Mononuclear Cells." (See #5 above.)
25. Masuki, S., et al., "The Factors Affecting Adherence to a Long-Term Interval Walking Training Program in Middle-Aged and Older People," *Journal of Applied Physiology* (1985) 118, no. 5 (March 1, 2015): 595–603, doi: 10.1152/japplphysiol.00819.2014.
26. Loprinzi, "Leisure-Time Screen-Based Sedentary Behavior and Leukocyte Telomere Length." (See #4 above.)

第八章 良好的睡眠,让疲惫的端粒恢复活力

1. "Lack of Sleep Is Affecting Americans, Finds the National Sleep Foundation," National Sleep Foundation, https: //sleepfoundation.org/media-center/press-release/lack-sleep-affecting-americans-finds-the-national-sleep-foundation, accessed September 29, 2015.
2. Carroll, J. E., et al., "Insomnia and Telomere Length in Older Adults," *Sleep* 39, no. 3 (March 1, 2016): 559–564, doi: 10.5665/sleep.5526.
3. Micic, G., et al., "The Etiology of Delayed Sleep Phase Disorder," *Sleep Medicine Reviews* 27 (June 2016): 29–38, doi: 10.1016/j.smrv.2015.06.004.
4. Sachdeva, U. M., and C. B. Thompson, "Diurnal Rhythms of Autophagy: Implications for Cell Biology and Human Disease," *Autophagy* 4, no. 5 (July 2008): 581–589.
5. Gonnissen, H. K. J., T. Hulshof, and M. S. Westerterp-Plantenga, "Chronobiology, Endocrinology, and Energy-and-Food-Reward Homeostasis," *Obesity Reviews* 14, no. 5 (May 2013): 405–416, doi: 10.1111/obr.12019.
6. Van der Helm, E., and M. P. Walker, "Sleep and Emotional Memory Processing," *Journal of Clinical Sleep Medicine* 6, no. 1 (March 2011): 31–43.
7. Meerlo, P., A. Sgoifo, and D. Suchecki, "Restricted and Disrupted Sleep: Effects on Autonomic Function, Neuroendocrine Stress Systems and Stress Responsivity," *Sleep Medicine Reviews* 12, no. 3 (June 2008): 197– 210, doi: 10.1016/j.smrv.2007.07.007.
8. Walker, M. P., "Sleep, Memory, and Emotion," *Progress in Brain Research* 185 (2010): 49–68, doi: 10.1016/B978-0-444-53702-7.00004-X.
9. Lee, K. A., et al., "Telomere Length Is Associated with Sleep Duration but Not Sleep Quality in Adults with Human Immunodeficiency Virus," *Sleep* 37, no. 1 (January 1, 2014): 157–166, doi: 10.5665/sleep.3328; and Cribbet, M. R., et al., "Cellular Aging and Restorative Processes: Subjective Sleep Quality and Duration Moderate the Association between Age and Telomere Length in a Sample of Middle-Aged and Older Adults," *Sleep* 37, no. 1 (January 1, 2014): 65–70, doi: 10.5665/sleep.3308.
10. Jackowska, M., et. al., "Short Sleep Duration Is Associated with Shorter Telomere Length in Healthy Men: Findings from the Whitehall II Cohort Study," *PLOS ONE* 7, no. 10 (2012): e47292, doi: 10.1371/journal.pone.0047292.
11. Cribbet, et al., "Cellular Aging and Restorative Processes." (See #9 above.)
12. Ibid.
13. Prather, A. A., et al., "Tired Telomeres: Poor Global Sleep Quality, Perceived Stress, and Telomere Length in Immune Cell Subsets in Obese Men and Women," *Brain, Behavior, and Immunity* 47 (July 2015): 155–162, doi: 10.1016/j.bbi.2014.12.011.
14. Chen, W. D., et al., "The Circadian Rhythm Controls Telomeres and Telomerase Activity," *Biochemical and Biophysical Research Communications* 451, no. 3 (August 29, 2014): 408–414, doi: 10.1016/j.bbrc.2014.07.138.
15. Ong, J., and D. Sholtes, "A Mindfulness-Based Approach to the Treatment of Insomnia," *Journal of Clinical Psychology* 66, no. 11 (November 2010): 1175–1184, doi: 10.1002/jclp.20736.

16. Ong, J. C., et al., "A Randomized Controlled Trial of Mindfulness Meditation for Chronic Insomnia," *Sleep* 37, no. 9 (September 1, 2014): 1553–1563B, doi: 10.5665/sleep.4010.
17. Chang, A. M., D. Aeschbach, J. F. Duffy, and C. A. Czeisler, "Evening Use of Light-Emitting eReaders Negatively Affects Sleep, Circadian Timing, and Next-Morning Alertness," *Proceedings of the National Academy of Sciences of the United States of America* 112, no. 4 (January 2015): 1232–1237, doi: 10.1073/pnas.1418490112.
18. Dang-Vu, T. T., et al., "Spontaneous Brain Rhythms Predict Sleep Stability in the Face of Noise," *Current Biology* 20, no. 15 (August 10, 2010): R626–627, doi: 10.1016/j.cub.2010.06.032.
19. Griefhan, B., P. Bröde, A. Marks, and M. Basner, "Autonomic Arousals Related to Traffic Noise During Sleep," *Sleep* 31, no. 4 (April 2008): 569–577.
20. Savolainen, K., et al., "The History of Sleep Apnea Is Associated with Shorter Leukocyte Telomere Length: The Helsinki Birth Cohort Study," *Sleep Medicine* 15, no. 2 (February 2014): 209–212, doi: 10.1016/j.sleep.2013.11.779.
21. Salihu, H. M., et al., "Association Between Maternal Symptoms of Sleep Disordered Breathing and Fetal Telomere Length," *Sleep* 38, no. 4 (April 1, 2015): 559–566, doi: 10.5665/sleep.4570.
22. Shin, C., C. H. Yun, D. W. Yoon, and I. Baik, "Association Between Snoring and Leukocyte Telomere Length," *Sleep* 39, no. 4 (April 1, 2016): 767–772, doi: 10.5665/sleep.5624.

第九章　何者有益端粒：减重，还是健康的新陈代谢？

1. Mundstock, E., et al., "Effect of Obesity on Telomere Length: Systematic Review and Meta-analysis," *Obesity (Silver Spring)* 23, no. 11 (November 2015): 2165–2174, doi: 10.1002/oby.21183.
2. Bosello, O., M. P. Donataccio, and M. Cuzzolaro, "Obesity or Obesities? Controversies on the Association Between Body Mass Index and Premature Mortality," *Eating and Weight Disorders* 21, no. 2 (June 2016): 165–174, doi: 10.1007/s40519-016-0278-4.
3. Farzaneh-Far, R., et al., "Telomere Length Trajectory and Its Determinants in Persons with Coronary Artery Disease: Longitudinal Findings from the Heart and Soul Study," *PLOS ONE* 5, no. 1 (January 2010): e8612, doi: 10.1371/journal.pone.0008612.
4. "IDF Diabetes Atlas, Sixth Edition," *International Diabetes Federation*, http: //www.idf.org/atlas-map/atlasmap?indicator=i1&date=2014, accessed September 16, 2015.
5. Farzaneh-Far, et al., "Telomere Length Trajectory and Its Determinants in Persons with Coronary Artery Disease." (See #3 above.)
6. Verhulst, S., et al., "A Short Leucocyte Telomere Length Is Associated with Development of Insulin Resistance," *Diabetologia* 59, no. 6 (June 2016): 1258–1265, doi: 10.1007/s00125-016-3915-6.
7. Zhao, J., et al., "Short Leukocyte Telomere Length Predicts Risk of Diabetes in American Indians: The Strong Heart Family Study," *Diabetes* 63, no. 1 (January 2014): 354–362, doi: 10.2337/db13-0744.

8. Willeit, P., et al., "Leucocyte Telomere Length and Risk of Type 2 Diabetes Mellitus: New Prospective Cohort Study and Literature-Based Meta-analysis," *PLOS ONE* 9, no. 11 (2014): e112483, doi: 10.1371/journal.pone.0112483.
9. Guo, N., et al., "Short Telomeres Compromise â-Cell Signaling and Survival," *PLOS ONE* 6, no. 3 (2011): e17858, doi: 10.1371/journal.pone.0017858.
10. Formichi, C., et al., "Weight Loss Associated with Bariatric Surgery Does Not Restore Short Telomere Length of Severe Obese Patients after 1 Year," *Obesity Surgery* 24, no. 12 (December 2014): 2089–2093, doi: 10.1007/s11695-014-1300-4.
11. Gardner, J. P., et al., "Rise in Insulin Resistance is Associated with Escalated Telomere Attrition," *Circulation* 111, no. 17 (May 3, 2005): 2171–2177.
12. Fothergill, Erin, Juen Guo, Lilian Howard, Jennifer C. Kerns, Nicolas D. Knuth, Robert Brychta, Kong Y. Chen, et al., "Persistent Metabolic Adaptation Six Years after *The Biggest Loser* Competition," *Obesity* (Silver Spring, Md.), May 2, 2016, doi: 10.1002/oby.21538.
13. Kim, S., et al., "Obesity and Weight Gain in Adulthood and Telomere Length," *Cancer Epidemiology, Biomarkers & Prevention* 18, no. 3 (March 2009): 816–820, doi: 10.1158/1055-9965.EPI-08-0935.
14. Cottone, P., et al., "CRF System Recruitment Mediates Dark Side of Compulsive Eating," *Proceedings of the National Academy of Sciences of the United States of America* 106, no. 47 (November 2009): 20016–20020, doi: 0.1073/pnas.0908789106.
15. Tomiyama, A. J., et al., "Low Calorie Dieting Increases Cortisol," *Psychosomatic Medicine* 72, no. 4 (May 2010): 357–364, doi: 10.1097 /PSY.0b013e3181d9523c.
16. Kiefer, A., J. Lin, E. Blackburn, and E. Epel, "Dietary Restraint and Telomere Length in Pre- and Post-Menopausal Women," *Psychosomatic Medicine* 70, no. 8 (October 2008): 845–849, doi: 10.1097/PSY.0b013 e318187d05e.
17. Hu, F. B., "Resolved: There Is Sufficient Scientific Evidence That Decreasing Sugar-Sweetened Beverage Consumption Will Reduce the Prevalence of Obesity and Obesity-Related Diseases," *Obesity Reviews* 14, no. 8 (August 2013): 606–619, doi: 10.1111/obr.12040; and Yang, Q., et al., "Added Sugar Intake and Cardiovascular Diseases Mortality Among U.S. Adults," *JAMA Internal Medicine* 174, no. 4 (April 2014): 516–524, doi: 10.1001/jamainternmed.2013.13563.
18. Schulte, E. M., N. M. Avena, and A. N. Gearhardt, "Which Foods May Be Addictive? The Roles of Processing, Fat Content, and Glycemic Load," *PLOS ONE* 10, no. 2 (February 18, 2015): e0117959, doi: 10.1371/journal.pone.0117959.
19. Lustig, R. H., et al., "Isocaloric Fructose Restriction and Metabolic Improvement in Children with Obesity and Metabolic Syndrome," *Obesity* 2 (February 24, 2016): 453–460, doi: 10.1002/oby.21371, epub October 26, 2015.
20. Incollingo Belsky, A. C., E. S. Epel, and A. J. Tomiyama, "Clues to Maintaining Calorie Restriction? Psychosocial Profiles of Successful Long-Term Restrictors," *Appetite* 79 (August 2014): 106–112, doi: 10.1016/j.appet.2014.04.006.
21. Wang, C., et al., "Adult-Onset, Short-Term Dietary Restriction Reduces Cell Senescence in Mice," *Aging* 2, no. 9 (September 2010): 555–566.

22. Daubenmier, J., et al., "Changes in Stress, Eating, and Metabolic Factors Are Related to Changes in Telomerase Activity in a Randomized Mindfulness Intervention Pilot Study," *Psychoneuroendocrinology* 37, no. 7 (July 2012): 917–928, doi: 10.1016/j.psyneuen.2011.10.008.
23. Mason, A. E., et al., "Effects of a Mindfulness-Based Intervention on Mindful Eating, Sweets Consumption, and Fasting Glucose Levels in Obese Adults: Data from the SHINE Randomized Controlled Trial," *Journal of Behavioral Medicine* 39, no. 2 (April 2016): 201–213, doi: 10.1007/s10865-015-9692-8.
24. Kristeller, J., with A. Bowman, *The Joy of Half a Cookie: Using Mindfulness to Lose Weight and End the Struggle with Food* (New York: Perigee, 2015). Also see www.mindfuleatingtraining.com and www.mb-eat.com.

第十章　怎么吃,对端粒和细胞的健康最好?

1. Jurk, D., et al., "Chronic Inflammation Induces Telomere Dysfunction and Accelerates Ageing in Mice," *Nature Communications* 2 (June 24, 2104): 4172, doi: 10.1038/ncomms5172.
2. "What You Eat Can Fuel or Cool Inflammation, A Key Driver of Heart Disease, Diabetes, and Other Chronic Conditions," Harvard Medical School, Harvard Health Publications, http: // www.health.harvard.edu/family_health_guide/what-you-eat-can-fuel-or-cool-inflammation-a-key-driver-of-heart-disease-diabetes-and-other-chronic-conditions, accessed November 27, 2015.
3. Weischer, M., S. E. Bojesen, and B. G. Nordestgaard, "Telomere Shortening Unrelated to Smoking, Body Weight, Physical Activity, and Alcohol Intake: 4576 General Population Individuals with Repeat Measurements 10 Years Apart," *PLOS Genetics* 10, no. 3 (March 13, 2014): e1004191, doi: 10.1371/journal.pgen.1004191; and Pavanello, S., et al., "Shortened Telomeres in Individuals with Abuse in Alcohol Consumption," *International Journal of Cancer* 129, no. 4 (August 15, 2011): 983–992. doi: 10.1002/ijc.25999.
4. Cassidy, A., et al., "Higher Dietary Anthocyanin and Flavonol Intakes Are Associated with Anti-inflammatory Effects in a Population of U.S. Adults," *American Journal of Clinical Nutrition* 102, no. 1 (July 2015): 172–181, doi: 10.3945/ajcn.115.108555.
5. Farzaneh-Far, R., et al., "Association of Marine Omega-3 Fatty Acid Levels with Telomeric Aging in Patients with Coronary Heart Disease," *JAMA* 303, no. 3 (January 20, 2010): 250–257, doi: 10.1001/jama.2009.2008.
6. Goglin, S., et al., "Leukocyte Telomere Shortening and Mortality in Patients with Stable Coronary Heart Disease from the Heart and Soul Study," *PLOS ONE* (2016), in press.
7. Farzaneh-Far, et al., "Association of Marine Omega-3 Fatty Acid Levels with Telomeric Aging in Patients with Coronary Heart Disease." (See #5 above.)
8. Kiecolt-Glaser, J. K., et. al., "Omega-3 Fatty Acids, Oxidative Stress, and Leukocyte Telomere Length: A Randomized Controlled Trial," *Brain, Behavior, and Immunity* 28 (February 2013): 16–24, doi: 10.1016/j.bbi.2012.09.004.

9. Glei, D. A., et al., "Shorter Ends, Faster End? Leukocyte Telomere Length and Mortality Among Older Taiwanese," *Journals of Gerontology, Series A: Biological Sciences and Medical Sciences* 70, no. 12 (December 2015): 1490–1498, doi: 10.1093/gerona/glu191.
10. Debreceni, B., and L. Debreceni, "The Role of Homocysteine-Lowering B-Vitamins in the Primary Prevention of Cardiovascular Disease," *Cardiovascular Therapeutics* 32, no. 3 (June 2014): 130–138, doi: 10.1111/1755-5922.12064.
11. Kawanishi, S., and S. Oikawa, "Mechanism of Telomere Shortening by Oxidative Stress," *Annals of the New York Academy of Sciences* 1019 (June 2004): 278–284.
12. Haendeler, J., et al., "Hydrogen Peroxide Triggers Nuclear Export of Telomerase Reverse Transcriptase via Src Kinase Familiy-Dependent Phosphorylation of Tyrosine 707," *Molecular and Cellular Biology* 23, no. 13 (July 2003): 4598–4610.
13. Adelfalk, C., et al., "Accelerated Telomere Shortening in Fanconi Anemia Fibroblasts—a Longitudinal Study," *FEBS Letters* 506, no. 1 (September 28, 2001): 22–26.
14. Xu, Q., et al., "Multivitamin Use and Telomere Length in Women," *American Journal of Clinical Nutrition* 89, no. 6 (June 2009): 1857–1863, doi: 10.3945/ajcn.2008.26986, epub March 11, 2009.
15. Paul, L., et al., "High Plasma Folate Is Negatively Associated with Leukocyte Telomere Length in Framingham Offspring Cohort," *European Journal of Nutrition* 54, no. 2 (March 2015): 235–241, doi: 10.1007/s00394-014-0704-1.
16. Wojcicki, J., et al., "Early Exclusive Breastfeeding Is Associated with Longer Telomeres in Latino Preschool Children," *American Journal of Clinical Nutrition* (July 20, 2016), doi: 10.3945/ajcn.115.115428.
17. Leung, C. W., et al., "Soda and Cell Aging: Associations between Sugar-Sweetened Beverage Consumption and Leukocyte Telomere Length in Healthy Adults from the National Health and Nutrition Examination Surveys," *American Journal of Public Health* 104, no. 12 (December 2014): 2425–2431, doi: 10.2105/AJPH.2014.302151.
18. Wojcicki, et al., "Early Exclusive Breastfeeding Is Associated with Longer Telomeres in Latino Preschool Children." (See #16 above.)
19. "Peppermint Mocha," Starbucks, http: //www.starbucks.com/menu/drinks/espresso/peppermint-mocha#size=179560&milk=63&whip=125,accessed September 29, 2015.
20. Pilz, Stefan, Martin Grübler, Martin Gaksch, Verena Schwetz, Christian Trummer, Bríain Ó Hartaigh, Nicolas Verheyen, Andreas Tomaschitz,and Winfried März. "Vitamin D and Mortality." *Anticancer Research* 36, no. 3 (March 2016): 1379–1387.
21. Zhu, et al., "Increased Telomerase Activity and Vitamin D Supplementation in Overweight African Americans," *International Journal of Obesity* (June 2012): 805–809, doi: 10.1038/ijo.2011.197.
22. Boccardi, V., et al., "Mediterranean Diet, Telomere Maintenance and Health Status Among Elderly," *PLOS ONE* 8, no.4 (April 30, 2013): e62781, doi: 10.1371/journal.pone.0062781.
23. Lee, J. Y., et al., "Association Between Dietary Patterns in the Remote Past and Telomere Length," *European Journal of Clinical Nutrition* 69, no. 9 (September 2015): 1048–1052, doi:

10.1038/ejcn.2015.58.

24. Ibid.
25. "IARC Monographs Evaluate Consumption of Red Meat and Processed Meat," World Health Organization, International Agency for Research on Cancer, press release, October 26, 2015, https: //www.iarc.fr/en/media-centre/pr/2015/pdfs/pr240_E.pdf.
26. Nettleton, J. A., et al., "Dietary Patterns, Food Groups, and Telomere Length in the Multi-Ethnic Study of Atherosclerosis (MESA)," *American Journal of Clinical Nutrition* 88, no. 5 (November 2008): 1405–1412.
27. Cardin, R., et al., "Effects of Coffee Consumption in Chronic Hepatitis C: A Randomized Controlled Trial," *Digestive and Liver Disease* 45, no. 6 (June 2013): 499–504, doi: 10.1016/j.dld.2012.10.021.
28. Liu, J. J., M. Crous-Bou, E. Giovannucci, and I. De Vivo, "Coffee Consumption Is Positively Associated with Longer Leukocyte Telomere Length" in the Nurses' Health Study. *Journal of Nutrition* 146, no. 7 (July 2016): 1373–1378, doi: 10.3945/jn.116.230490, epub June 8, 2016.
29. Lee, J. Y., et al., "Association Between Dietary Patterns in the Remote Past and Telomere Length" (see #23 above); and Nettleton, et al., "Dietary Patterns, Food Groups, and Telomere Length in the Multi-Ethnic Study of Atherosclerosis (MESA)." (see #26 above).
30. García-Calzón, S., et al., "Telomere Length as a Biomarker for Adiposity Changes after a Multidisciplinary Intervention in Overweight/Obese Adolescents: The EVASYON Study," *PLOS ONE* 9, no. 2 (February 24, 2014): e89828, doi: 10.1371/journal.pone.0089828.
31. Lee, et al., "Association Between Dietary Patterns in the Remote Past and Telomere Length." (See #23 above.)
32. Leung, et al., "Soda and Cell Aging." (See #17 above.)
33. Tiainen, A. M., et al., "Leukocyte Telomere Length and Its Relation to Food and Nutrient Intake in an Elderly Population," *European Journal of Clinical Nutrition* 66, no. 12 (December 2012): 1290–1294, doi: 10.1038/ejcn.2012.143.
34. Cassidy, A., et al., "Associations Between Diet, Lifestyle Factors, and Telomere Length in Women," *American Journal of Clinical Nutrition* 91, no. 5 (May 2010): 1273–1280, doi: 10.3945/ajcn.2009.28947.
35. Pavanello, et al., "Shortened Telomeres in Individuals with Abuse in Alcohol Consumption." (See #3 above.)
36. Cassidy, et al., "Associations Between Diet, Lifestyle Factors, and Telomere Length in Women." (See #34 above.)
37. Tiainen, et al., "Leukocyte Telomere Length and Its Relation to Food and Nutrient Intake in an Elderly Population." (See #33 above.)
38. Lee, et al., "Association Between Dietary Patterns in the Remote Past and Telomere Length." (See #23 above.)
39. Ibid.
40. Ibid.
41. Farzaneh-Far, et al., "Association of Marine Omega-3 Fatty Acid Levels With Telomeric Aging

in Patients with Coronary Heart Disease." (See #5 above.)
42. García-Calzón, et al., "Telomere Length as a Biomarker for Adiposity Changes after a Multidisciplinary Intervention in Overweight/Obese Adolescents: The EVASYON Study." (See #30 above.)
43. Liu, et al., "Coffee Consumption Is Positively Associated with Longer Leukocyte Telomere Length" in the Nurses' Health Study. (See #28 above.)
44. Paul, L., "Diet, Nutrition and Telomere Length," *Journal of Nutritional Biochemistry* 22, no. 10 (October 2011): 895–901, doi: 10.1016/j.jnutbio.2010.12.001.
45. Richards, J. B., et al., "Higher Serum Vitamin D Concentrations Are Associated with Longer Leukocyte Telomere Length in Women," *American Journal of Clinical Nutrition* 86, no. 5 (November 2007): 1420–1425;
46. Xu, et al., "Multivitamin Use and Telomere Length in Women." (see #14 above).
47. Paul, et al., "High Plasma Folate Is Negatively Associated with Leukocyte Telomere Length in Framingham Offspring Cohort." (This study also found vitamin use was associated with shorter telomeres.) (See #15 above.)
48. O'Neill, J., T. O. Daniel, and L. H. Epstein, "Episodic Future Thinking Reduces Eating in a Food Court," *Eating Behaviors* 20 (January 2016): 9–13, doi: 10.1016/j.eatbeh.2015.10.002.

逆龄的诀窍：采纳科学建议，实现长久改变

1. Vasilaki, E. I., S. G. Hosier, and W. M. Cox, "The Efficacy of Motivational Interviewing as a Brief Intervention for Excessive Drinking: A Meta-analytic Review," *Alcohol and Alcoholism* 41, no. 3 (May 2006): 328–335, doi: 10.1093/alcalc/agl016; and Lindson-Hawley, N., T. P. Thompson, and R. Begh, "Motivational Interviewing for Smoking Cessation," *Cochrane Database of Systematic Reviews* 3 (March 2, 2015): CD006936, doi: 10.1002/14651858.CD006936.pub3.
2. Sheldon, K. M., A. Gunz, C. P. Nichols, and Y. Ferguson, "Extrinsic Value Orientation and Affective Forecasting: Overestimating the Rewards, Underestimating the Costs," *Journal of Personality* 78, no. 1 (February 2010): 149–178, doi: 10.1111/j.1467-6494.2009.00612.x; Kasser, T., and R. M. Ryan, "Further Examining the American Dream: Differential Correlates of Intrinsic and Extrinsic Goals," *Personality and Social Psychology Bulletin* 22, no. 3 (March 1996): 280–287, doi: 10.1177/0146167296223006; and Ng, J. Y., et al., "Self-Determination Theory Applied to Health Contexts: A Meta-analysis," *Perspectives on Psychological Science: A Journal of the Association for Psychological Science* 7, no. 4 (July 2012): 325–440, doi: 10.1177/1745691612447309.
3. Ogedegbe, G. O., et al., "A Randomized Controlled Trial of Positive- Affect Intervention and Medication Adherence in Hypertensive African Americans," *Archives of Internal Medicine* 172, no. 4 (February 27, 2012): 322–326, doi: 10.1001/archinternmed.2011.1307.
4. Bandura, A., "Self-Efficacy: Toward a Unifying Theory of Behavioral Change." *Psychological Review* 84, no. 2 (March 1977): 191–215.
5. B. J. Fogg illustrates his suggestion of making tiny changes attached to daily trigger events:

"Forget Big Change, Start with a Tiny Habit: BJ Fogg at TEDxFremont," YouTube, https: // www.youtube.com/watch?v=AdKU Jxjn-R8.
6. Baumeister, R. F., "Self-Regulation, Ego Depletion, and Inhibition," *Neuropsychologia* 65 (December 2014): 313–319, doi: 10.1016/j.neuropsycho logia.2014.08.012.

第十一章 人际关系与社区环境对端粒的影响

1. Needham, B. L., et al., "Neighborhood Characteristics and Leukocyte Telomere Length: The Multi-ethnic Study of Atherosclerosis," *Health & Place* 28 (July 2014): 167–172, doi: 10.1016/j.healthplace.2014.04.009.
2. Geronimus, A. T., et al., "Race-Ethnicity, Poverty, Urban Stressors, and Telomere Length in a Detroit Community-Based Sample," *Journal of Health and Social Behavior* 56, no. 2 (June 2015): 199–224, doi: 10.1177/0022146515582100.
3. Park, M., et al., "Where You Live May Make You Old: The Association Between Perceived Poor Neighborhood Quality and Leukocyte Telomere Length," *PLOS ONE* 10, no. 6 (June 17, 2015): e0128460, doi: 10.1371/journal.pone.0128460.
4. Ibid.
5. Lederbogen, F., et al., "City Living and Urban Upbringing Affect Neural Social Stress Processing in Humans," *Nature* 474, no. 7352 (June 22, 2011): 498–501, doi: 10.1038/nature10190.
6. Park, et al., "Where You Live May Make You Old." (See #3 above.)
7. DeSantis, A. S., et al., "Associations of Neighborhood Characteristics with Sleep Timing and Quality: The Multi-ethnic Study of Atherosclerosis," *Sleep* 36, no. 10 (October 1, 2013): 1543–1551, doi: 10.5665/sleep.3054.
8. Theall, K. P., et al., "Neighborhood Disorder and Telomeres: Connecting Children's Exposure to Community Level Stress and Cellular Response," *Social Science & Medicine* (1982) 85 (May 2013): 50–58, doi: 10.1016/j.socscimed.2013.02.030.
9. Woo, J., et al., "Green Space, Psychological Restoration, and Telomere Length," *Lancet* 373, no. 9660 (January 24, 2009): 299–300, doi: 10.1016/S0140-6736(09)60094-5.
10. Roe, J. J., et al., "Green Space and Stress: Evidence from Cortisol Measures in Deprived Urban Communities," *International Journal of Environmental Research and Public Health* 10, no. 9 (September 2013): 4086–4103, doi: 10.3390/ijerph10094086.
11. Mitchell, R., and F. Popham, "Effect of Exposure to Natural Environment on Health Inequalities: An Observational Population Study," *Lancet* 372, no. 9650 (November 8, 2008): 1655–1660, doi: 10.1016/S0140-6736(08)61689-X.
12. Theall, et al., "Neighborhood Disorder and Telomeres." (See #8 above.)
13. Robertson, T., et al., "Is Socioeconomic Status Associated with Biological Aging as Measured by Telomere Length?" *Epidemiologic Reviews* 35 (2013): 98–111, doi: 10.1093/epirev/mxs001.
14. Adler, N. E., et al., "Socioeconomic Status and Health: The Challenge of the Gradient," *American Psychologist* 49, no. 1 (January 1994): 15–24.

15. Cherkas, L. F., et al., "The Effects of Social Status on Biological Aging as Measured by White-Blood-Cell Telomere Length," *Aging Cell* 5, no. 5 (October 2006): 361–365, doi: 10.1111/j.1474-9726.2006.00222.x.
16. "Canary Used for Testing for Carbon Monoxide," Center for Construction Research and Training, Electronic Library of Construction Occupational Safety & Health, http: //elcosh.org/video/3801/a000096/canary-used-for-testing-for-carbon-monoxide.html.
17. Hou, L., et al., "Lifetime Pesticide Use and Telomere Shortening Among Male Pesticide Applicators in the Agricultural Health Study," *Environmental Health Perspectives* 121, no. 8 (August 2013): 919–924, doi: 10.1289/ehp.1206432.
18. Kahl, V. F., et al., "Telomere Measurement in Individuals Occupationally Exposed to Pesticide Mixtures in Tobacco Fields," *Environmental and Molecular Mutagenesis* 57, no. 1 (January 2016), doi: 10.1002/em.21984.
19. Ibid.
20. Zota A. R., et al., "Associations of Cadmium and Lead Exposure with Leukocyte Telomere Length: Findings from National Health and Nutrition Examination Survey, 1999—2002," *American Journal of Epidemiology* 181, no. 2 (January 15, 2015): 127–136, doi: 10.1093/aje/kwu293.
21. "Toxicological Profile for Cadmium," U.S. Department of Health and Human Services, Public Health Service, Agency for Toxic Substances and Disease Registry (Atlanta, Ga., September 2012), http: //www.atsdr.cdc.gov/toxprofiles/tp5.pdf.
22. Lin, S., et al., "Short Placental Telomere Was Associated with Cadmium Pollution in an Electronic Waste Recycling Town in China," *PLOS ONE* 8, no. 4 (2013): e60815, doi: 10.1371/journal.pone.0060815.
23. Zota, et al., "Associations of Cadmium and Lead Exposure with Leukocyte Telomere Length." (See #20 above.)
24. Wu, Y., et al., "High Lead Exposure Is Associated with Telomere Length Shortening in Chinese Battery Manufacturing Plant Workers," *Occupational and Environmental Medicine* 69, no. 8 (August 2012): 557–563, doi: 10.1136/oemed-2011-100478.
25. Ibid.
26. Pawlas, N., et al., "Telomere Length in Children Environmentally Exposed to Low-to-Moderate Levels of Lead," *Toxicology and Applied Pharmacology* 287, no. 2 (September 1, 2015): 111–118, doi: 10.1016/j.taap.2015.05.005.
27. Hoxha, M., et al., "Association Between Leukocyte Telomere Shortening and Exposure to Traffic Pollution: A Cross-Sectional Study on Traf- fic Officers and Indoor Office Workers," *Environmental Health* 8 (2009): 41, doi: 10.1186/1476-069X-8-41; Zhang, X., S. Lin, W. E. Funk, andL. Hou, "Environmental and Occupational Exposure to Chemicals and Telomere Length in Human Studies," *Postgraduate Medical Journal* 89, no.1058 (December 2013): 722–728, doi: 10.1136/postgradmedj-2012-101350rep; and Mitro, S. D., L. S. Birnbaum, B. L. Needham, and A.R. Zota, "Cross-Sectional Associations Between Exposure to Persistent Organic Pollutants and Leukocyte Telomere Length Among U.S. Adults in NHANES, 2001—2002," *Environmental*

Health Perspectives 124, no. 5 (May 2016): 651–658, doi: 10.1289/ehp.1510187.
28. Bijnens, E., et al., "Lower Placental Telomere Length May Be Attributed to Maternal Residential Traffic Exposure; A Twin Study," *Environment International* 79 (June 2015): 1–7, doi: 0.1016/j.envint.2015.02.008.
29. Ferrario, D., et al., "Arsenic Induces Telomerase Expression and Maintains Telomere Length in Human Cord Blood Cells," *Toxicology* 260, no. 1–3 (June 16, 2009): 132–141, doi: 10.1016/j.tox.2009.03.019; Hou, L., et al., "Air Pollution Exposure and Telomere Length in Highly Exposed Subjects in Beijing, China: A Repeated-Measure Study," *Environment International* 48 (November 1, 2012): 71–77, doi: 10.1016/j.envint.2012.06.020; Zhang, et al., "Environmental and Occupational Exposure to Chemicals and Telomere Length in Human Studies" ; Bassig, B. A., et al., "Alterations in Leukocyte Telomere Length in Workers Occupationally Exposed to Benzene," *Environmental and Molecular Mutagenesis* 55, no. 8 (2014): 673–678, doi: 10.1002/em.21880; and Li, H., K.Engström, M. Vahter, and K. Broberg, "Arsenic Exposure Through Drinking Water Is Associated with Longer Telomeres in Peripheral Blood," *Chemical Research in Toxicology* 25, no. 11 (November 19, 2012): 2333–2339, doi: 10.1021/tx300222t.
30. American Association for Cancer Research, *AACR Cancer Progress Report* 2014: *Transforming Lives Through Cancer Research,* 2014, http: //cancer-progressreport.org/2014/Documents/AACR_CPR_2014.pdf, accessed October 21, 2015.
31. "Cancer Fact Sheet No. 297," World Health Organization, updated February 2015,: http: //www.who.int/mediacentre/factsheets/fs297/en/, accessed October 21, 2015.
32. House, J. S., K. R. Landis, and D.Umberson, "Social Relationships and Health," *Science* 241, no. 4865 (July 29, 1988): 540–545; Berkman, L.F., and S. L. Syme, "Social Networks, Host Resistance, and Mortality: A Nine-Year Follow-up Study of Alameda County Residents," *American Journal of Epidemiology* 109, no. 2 (February 1979): 186–204; and Holt-Lunstad, J., T. B. Smith, M. B. Baker, T. Harris, and D. Ste- phenson, "Loneliness and Social Isolation as Risk Factors for Mortality: A Meta-analytic Review," *Perspectives on Psychological Science: A Journal of the Association for Psychological Science* 10, no. 2 (March 2015): 227–237, doi: 10.1177/1745691614568352.
33. Hermes, G. L., et al., "Social Isolation Dysregulates Endocrine and Behavioral Stress While Increasing Malignant Burden of Spontaneous Mammary Tumors," *Proceedings of the National Academy of Sciences of the United States of America* 106, no. 52 (December 29, 2009): 22393–22398, doi: 10.1073/pnas.0910753106.
34. Aydinonat, D., et al., "Social Isolation Shortens Telomeres in African Grey Parrots (*Psittacus erithacus erithacus*)," *PLOS ONE* 9, no. 4 (2014): e93839, doi: 10.1371/journal.pone.0093839.
35. Carroll, J. E., A. V. Diez Roux, A. L. Fitzpatrick, and T. Seeman, "Low Social Support Is Associated with Shorter Leukocyte Telomere Length in Late Life: Multi-ethnic Study of Atherosclerosis," *Psychosomatic Medicine* 75, no. 2 (February 2013): 171–177, doi: 10.1097/PSY.0b013e31828233bf.
36. Uchino, B. N., et al., "The Strength of Family Ties: Perceptions of Network Relationship Quality and Levels of C-Reactive Proteins in the North Texas Heart Study," *Annals of Behavioral Medicine* 49, no. 5 (October 2015): 776–781, doi: 10.1007/s12160-015-9699-y.

37. Uchino, B. N., et al., "Social Relationships and Health: Is Feeling Positive, Negative, or Both (Ambivalent) About Your Social Ties Related to Telomeres?" *Health Psychology* 31, no. 6 (November 2012): 789–796, doi: 10.1037/a0026836.
38. Robles, T. F., R. B. Slatcher, J. M. Trombello, and M. M. McGinn, "Marital Quality and Health: A Meta-analytic Review," *Psychological Bulletin* 140, no. 1 (January 2014): 140–187, doi: 10.1037/a0031859.
39. Ibid.
40. Mainous, A. G., et al., "Leukocyte Telomere Length and Marital Status among Middle-Aged Adults," *Age and Ageing* 40, no. 1 (January 2011): 73–78, doi: 10.1093/ageing/afq118; and Yen, Y., and F.Lung, "Older Adults with Higher Income or Marriage Have Longer Telomeres," *Age and Ageing* 42, no. 2 (March 2013): 234–329, doi: 10.1093/ageing/afs122.
41. Broer, L., V. Codd, D. R. Nyholt, et al., "Meta-Analysis of Telomere Length in 19,713 Subjects Reveals High Heritability, Stronger Maternal Inheritance and a Paternal Age Effect," *European Journal of Human Genetics: EJHG* 21, no. 10 (October 2013): 1163–1168, doi: 10.1038/ejhg.2012.303.
42. Herbenick, D., et al., "Sexual Behavior in the United States: Results from a National Probability Sample of Men and Women Ages 14– 94," *Journal of Sexual Medicine* 7, Suppl. 5 (October 7, 2010): 255–265, doi: 10.1111/j.1743-6109.2010.02012.x.
43. Saxbe, D. E., et al., "Cortisol Covariation within Parents of Young Children: Moderation by Relationship Aggression," *Psychoneuroendocrinology* 62 (December 2015): 121–128, doi: 10.1016/j.psyneuen.2015.08.006.
44. Liu, S., M. J. Rovine, L. C. Klein, and D. M. Almeida, "Synchrony of Diurnal Cortisol Pattern in Couples," *Journal of Family Psychology* 27, no. 4 (August 2013): 579–588, doi: 10.1037/a0033735.
45. Helm, J. L., D. A. Sbarra, and E. Ferrer, "Coregulation of Respiratory Sinus Arrhythmia in Adult Romantic Partners," *Emotion* 14, no. 3 (June 2014): 522–531, doi: 10.1037/a0035960.
46. Hack, T., S. A. Goodwin, and S. T. Fiske, "Warmth Trumps Competence in Evaluations of Both Ingroup and Outgroup," *International Journal of Science, Commerce and Humanities* 1, no. 6 (September 2013): 99–105.
47. Parrish, T., "How Hate Took Hold of Me," *Daily News*, June 21, 2015, http: //www.nydailynews.com/opinion/tim-parrish-hate-hold-article-1.2264643, accessed October 23, 2015.
48. Lui, S. Y., and Kawachi, I., "Discrimination and Telomere Length Among Older Adults in the US: Does the Association Vary by Race and Type of Discrimination?" *under review, Public Health Reports*.
49. Chae, D. H., et al., "Discrimination, Racial Bias, and Telomere Length in African American Men," *American Journal of Preventive Medicine* 46, no. 2 (February 2014): 103–111, doi: 10.1016/j.amepre.2013.10.020.
50. Peckham, M., "This Billboard Sucks Pollution from the Sky and Returns Purified Air," *Time*, May 1, 2014, http: //time.com/84013/this-billboard-sucks-pollution-from-the-sky-and-returns-purified-air/, accessed November 24, 2015.

51. Diers, J., *Neighbor Power: Building Community the Seattle Way* (Seattle: University of Washington Press, 2004).
52. Beyer, K. M. M., et al., "Exposure to Neighborhood Green Space and Mental Health: Evidence from the Survey of the Health of Wisconsin," *International Journal of Environmental Research and Public Health* 11, no. 3 (March 2014): 3453–3472, doi: 10.3390/ijerph110303453; and Roe, et al., "Green Space and Stress." (see #10 above).
53. Branas, C. C., et al., "A Difference-in-Differences Analysis of Health, Safety, and Greening Vacant Urban Space," *American Journal of Epidemiology* 174, no. 11 (December 1, 2011): 1296–1306, doi: 10.1093/aje/kwr273.
54. Wesselmann, E. D., F. D. Cardoso, S. Slater, and K. D. Williams, "To Be Looked At as Though Air: Civil Attention Matters," *Psychological Science* 23, no. 2 (February 2012): 166–168, doi: 10.1177/0956797611427921.
55. Guéguen, N., and M-A De Gail, "The Effect of Smiling on Helping Behavior: Smiling and Good Samaritan Behavior," *Communication Reports* 16, no. 2 (2003): 133–140, doi: 10.1080/08934210309384496.

第十二章 人之初：细胞老化始于子宫

1. Hjelmborg, J. B., et al., "The Heritability of Leucocyte Telomere Length Dynamics," *Journal of Medical Genetics* 52, no. 5 (May 2015): 297–302, doi: 10.1136/jmedgenet-2014-102736.
2. Wojcicki, J. M., et al., "Cord Blood Telomere Length in Latino Infants: Relation with Maternal Education and Infant Sex," *Journal of Perinatology: Official Journal of the California Perinatal Association* 36, no. 3 (March 2016): 235–241, doi: 10.1038/jp.2015.178.
3. Needham, B. L., et al., "Socioeconomic Status and Cell Aging in Children," *Social Science and Medicine* (1982) 74, no. 12 (June 2012): 1948–1951, doi: 10.1016/j.socscimed.2012.02.019.
4. Collopy, L. C., et al., "Triallelic and Epigenetic-like Inheritance in Human Disorders of Telomerase," *Blood* 126, no. 2 (July 9, 2015): 176–184, doi: 10.1182/blood-2015-03-633388.
5. Factor-Litvak, P., et al., "Leukocyte Telomere Length in Newborns: Implications for the Role of Telomeres in Human Disease," *Pediatrics* 137, no. 4 (April 2016): e20153927, doi: 10.1542/peds.2015-3927.
6. De Meyer, T., et al., "A Non-Genetic, Epigenetic-like Mechanism of Telomere Length Inheritance?" *European Journal of Human Genetics* 22, no. 1 (January 2014): 10–11, doi: 10.1038/ejhg.2013.255.
7. Collopy, et al., "Triallelic and Epigenetic-like Inheritance in Human Disorders of Telomerase." (See #4 above.)
8. Tarry-Adkins, J. L., et al., "Maternal Diet Influences DNA Damage, Aortic Telomere Length, Oxidative Stress, and Antioxidant Defense Capacity in Rats," *FASEB Journal: Official Publication of the Federation of American Societies for Experimental Biology* 22, no. 6 (June 2008): 2037–2044, doi: 10.1096/fj.07-099523.

9. Aiken, C. E., J. L. Tarry-Adkins, and S. E. Ozanne, "Suboptimal Nutrition in Utero Causes DNA Damage and Accelerated Aging of the Female Reproductive Tract," *FASEB Journal: Official Publication of the Federation of American Societies for Experimental Biology* 27, no. 10 (October 2013): 3959–3965, doi: 10.1096/fj.13-234484.
10. Aiken, C. E., J. L. Tarry-Adkins, and S. E. Ozanne., "Transgenerational Developmental Programming of Ovarian Reserve," *Scientific Reports* 5 (2015): 16175, doi: 10.1038/srep16175.
11. Tarry-Adkins, J. L., et al., "Nutritional Programming of Coenzyme Q: Potential for Prevention and Intervention?" *FASEB Journal: Official Publication of the Federation of American Societies for Experimental Biology* 28, no. 12 (December 2014): 5398–5405, doi: 10.1096/fj.14-259473.
12. Bull, C., H. Christensen, and M. Fenech, "Cortisol Is Not Associated with Telomere Shortening or Chromosomal Instability in Human Lymphocytes Cultured Under Low and High Folate Conditions," *PLOS ONE* 10, no. 3 (March 6, 2015): e0119367, doi: 10.1371/journal.pone.0119367; and Bull, C., et al., "Folate Deficiency Induces Dysfunctional Long and Short Telomeres;Both States Are Associated with Hypomethylation and DNA Damage in Human WIL2-NS Cells," *Cancer Prevention Research (Philadelphia, Pa.)* 7, no. 1 (January 2014): 128–138, doi: 10.1158/1940-6207.CAPR-13-0264.
13. Entringer, S., et al., "Maternal Folate Concentration in Early Pregnancy and Newborn Telomere Length," *Annals of Nutrition and Metabolism* 66, no. 4 (2015): 202–208, doi: 10.1159/000381925.
14. Cerne, J. Z., et al., "Functional Variants in CYP1B1, KRAS and MTHFR Genes Are Associated with Shorter Telomere Length in Post- menopausal Women," *Mechanisms of Ageing and Development* 149 (July 2015): 1–7, doi: 10.1016/j.mad.2015.05.003.
15. "Folic Acid Fact Sheet," Womenshealth.gov, http: //womenshealth.gov/publications/our-publications/fact-sheet/folic-acid.html, accessed November 27, 2015.
16. Paul, L., et al., "High Plasma Folate Is Negatively Associated with Leukocyte Telomere Length in Framingham Offspring Cohort," *European Journal of Nutrition* 54, no. 2 (March 2015): 235–241, doi: 10.1007/s00394-014-0704-1.
17. Entringer, S., et al., "Maternal Psychosocial Stress During Pregnancy Is Associated with Newborn Leukocyte Telomere Length," *American Journal of Obstetrics and Gynecology* 208, no. 2 (February 2013): 134.e1–7, doi: 10.1016/j.ajog.2012.11.033.
18. Marchetto, N. M., et al., "Prenatal Stress and Newborn Telomere Length," *American Journal of Obstetrics and Gynecology*, January 30, 2016, doi: 10.1016/j.ajog.2016.01.177.
19. Entringer, S., et al., "Influence of Prenatal Psychosocial Stress on Cytokine Production in Adult Women," *Developmental Psychobiology* 50, no. 6 (September 2008): 579–587, doi: 10.1002/dev.20316.
20. Entringer, S., et al., "Stress Exposure in Intrauterine Life Is Associated with Shorter Telomere Length in Young Adulthood," *Proceedings of the National Academy of Sciences of the United States of America* 108, no. 33 (August 16, 2011): E513–518, doi: 10.1073/pnas.1107759108.
21. Haussman, M., and B. Heidinger, "Telomere Dynamics May Link Stress Exposure and Ageing across Generations," *Biology Letters* 11, no. 11 (November 2015), doi: 10.1098/rsbl.2015.0396.
22. Ibid.

第十三章　童年影响一生：幼年生活如何塑造了端粒？

1. Sullivan, M. C., "For Romania's Orphans, Adoption Is Still a Rarity," *National Public Radio*, August 19, 2012, http: //www.npr.org/2012/08/19/158924764/for-romanias-orphans-adoption-is-still-a-rarity.
2. Ahern, L., "Orphanages Are No Place for Children," *Washington Post*, August 9, 2013, https: //www.washingtonpost.com/opinions/orphanages-are-no-place-for-children/2013/08/09/6d-502fb0-fadd-11e2-a369-d1954 abcb7e3_story.html, accessed October 14, 2015.
3. Felitti, V. J., et al., "Relationship of Childhood Abuse and Household Dysfunction to Many of the Leading Causes of Death in Adults: The Adverse Childhood Experiences (ACE) Study," *American Journal of Preventive Medicine* 14, no. 4 (May 1998): 245–258.
4. Chen, S. H., et al., "Adverse Childhood Experiences and Leukocyte Telomere Maintenance in Depressed and Healthy Adults," *Journal of Affective Disorders* 169 (December 2014): 86–90, doi: 10.1016/j.jad.2014.07.035.
5. Skilton, M. R., et al., "Telomere Length in Early Childhood: Early Life Risk Factors and Association with Carotid Intima-Media Thickness in Later Childhood," *European Journal of Preventive Cardiology* 23, no. 10 (July 2016): 1086–1092, doi: 10.1177/2047487315607075.
6. Drury, S. S., et al., "Telomere Length and Early Severe Social Deprivation: Linking Early Adversity and Cellular Aging," *Molecular Psychiatry* 17, no. 7 (July 2012): 719–727, doi: 10.1038/mp.2011.53.
7. Hamilton, J., "Orphans' Lonely Beginnings Reveal How Parents Shape a Child's Brain," *National Public Radio*, February 24, 2014, http: //www.npr.org/sections/health-shots/2014/02/20/280237833/orphans-lonely-beginnings-reveal-how-parents-shape-a-childs-brain, accessed October 15, 2015.
8. Powell, A., "Breathtakingly Awful," *Harvard Gazette*, October 5, 2010,http: //news.harvard.edu/gazette/story/2010/10/breathtakingly-awful/, accessed October 26, 2015.
9. Authors' interview with Charles Nelson, September 18, 2015.
10. Shalev, I., et al., "Exposure to Violence During Childhood Is Associated with Telomere Erosion from 5 to 10 Years of Age: A Longitudinal Study," *Molecular Psychiatry* 18, no. 5 (May 2013): 576–581, doi: 10.1038/mp.2012.32.
11. Price, L. H., et al., "Telomeres and Early-Life Stress: An Overview," *Biological Psychiatry* 73, no. 1 (January 1, 2013): 15–23, doi: 10.1016/j.biopsych.2012.06.025.
12. Révész, D., Y. Milaneschi, E. M. Terpstra, and B. W. J. H. Penninx, "Baseline Biopsychosocial Determinants of Telomere Length and 6-Year Attrition Rate," *Psychoneuroendocrinology* 67 (May 2016): 153–162, doi: 10.1016/j.psyneuen.2016.02.007.
13. Danese, A., and B. S. McEwen, "Adverse Childhood Experiences, Allostasis, Allostatic Load, and Age-Related Disease," *Physiology & Behavior* 106, no. 1 (April 12, 2012): 29–39, doi: 10.1016/j.physbeh.2011.08.019.
14. Infurna, F. J., C. T. Rivers, J. Reich, and A. J. Zautra, "Childhood Trauma and Personal Mastery: Their Influence on Emotional Reactivity to Everyday Events in a Community Sample of Middle-Aged Adults," *PLOS ONE* 10, no. 4 (2015): e0121840, doi: 10.1371/journal.pone.0121840.

15. Schrepf, A., K. Markon, and S. K. Lutgendorf, "From Childhood Trauma to Elevated C-Reactive Protein in Adulthood: The Role of Anxiety and Emotional Eating," *Psychosomatic Medicine* 76, no. 5 (June 2014): 327–336, doi: 10.1097/PSY.0000000000000072.
16. Felitti, V. J., et al., "Relationship of Childhood Abuse and Household Dysfunction to Many of the Leading Causes of Death in Adults. The Adverse Childhood Experiences (ACE) Study," *American Journal of Preventive Medicine* 14, no. 4 (May 1998): 245–258, doi.org/10.1016/S0749-3797(98)00017-8.
17. Lim, D., and D. DeSteno, "Suffering and Compassion: The Links Among Adverse Life Experiences, Empathy, Compassion, and Prosoial Behavior," *Emotion* 16, no. 2 (March 2016): 175–182, doi: 10.1037/emo0000144.
18. Asok, A., et al., "Infant-Caregiver Experiences Alter Telomere Length in the Brain," *PLOS ONE* 9, no. 7 (2014): e101437, doi: 10.1371/journal. pone.0101437.
19. McEwen, B. S., C. N. Nasca, and J. D. Gray, "Stress Effects on Neuronal Structure: Hippocampus, Amygdala, and Prefrontal Cortex," *Neuropsychopharmacology: Official Publication of the American College of Neuropsycho-pharmacology* 41, no. 1 (January 2016): 3–23, doi: 10.1038/npp.2015.171; and Arnsten, A. F. T., "Stress Signalling Pathways That Impair Prefrontal Cortex Structure and Function," *Nature Reviews Neuroscience* 10, no. 6 (June 2009): 410–422, doi: 10.1038/nrn2648.
20. Suomi, S., "Attachment in Rhesus Monkeys," in *Handbook of Attachment: Theory, Research, and Clinical Applications*, ed. J. Cassidy and P. R. Shaver, 3rd ed. (New York: Guilford Press, 2016).
21. Schneper, L., Jeanne Brooks-Gunn, Daniel Notterman, and Stephen, Suomi, "Early Life Experiences and Telomere Length in Adult Rhesus Monkeys: An Exploratory Study." *Psychosomatic Medicine*, in press (n.d.).
22. Gunnar, M. R., et al., "Parental Buffering of Fear and Stress Neurobiology: Reviewing Parallels Across Rodent, Monkey, and Human Models," *Social Neuroscience* 10, no. 5 (2015): 474–478, doi: 10.1080/17470919.2 015.1070198.
23. Hostinar, C. E., R. M. Sullivan, and M. R. Gunnar, "Psychobiological Mechanisms Underlying the Social Buffering of the Hypothalamic- Pituitary-Adrenocortical Axis: A Review of Animal Models and Human Studies Across Development," *Psychological Bulletin* 140, no. 1 (January 2014): 256–282, doi: 10.1037/a0032671.
24. Doom, J. R., C. E. Hostinar, A. A. VanZomeren-Dohm, and M. R. Gunnar, "The Roles of Puberty and Age in Explaining the Diminished Effectiveness of Parental Buffering of HPA Reactivity and Recovery in Adolescence," *Psychoneuroendocrinology* 59 (September 2015): 102–111, doi: 10.1016/j.psyneuen.2015.04.024.
25. Seery, M. D., et al., "An Upside to Adversity?: Moderate Cumulative Lifetime Adversity Is Associated with Resilient Responses in the Face of Controlled Stressors," *Psychological Science* 24, no. 7 (July 1, 2013): 1181–1189, doi: 10.1177/0956797612469210.
26. Asok, A., et al., "Parental Responsiveness Moderates the Association Between Early-Life Stress and Reduced Telomere Length," *Development and Psychopathology* 25, no. 3 (August 2013): 577–585, doi: 10.1017/S0954579413000011.

27. Bernard, K., C. E. Hostinar, and M. Dozier, "Intervention Effects on Diurnal Cortisol Rhythms of Child Protective Services–Referred Infants in Early Childhood: Preschool Follow-Up Results of a Randomized Clinical Trial," *JAMA Pediatrics* 169, no. 2 (February 2015): 112–119, doi: 10.1001/jamapediatrics.2014.2369.
28. Kroenke, C.H., et al., "Autonomic and Adrenocortical Reactivity and Buccal Cell Telomere Length in Kindergarten Children," *Psychosomatic Medicine* 73, no. 7 (September 2011): 533–540, doi: 10.1097/PSY.0b013e318229acfc.
29. Wojcicki, J. M., et al., "Telomere Length Is Associated with Oppositional Defiant Behavior and Maternal Clinical Depression in Latino Preschool Children," *Translational Psychiatry* 5 (June 2015): e581, doi: 10.1038/tp.2015.71; and Costa, D. S., et al., "Telomere Length Is Highly Inherited and Associated with Hyperactivity-Impulsivity in Children with Attention Deficit/Hyperactivity Disorder," *Frontiers in Molecular Neuroscience* 8 (July 2015): 28, doi: 10.3389/fnmol.2015.00028.
30. Kroenke, et al., "Autonomic and Adrenocortical Reactivity and Buccal Cell Telomere Length in Kindergarten Children." (See #27 above.)
31. Boyce, W. T., and B. J. Ellis, "Biological Sensitivity to Context: I. An Evolutionary-Developmental Theory of the Origins and Functions of Stress Reactivity," *Development and Psychopathology* 17, no. 2 (spring 2005): 271–301.
32. Van Ijzendoorn, M. H., and M. J. Bakermans-Kranenburg, "Genetic Differential Susceptibility on Trial: Meta-analytic Support from Randomized Controlled Experiments," *Development and Psychopathology* 27, no. 1 (February 2015): 151–162, doi: 10.1017/S0954579414001369.
33. Colter, M., et al., "Social Disadvantage, Genetic Sensitivity, and Children's Telomere Length," *Proceedings of the National Academy of Sciences of the United States of America* 111, no. 16 (April 22, 2014): 5944–5949, doi: 10.1073/pnas.1404293111.
34. Brody, G. H., T.Yu, S. R. H. Beach, and R. A. Philibert, "Prevention Effects Ameliorate the Prospective Association Between Nonsupportive Parenting and Diminished Telomere Length," *Prevention Science: The Official Journal of the Society for Prevention Research* 16, no. 2 (February 2015): 171–180, doi: 10.1007/s11121-014-0474-2; Beach, S. R. H., et al., "Nonsupportive Parenting Affects Telomere Length in Young Adulthood Among African Americans: Mediation through Substance Use," *Journal of Family Psychology: JFP: Journal of the Division of Family Psychology of the American Psychological Association (Division 43)* 28, no. 6 (December 2014): 967–972, doi: 10.1037/fam0000039; and Brody, G.H., et al., "The Adults in the Making Program: Long-Term Protective Stabilizing Effects on Alcohol Use and Substance Use Problems for Rural African American Emerging Adults," *Journal of Consulting and Clinical Psychology* 80, no. 1 (February 2012): 17–28. doi: 10.1037/a0026592.
35. Brody, et al., "Prevention Effects Ameliorate the Prospective Association Between Nonsupportive Parenting and Diminished Telomere Length" ; and Beach, et al., "Nonsupportive Parenting Affects Telomere Length in Young Adulthood among African Americans: Mediation through Substance Use." (See #33 above.)
36. Spielberg, J. M., T.M. Olino, E. E. Forbes, and R. E. Dahl, "Exciting Fear in Adolescence: Does

Pubertal Development Alter Threat Processing?" *Developmental Cognitive Neuroscience* 8 (April 2014): 86–95, doi: 10.1016/j.dcn.2014.01.004; and Peper, J. S., and R. E. Dahl, "Surging Hormones: Brain-Behavior Interactions During Puberty," *Current Directions in Psychological Science* 22, no. 2 (April 2013): 134–139, doi: 10.1177/0963721412473755.

37. Turkle, S., *Reclaiming Conversation: The Power of Talk in a Digital Age* (New York: Penguin Press, 2015).
38. Siegel, D., and T. P. Bryson, *The Whole-Brain Child: 12 Revolutionary Strategies to Nurture Your Child's Developing Mind* (New York: Delacorte Press, 2011).
39. Robles, T. F., et al., "Emotions and Family Interactions in Childhood: Associations with Leukocyte Telomere Length Emotions, Family Interactions, and Telomere Length," *Psychoneuroendocrinology* 63 (January 2016): 343–350, doi: 10.1016/j.psyneuen.2015.10.018.

结论　休戚相关：我们的细胞遗产

1. Pickett, K. E., and R. G. Wilkinson, "Inequality: An Underacknowledged Source of Mental Illness and Distress," *British Journal of Psychiatry: The Journal of Mental Science* 197, no. 6 (December 2010): 426–428, doi: 10.1192/bjp.bp.109.072066.
2. Ibid; and Wilkerson, R. G., and K. Pickett, *The Spirit Level: Why More Equal Societies Almost Always Do Better* (London: Allen Lane, 2009).
3. Stone, C., D. Trisi, A. Sherman, and B. Debot, "A Guide to Statistics on Historical Trends in Income Inequality," *Center on Budget and Policy Priorities*, updated October 26, 2015, http: //www.cbpp.org/research/ poverty-and-inequality/a-guide-to-statistics-on-historical-trends-in-income-inequality.
4. Pickett, K. E., and R. G. Wilkinson, "The Ethical and Policy Implications of Research on Income Inequality and Child Wellbeing," *Pediatrics* 135, Suppl. 2 (March 2015): S39–47, doi: 10.1542/peds.2014-3549E.
5. Mayer, E. A., et al., "Gut Microbes and the Brain: Paradigm Shift in Neuroscience," *Journal of Neuroscience: The Official Journal of the Society for Neuroscience* 34, no. 46 (November 12, 2014): 15490–15496, doi: 10.1523/ JNEUROSCI.3299-14.2014; Picard, M., R. P. Juster, and B. S. McEwen, "Mitochondrial Allostatic Load Puts the 'Gluc' Back in Glucocorticoids," *Nature Reviews Endocrinology* 10, no. 5 (May 2014): 303–310, doi: 10.1038/ nrendo.2014.22; and Picard, M., et al., "Chronic Stress and Mitochondria Function in Humans," under review.
6. Varela, F. J., E. Thompson, and E. Rosch, *The Embodied Mind* (Cambridge, MA: MIT Press, 1991).
7. "Zuckerberg: One in Seven People on the Planet Used Facebook on Monday," *Guardian*, August 28, 2015, http: //www.theguardian.com/technology/2015/aug/27/facebook-1bn-users-day-mark-zuckerberg, accessed October 26, 2015; and "Number of Monthly Active Facebook Users World wide as of 1st Quarter 2016 (in Millions)," *Statista*, http: //www.statista.com/statistics/264810/number-of-monthly-active-facebook-users-worldwide/.

引用许可

我们感谢诸多作者与机构允许我们重印下列图片与问卷调查。

图片包括：

Blackburn, Elizabeth H., Elissa S. Epel, and Jue Lin. "Human Telomere Biology: A Contributory and Interactive Factor in Aging, Disease Risks, and Protection." Science (New York, N.Y.) 350, no. 6265 (December 4, 2015): 1193–1198. Reprinted with permission from AAAS.

Epel, Elissa S., Elizabeth H. Blackburn, Jue Lin, Firdaus S. Dhab- har, Nancy E. Adler, Jason D. Morrow, and Richard M. Cawthon. "Accelerated Telomere Shortening in Response to Life Stress." Proceedings of the National Academy of Sciences of the United States of America 101, no. 49 (December 7, 2004): 17312–17315. Permissions granted by the National Academy of Sciences, U.S.A. Copyright (2004) National Academy of Sciences, U.S.A.

Cribbet, M. R., M. Carlisle, R. M. Cawthon, B. N. Uchino, P.G. Williams, T. W. Smith, and K. C. Light. "Cellular Aging and Restorative

Processes: Subjective Sleep Quality and Duration Moderate the Association between Age and Telomere Length in a Sample of Middle-Aged and Older Adults." SLEEP 37, no. 1: 65–70. Republished with permission of the American Academy of Sleep Medicine; permission conveyed through Copyright Clearance Center, Inc.

Carroll J. E., S. Esquivel, A. Goldberg, T. E. Seeman, R. B. Effros, J. Dock, R. Olmstead, E. C. Breen, and M. R. Irwin. "Insomnia and Telomere Length in Older Adults." SLEEP 39, no 3 (2016): 559–564. Republished with permission of the American Academy of Sleep Medicine; permission conveyed through Copyright Clearance Center, Inc.

Farzaneh-Far R, J. Lin, E. S. Epel, W. S. Harris, E. H. Blackburn, and M. A. Whooley. "Association of Marine Omega–3 Fatty Acid Levels with Telomeric Aging in Patients with Coronary Heart Disease." JAMA 303, no 3 (2010): 250–257. Permissions granted by the American Medical Association.

Park, M., J. E. Verhoeven, P. Cuijpers, C. F. Reynolds Ⅲ, and B. W. J. H. Penninx. "Where You Live May Make You Old: The Association between Perceived Poor Neighborhood Quality and Leukocyte Telomere Length." PLoS ONE 10, no.6 (2015): e0128460. http://doi. org/10.1371/journal.pone.0128460. Permissions granted by Park et al. via the Creative Commons Attribution License. Copyright © 2015 Park et al.

Brody, G. H., T. Yu, S. R. H. Beach, and R. A. Philibert. "Prevention Effects Ameliorate the Prospective Association between Nonsupportive Parenting and Diminished Telomere Length." Prevention Science: The Official Journal of the Society for Prevention Research 16, no. 2 (February 2015): 171–180. With permission of Springer.

Pickett, Kate E., and Richard G. Wilkinson. "Inequality: An Underacknowledged Source of Mental Illness and Distress." The British Journal of Psychiatry: The Journal of Mental Science 197, no. 6 (December 2010): 426–428. Permissions granted by the Royal College of Psychiatrists. Copyright, the Royal College of Psychiatrists.

问卷调查包括:

Kiernan, M., D. E. Schoffman, K. Lee, S. D. Brown, J. M. Fair, M. G. Perri, and W. L. Haskell. "The Stanford Leisure-Time Activity Categorical Item (L-Cat): A Single Categorical Item Sensitive to Physical Activity Changes in Overweight/Obese Women." International Journal of Obesity 37 (2013): 1597–1602. Permissions granted by Nature Publishing Group and Dr. Michaela Kiernan, Stanford University School of Medicine. Copyright 2013. Reprinted by permission from Macmillan Publishers Ltd.

The ENRICHD Investigators. "Enhancing Recovery in Coronary Heart Disease (ENRICHD): Baseline Characteristics." The American

Journal of Cardiology 88, no. 3, (August 1, 2001): 316–322. Permissions granted by Elsevier science and technology journals and Dr. Pamela Mitchell, University of Washington. Permission conveyed through Copyright Clearance Center, Inc. Republished with permission of Elsevier Science and Technology Journals.

Buysse, Daniel J., Charles F. Reynolds III, Timothy H. Monk, Susan R. Berman, and David J. Kupfer. "The Pittsburgh Sleep Quality Index: A New Instrument for Psychiatric Practice and Research." Psychiatry Research 28, no. 2 (May 1989): 193–213. Copyright © 1989 and 2010, University of Pittsburgh. All rights reserved. Permissions granted by Dr. Daniel Buysse and the University of Pittsburgh.

Scheier, M. F., and C. S. Carver. "Optimism, Coping, and Health: Assessment and Implications of Generalized Outcome Expectancies." Health Psychology 4, no. 3 (1985): 219–247. Permissions granted by Dr. Michael Scheier, Carnegie Mellon University, and the American Psychological Association.

Trapnell, P. D., J. D. Campbell. "Private Self-Consciousness and the Five-Factor Model of Personality: Distinguishing Rumination from Reflection." Journal of Personality and Social Psychology 76 (1999): 284–330. Permissions granted by Dr. Paul Trapnell, University of Winnipeg, and the American Psychological Association.

John, O. P., E. M. Donahue, and R. L. Kentle. Conscientiousness: "The Big Five Inventory—Versions 4a and 54." Berkeley: University of California, Berkeley, Institute of Personality and Social Research, 1991. Permissions granted by Dr. Oliver John, University of California, Berkeley.

Scheier, M. F., C. Wrosch, A. Baum, S. Cohen, L. M. Martire, K. A. Matthews, R. Schulz, and B. Zdaniuk. "The Life Engagement Test: Assessing Purpose in Life." Journal of Behavioral Medicine 29 (2006): 291–298. With permission of Springer. Permissions granted by Springer Publishing and Dr. Michael Scheier, Carnegie Mellon University.

The Adverse Childhood Experiences Scale (ACES) was reprinted with permission from Dr. Vincent Felitti, MD, Co-PI, Adverse Childhood Experiences Study, University of California, San Diego.

译后记

本书翻译的过程中，友人弗兰·刘（Fran Liu）在打理公司之余读了部分段落，指出了一些明显的错误。译稿完成之后，叶凯雄、严青通读了本书，提出了更多的修订意见，在此表示感谢。

也是在严青的推荐下，我读到了台湾天下文化出版社于 2017 年 10 月推出的廖月娟的译本，顿感相形见绌。细读之后发现，台湾的译本更灵活、更简练，特别是书中“逆龄实验室”的段落，处理得知性且妥帖。见贤思齐，于是，我又对照她的译本及英文再次打磨译稿，在此过程中，更真切地体会了汉语遣词造句的妙处，对译者廖月娟更加佩服，自是感激不尽。

读者若有批评指正或问题交流，欢迎邮件联系:biofuhe@gmail.com。

傅贺

2021 年 3 月于美国雅典

扫描二维码，进入一推君的奇妙领地，回复“端粒”，获取本书索引

图书在版编目（CIP）数据

端粒：年轻、健康、长寿的新科学 /（美）伊丽莎白·布莱克本，（美）艾丽莎·伊帕尔著；傅贺译.
—长沙：湖南科学技术出版社，2021.9（2025.1重印）
ISBN 978-7-5710-0926-7

Ⅰ.①端… Ⅱ.①伊… ②艾… ③傅… Ⅲ.①端粒 Ⅳ.① Q243

中国版本图书馆 CIP 数据核字（2021）第 053453 号

著作权合同登记号 28-2015-036

DUANLI: NIANQING、JIANKANG、CHANGSHOU DE XIN KEXUE
端粒：年轻、健康、长寿的新科学

著者
【美】伊丽莎白·布莱克本
【美】艾丽莎·伊帕尔
译者
傅贺
出版人
潘晓山
策划编辑
吴炜
责任编辑
李蓓
营销编辑
周洋
出版发行
湖南科学技术出版社
社址
长沙市芙蓉中路一段 416 号泊富国际金融中心
http://www.hnstp.com
湖南科学技术出版社天猫旗舰店网址
http://hnkjcbs.tmall.com
（印装质量问题请直接与本厂联系）

印刷
长沙超峰印刷有限公司
厂址
宁乡市金洲新区泉洲北路 100 号
邮编
410600
版次
2021 年 9 月第 1 版
印次
2025 年 1 月第 5 次印刷
开本
880mm × 1230mm 1/32
印张
12.25
字数
261 千字
书号
ISBN 978-7-5710-0926-7
定价
68.00 元